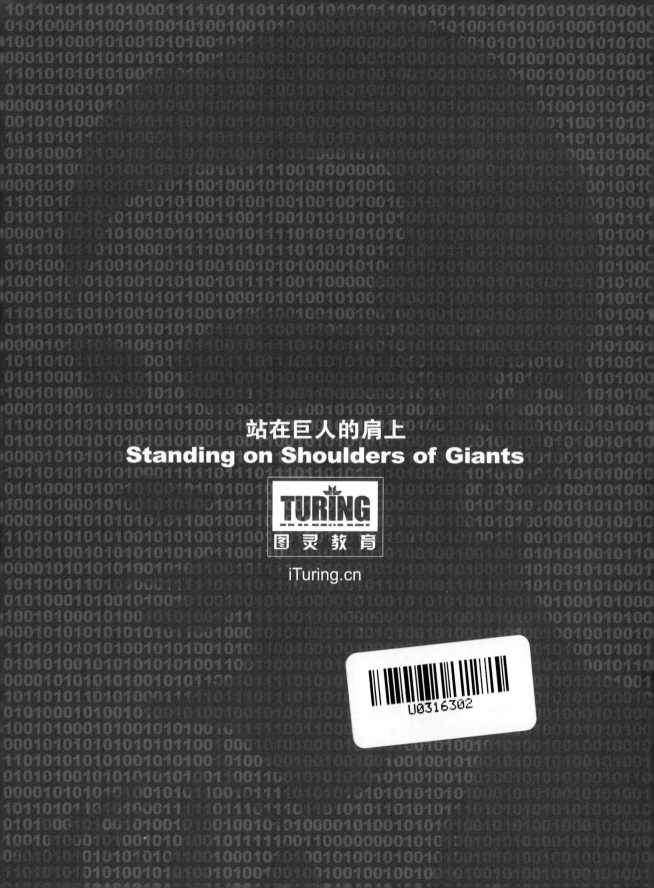

站在巨人的肩上
Standing on Shoulders of Giants

TURING
图灵教育

iTuring.cn

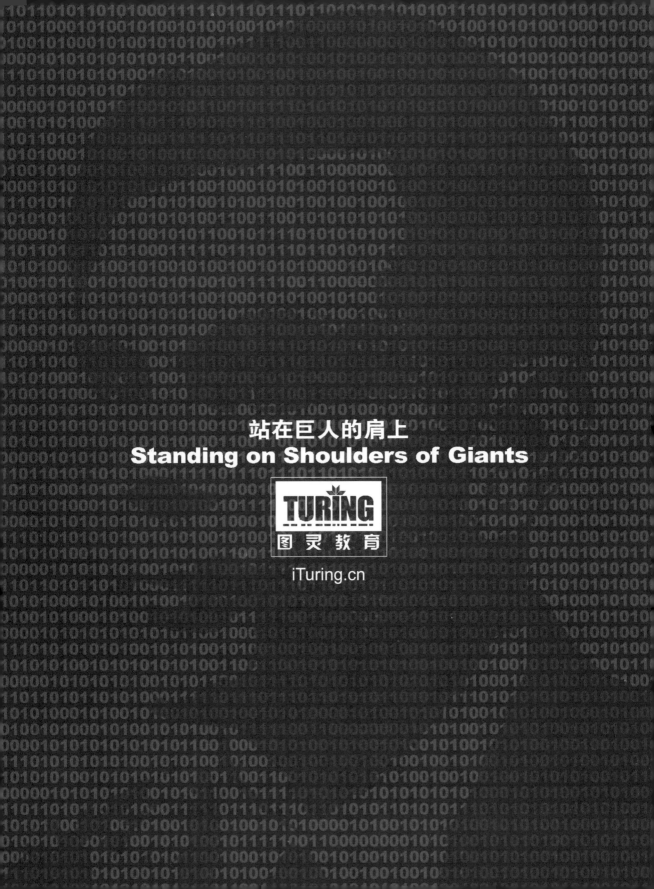

站在巨人的肩上

Standing on Shoulders of Giants

TURING
图灵教育

iTuring.cn

TURING 图灵程序设计丛书

JavaScript

编程实战

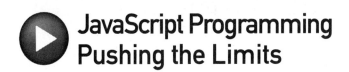

JavaScript Programming
Pushing the Limits

[美] Jon Raasch 著

吴海星 译

人民邮电出版社
北　京

图书在版编目（CIP）数据

　　JavaScript编程实战 /（美）拉希（Raasch, J.）著 ；
吴海星译. -- 北京 ：人民邮电出版社，2014.3
　　（图灵程序设计丛书）
　　书名原文：JavaScript programming: pushing the
limits
　　ISBN 978-7-115-34548-6

　　Ⅰ. ①J… Ⅱ. ①拉… ②吴… Ⅲ. ①JAVA语言－程序
设计 Ⅳ. ①TP312

　　中国版本图书馆CIP数据核字(2014)第017956号

内 容 提 要

　　本书深入探讨了如何基于 JavaScript 技术从头开始创建真实的应用，共分为四个部分。第一部分介绍了最佳实践以及库、框架与插件，为构建应用奠定坚实的基础。第二部分讨论了前端的构建，包括 Backbone.js、JavaScript 模板，以及表单处理和校验的相关内容。第三部分涉及如何用 Node.js 编写服务器端 JavaScript。最后一部分挑战程序的功能极限，介绍了如何构建实时应用程序、调整移动领域的 Web 程序、JavaScript 图形处理技术等内容。

　　本书适合所有熟悉 JavaScript 并希望提升相关技术水平的开发人员和设计人员学习参考。

　　◆ 著　　　　　[美] Jon Raasch
　　　译　　　　　吴海星
　　　责任编辑　　丁晓昀
　　　执行编辑　　陈婷婷
　　　责任印制　　焦志炜

　　◆ 人民邮电出版社出版发行　　　北京市丰台区成寿寺路11号
　　　邮编　100164　　电子邮件　315@ptpress.com.cn
　　　网址　http://www.ptpress.com.cn
　　　三河市海波印务有限公司印刷

　　◆ 开本：800×1000　1/16
　　　印张：20
　　　字数：499千字　　　　　　　　2014年3月第1版
　　　印数：1－4 000册　　　　　　　2014年3月河北第1次印刷
　　　著作权合同登记号　图字：01-2013-8801号

定价：59.00元
读者服务热线：(010)51095186转600　印装质量热线：(010)81055316
反盗版热线：(010)81055315
广告经营许可证：京崇工商广字第 0021 号

版 权 声 明

关于作者

    Jon Rassch 是一位专门从事桌面端及移动端现代 Web 程序开发的自由职业者。他极度沉迷于用户体验，所构建的 JavaScript 程序专注于服务用户，旨在为用户改善性能、提高可用性或增强功能。他坚信只要满足了用户的需求，商业目标就能随之达成。除本书外，他还著有 *Smashing WebKit*，并与人合著了 *Smashing Mobile Web Development* 一书。Jon 在在线杂志 *Smashing Magazine* 和自己的博客上发表了无数文章，是最佳实践的完美主义者，经常穿着睡衣工作。他现居住在美国俄勒冈州的波特兰市，Twitter 账号 Jon @jonraasch，博客地址 jonraasch.com。

关于贡献者

    Kevin Bradwick 有十多年的 Web 开发经验，热衷于构建并分享产出高质量代码的知识。他现在供职于 BBC，负责其国内和国际网站应用的开发和维护。

致　　谢

    我要对回馈开发者社区的所有人致以深挚的谢意。感谢所有为开源项目做过贡献、写过教程、回答过问题，甚至提交过 bug 的朋友。我们只是站在了巨人的肩膀上，无数贡献者通过过去几年的努力将 Web 开发带到一个美好的境界。对于 Web 开发人员而言，这是一个迷人的时代，而这一切都要感谢我们优秀的社区。

——Jon Rassch

引　言

现在写 JavaScript 比以往任何时候都有意思。最近这些年，HTML5 引入了大量的 JavaScript API，不断在浏览器中开疆拓土，JavaScript 开发人员能做的事情越来越多。用这些 API 可以实现一些又炫又酷的特性，比如 3D 图形、地理位置定位数据以及高性能动画等。不过 HTML5 的高级之处并不仅仅在于这些让用户颇为震撼的华丽组件，它还具备大量能精简开发流程以及让你创建出下一代 Web 应用的 API。

如果 JavaScript 在浏览器中的发展不足以燃起你的热情，还有服务器端的 Node.js。这可不是学校里用 JavaScript 做服务器的作业，Node.js 是为现代 Web 应用模型精心准备的工业级服务器方案，它能支持用户间的实时消息传递。

这本书要教你学会如何创建下一代 JavaScript 程序。我不仅要让你知其然，还要让你知其所以然，所以除了讲述如何构建程序，我还会讲其背后的原理。读完本书，你就能掌握构建富客户端交互式程序的技术。但更重要的是，本书能加深你对工程最佳实践的理解，不管你将来用不用 JavaScript，都会成为更有责任感的开发人员。

本书分为四部分。

❏ **第一部分：坚实的基础。** 开篇介绍了一些常用的最佳实践，并论述了本书的核心思想：松耦合和关注点分离。然后探讨了一些开发工具，并教你如何用 Grunt.js 确立测试驱动开发（TDD）方式。最后比较了几个可以用来快速启动开发的类库和框架，并教你如何为每个项目挑选最合适的框架。

❏ **第二部分：构建前端。** 这一部分会深入探讨如何以 Backbone.js 为基础搭建程序，也就是建立一个遵循 MVC 模式的前端，把数据从界面中分离出来。你还能学到如何用 pushState 搭建一个基于 Ajax 的界面导航系统。接下来我们会拓展你的 Backbone 知识，教你如何用 JavaScript 模板引擎渲染界面。通过模板可以进一步把程序中的数据从显示层分离出来。

本部分最后介绍了一些表单处理和校验的最佳实践，给你的程序一个完整的基础。我们会使用渐进式增强的方法，从 HTML5 的基本状态开始，然后加上 JavaScript 部件，以及为了兼容老浏览器所需的 polyfill。最后在 Backbone 中创建一个可以自动跟程序后台同步的表单。

❏ **第三部分：编写服务器端 JavaScript。** 本部分将教你如何用 Node.js 编写服务器端 JavaScript。你会了解一些关于 Node 的基础知识，包括它的工作原理、何时使用它，以及该如何使用 Node 平台的常用 Node 开发模式。

接下来，我会向你介绍 Express 框架，它能精简 Node 开发，助你旗开得胜。我会教你如何设置路由，用模板渲染页面，处理表单提交的数据。最后是 MongoDB，一个能用在 Node.js 环境中的 NoSQL 数据库，可以代替 MySQL 这种传统的关系型数据库。

❑ **第四部分：挑战极限。** 在本部分中我们要挑战程序的功能极限。首先介绍如何构建一个实时的应用程序，把你的服务器端 JavaScript 知识跟第二部分介绍的客户端技术结合到一起。你会看到 WebSocket，以及在 Node 中如何用 Socket.IO 实现它们。然后我会给出一个用 Backbone.js、Express 和 MongoDB 构建实时应用程序的例子。

接着会介绍程序移动组件的构建。你将学到如何生成响应式内容，并用一个移动框架完成移动开发工作。我还会教你如何用 Hammer.js 编出触摸手势的处理程序，以及如何利用地理位置这样的移动专用 API。然后你会发现 PhoneGap 如何在浏览器级 API 的差距中架起桥梁，并基于 JavaScript 创建一个专用的移动程序。

进入移动领域后，你会看到 HTML5 最令人激动的能力之一：在浏览器中画图。你将学到如何处理画布和 SVG，以及如何使用 Raphaël SVG 库。最后学习如何用 WebGL 和 Three.js 库渲染3D 图形。

第 12 章给出了一个用在程序推出之前的最终问题检查列表，你将学会如何测定性能，以及解决所有性能问题的技术。还会了解如何部署应用程序，以及在哪里部署的最佳实践。

本书网站

本书网站为 http://www.wiley.com/go/ptl/javascriptprogramming。在这里可以下载本书示例中的样例代码和演示，以及延伸资源的链接。如果某些内容你理解起来有困难，或者只是想试试样例代码，都可以到这个网站上去看看。

开始挑战

本书是一幅构建现代 Web 应用程序的路线图，介绍了你将面对的常见问题的解决方案，还有可以处理任何事情的通用最佳实践。本书面向高级前端开发人员，以及对 Node 感兴趣并有扎实的 JavaScript 基础的后端开发人员。JavaScript 达到中等水平的开发人员应该也能看懂书中的概念和示例（最终他们的技能将会有长足的进步）。尽管你应该充分理解客户端 JavaScript，但因为第三部分是从最基础的内容开始的，所以即便你没有服务器端 JavaScript 的经验，也能理解 Node 相关的内容。

那么请你准备好，跟我一起构建下一代 Web 应用程序吧！

目　　录

Part 1

坚实的基础

本 部 分 内 容

第 1 章

最佳实践

1

堅实的基础对任何应用程序来说都至关重要。在写代码之前，必须先对应用程序的架构加以规范。程序有什么功能，将会如何实现？更重要的是这些功能彼此之间如何协作，换句话说，程序的体系是什么样的？

要回答这些问题，需要搞研究、做原型，并有坚实的最佳实践基础。尽管我不能帮你研究或实现程序中某些组件的原型，但我可以把从最佳实践中取得的经验传授给你。

本章介绍了松耦合的基本工程概念，详细解释了一个实现松耦合的办法：JavaScript MVC 和模板引擎。之后介绍一些开发工具，比如 Weinre、版本控制和 CSS 预处理。最后介绍如何在项目中设置 Grunt、让文件合并和最小化之类的工作实现自动化处理。用 Grunt 可以确立测试驱动开发的模式，无论什么时候修改了文件，都会让程序通过一组测试。

1.1　松耦合

如果本书只能让你在一件事上受益，我希望你能从中学会如何避免在程序中出现紧耦合。紧耦合是一个古老的工程术语，指不同组件之间的交叉依赖关系太强了。比如说你买了台电视，这台电视还内置了一台蓝光播放机。但如果电视坏了会怎么样？蓝光播放机可能还完好无损，可以正常工作，但电视一旦坏了，就不能显示画面了。从工程角度来看，最好是避免这种紧耦合的情况出现，而采用独立的、外置的蓝光播放机。

这种模式对软件开发也适用。设计应用程序时基本上应该用功能单一、相互独立的模块。通过解耦这些任务，可以将不同模块之间的依赖程度降到最低。这样可以尽可能地让每个模块保持"单纯"，能够专注于单一任务，不用考虑跟程序中其他代码之间的关系。

但决定把哪些任务分组到一个模块中可能是一个挑战。可惜这个问题没有一个放之四海而皆准的解决方案：模块太少会导致耦合度太高，模块太多又会造成不必要的抽象。最好的办法是折中：在程序中使用数量合理、内聚程度高的模块。内聚程度高的模块就是把处理单一、明确任务的相关功能组合到一起。

1.1.1　紧耦合的问题

紧耦合的例子在我们身边随处可见。如果你跟我一样，那你应该也已经用手机取代了音乐播放器、电子游戏机，甚至手电筒。把这么多功能集成在一个简单的设备上肯定很方便。在这种情况下，紧耦合是有意义的。但这也意味着可能会出现连锁反应，如果一个东西出了问题，其他东西也会出问题，比如你用手机听了很长时间音乐后，可能会突然发现手电筒电量不足了。

软件开发中的紧耦合也不一定都是坏事，缺乏设计的耦合才更糟糕。应用程序中几乎总会有一些依赖关系，关键是要避免在互不相干的任务间出现不必要的耦合。如果你不努力隔离出不同的模块，就会得到一个脆弱不堪的程序，很可能会因为一个小 bug 彻底崩溃。当然，你肯定会想尽一切办法避免出现 bug，但如果每个 bug 都能搞垮整个程序，你也无能为力。

另外，调试一个紧耦合的程序极其困难。当程序整个都瘫痪时，几乎不可能准确定位到最先出现 bug 的地方。这个问题就源自常说的空心粉式代码。跟一堆空心粉一样，代码的脉络相互交织在一起，很难把它们分开。

1.1.2　松耦合的优势

即便你很少遇到 bug，松耦合仍然有些值得称道的优势。构建松耦合程序的一个主要原因实际上可以追溯到另一个经典的工程基础理念：可更换的部件。生产过程中经常要重新构建程序中的某些部分。如果谷歌开始对它的翻译 API 收费了，最好换成其他的。如果有个组件扩展性很差并在负载增加后越来越慢了，最好重新构建它。

如果程序耦合太紧密，一个模块中的变动就可能引发连锁反应，所有依赖模块都必须进行调整以适应这个变化。松耦合的程序可以避免这种额外的开发投入，把修改代码的影响限定在各自的模块内。

另外，松耦合也使得跟其他开发人员的协作更容易。如果所有组件都互不相干，就更容易实现并行工作。所有开发人员都可以放心大胆地完成自己的开发任务，而不用担心会破坏别人做的东西。

最后一点，松耦合的程序测试起来也更容易。如果程序的每一部分都处理一个单独、具体的任务，很容易设置单元测试来确保这些任务在任何情况下都能正确执行。本章后续内容中对单元测试有更多的介绍。

> 理想情况下，代码永远都不需要重构。但即便你能考虑到所有可能的情景，现实情况中也总有无法预见的问题出现，所以为什么要大费周章呢？试图提前解决问题会导致"过早优化"，肯定会拖慢开发速度。按照敏捷开发的理念，开发人员应该只关心眼前的问题，将来的问题将来再解决。松耦合可以精简敏捷开发过程，让代码库可以随着条件的改变自然发展。

1.2　JavaScript MVC 和模板

继松耦合之后，JavaScript 模型视图控制器（MVC）和模板是本书要强调的另一个设计模式。它们提供了一个可以把程序各方面解耦的结构。

1.2.1　MVC

MVC 是一种鼓励松耦合的设计模式。它把驱动程序的数据从显示数据的视觉界面上分离出来。采用 MVC 框架后，可以在不修改底层数据的情况下改变前端界面的风格。因为 MVC 将关注点分解到了三个相互关联的组件中：模型、视图和控制器，如图 1-1 所示。

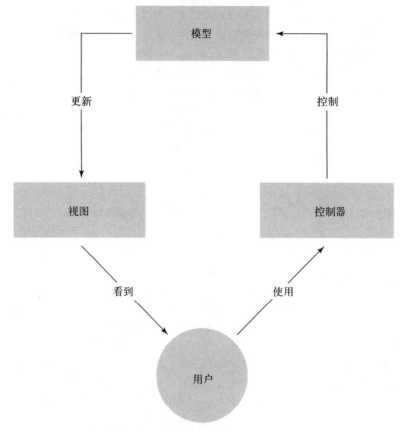

图 1-1   MVC 中 3 个组件之间的关系

1. 模型

MVC 中的组件模型就是驱动程序的数据。你可以把模型层看作程序的域逻辑层，它是程序要处理的全部数据。在一个简单的介绍性网站中，模型层可能只包含几个表示网站内容的对象：文本、图片路径，等等。而比较复杂的程序通常会用大量的模型来表示程序所需的各种数据。其中一个例子就是表示用户的模型（用户名、密码，等等）。

> 模型中的数据通常会保存在数据库中，或者本地存储这样的数据存储库中。那样数据能跨越多个会话存留。

2. 视图

视图的职责就是展示用户界面。在 Web 程序中，视图产生的最终结果就是 HTML 标记，因为它要把内容显示在屏幕上。但视图要比简单的标记复杂，它必须重新处理来自模型中的数据，将其变成可以作为 HTML 标记呈现的格式。

比如说，数据在模型中是以 UNIX 时间戳的形式存在的，但你不想就那样把它显示给用户。视图层拿到系统时间值后，将其转换为可读的形式，比如"8 月 4 日"或"提交于 5 分钟前"。然后把这个经过整理的时间戳作为 HTML 标记显示，比如：

```
<div class="post-date">提交于 5 分钟以前</div>
```

把它跟页面所需的其他标记合在一起，就得到了最终的视图。

3. 控制器

控制器负责在模型和视图之间传递数据。它负责根据用户的输入修改模型，并且最终也是它负责根据修改后的数据更新视图。表单处理器就是我们工作中经常碰到的控制器。在用户提交表单之后，控制器对提交上来的数据进行处理，然后修改模型中相应的数据。之后模型的变化又通过控制器传递回来，更新视图。

4. 整合这些组件

单独来看这些组件都干不了什么，但把三个相互独立的碎片拼到一起就能得到一个程序。比如说，程序中通常会有一个表单用来管理用户数据：用户名、密码等。这些数据又会保存在模型中，通常是在数据库中。视图从模型中得到这些数据，并用它们作默认值来渲染表单（老的用户名、twitter 帐号等），如图 1-2 所示。

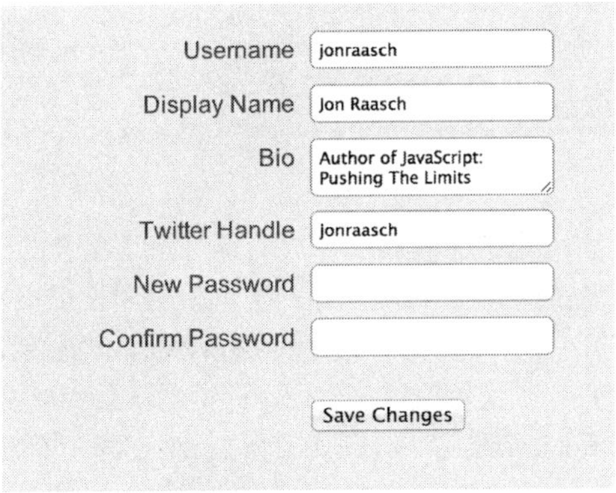

图 1-2　视图在表单中显示来自模型的数据

然后用户可以通过这个表单和系统交互，修改他们想要修改的输入域。一旦提交之后，控制器会处理用户的请求，更新表单，然后修改数据模型并根据情况将其保存下来。就像图 1-1 所展示的那样，这个可以重复进行。

第 3 章对 MVC 做了更详细的介绍，还讨论了什么情况下适合用 MVC 框架——它们并不是在所有项目中都适用。

1.2.2　模板

JavaScript 模板是 MVC 中的"V"：帮助构建视图的工具。但遵循 MVC 设计模式无需使用模板，模板也不是只能用于 MVC 中。实际上，我希望不管你用不用 MVC 都能用到 JavaScript 模板。

如果你已经熟悉了 PHP 或其他后台语言中模板的用法，那你很幸运，因为 JavaScript 模板的工作方式本质上跟那些模板是一样的。

1. 模板如何使用

这里有一个很基础的 JavaScript 模板文件的例子。

```
<hgroup>
  <h1><%=title %></h1>
  <h2><%=subtitle %></h2>
</hgroup>

<section class="content">
  <p>
  <%=content %>
  </p>
</section>
```

这个模板基本上就是 HTML 标记和一些放在<% %>中的变量。在不同的情况下，可以把不同的变量值传到模板中显示不同的内容。现在不要管模板的语法，不同的模板框架所用的语法也不同，并且一般都可以根据需要修改。

> 第 4 章深入探讨了 JavaScript 模板引擎。

2. 为什么要用模板

使用模板在视图中展示模型更容易。模板引擎中有循环遍历集合的语法，比如一个包含产品数据的数组；如果想让视图显示产品的价格，访问产品对象的价格属性也很容易。

如果不用模板，拼接 HTML 标记字符串的代码和任务代码就会混杂在一起，把 JavaScript 代码搞得一团糟。如果因为风格或语义的原因要修改这些标记，那情况就会变得更糟，你只能在 JavaScript 中跟踪这些修改。因此，在 JavaScript 中凡是涉及 HTML 标记的地方都应该用模板，哪怕只是一个标签。

1.3　开发工具

好的开发人员总是能用最好的工具完成工作。这些工具能加快开发进程，粉碎 bug，并能提升程序的性能。本节会先介绍 WebKit 开发人员工具。对于这些工具，你可能多少有些了解，但我们会深入剖析，并探讨一些高级特性。接着我们会介绍 Weinre，这是一个远程控制台工具，可以为任何平台提供一个 WebKit 开发人员工具，比如在移动设备或非 WebKit 浏览器上。最后我会强调使用版本控制和 CSS 预处理的重要性。

1.3.1　WebKit开发人员工具

在所有的开发人员工具包中，我个人最喜欢 WebKit 开发工具。Chrome 和 Safari 等基于 WebKit 的浏览器中内置了这些工具。用这些工具调试 JavaScript 中的问题更容易，追踪性能问题也更简单，而且它们的好处还不止这些。

Chrome 中默认安装了 Chrome 开发人员工具。可以通过 Chrome 菜单将它们调出来，或者在页面的任何元素上单击鼠标右键并选择审查元素。

如果你喜欢用 Firefox 开发，可以试试 Firebug 或内置的 Firefox 开发人员工具。

1. 断点

在 WebKit 开发人员工具中，Sources 面板对 JavaScript 开发特别有用。我们可以用它在脚本中设置任意断点。脚本会在这些断点上暂停，然后我们就可以收集脚本当前运行情况的信息。打开 Sources 面板，在左侧的弹出菜单中选择一个脚本，如图 1-3 所示。

然后找你想分析的任何一行代码，点击左侧的行号设置一个断点。断点上就会出现一个蓝色旗标，如图 1-4 所示。

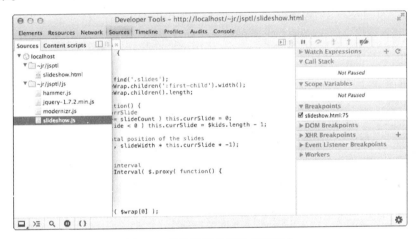

图 1-3　首先选择你要分析的脚本

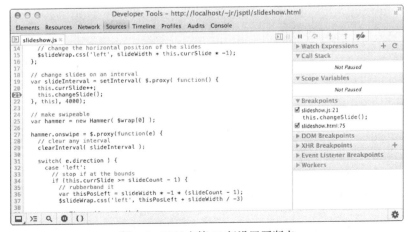

图 1-4　已经在第 21 行设置了断点

最后让脚本运行。脚本一运行到断点就会暂停，浏览器窗口顶端就会出现 Paused in debugger。这时候就能收集任何需要的信息了。在右边栏的 Scope Variables 部分会输出当前的变量。你也可以点击源码中的任何一个对象查看它的当前值，如图 1-5 所示。

做完数据分析之后，只需点击一下运行按钮，脚本就会继续执行，直到碰到下一个断点。

图 1-5　脚本运行到断点时可以分析任何对象的当前值

对调试而言，设置断点的价值绝对不可估量，因为它可以随时暂停脚本。对于使用了计时函数，或其他在你有机会分析之前就会发生变化的特性的脚本，断点的设置尤其重要。

2. 查看表达式

除了设置断点，还可以在 Sources 面板中查看表达式。只要像图 1-6 那样，把表达式加到 Watch Expressions 栏上就行了。

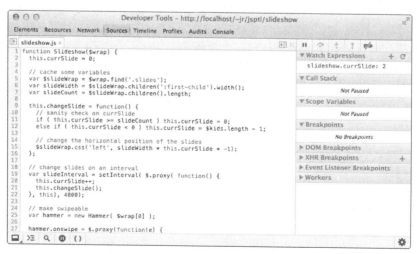

图 1-6　查看表达式的值；在此例中源码面板会跟踪 slideshow.currSlide 的值

你可以在查看表达式中输入任何表达式，某个特定的对象或自己定制的表达式都可以。处理观察点时，可以点击重载图标刷新所观察的值，也可以点击暂停按钮让脚本在任意一点上暂停。

3. DOM 检查器

拜 DOM 检查器所赐，你可以在页面上点击任何元素以定位该元素在标记中的位置。它还会给出所有应用在那个元素上的 CSS 样式，如图 1-7 所示。

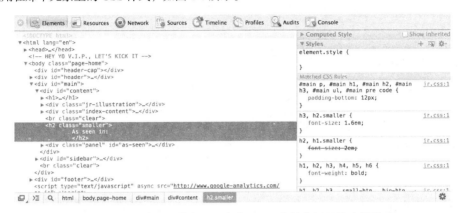

图 1-7　DOM 检查器给出了元素在 DOM 中的位置及其全部样式

要打开 DOM 检查器，只需在页面任意元素上单击鼠标右键并选择审查元素就可以了。

另外，你还可以用 DOM 检查器即时调整样式，修改已经应用的任一样式规则或添加新的样式。DOM 检查器既可以帮你追踪繁琐的样式问题，也可以帮你在浏览器中直接试验新样式。

在较新版本的 WebKit 开发者工具中，也可以激活 :hover 和 :focus 这样的伪类。选择你要研究的元素，然后展开右边栏 Styles 区域中的伪类菜单（点击图 1-8 中所示的那个虚线矩形图标）。

图 1-8　用 DOM 检查器还可以修改伪类

> 如果你用 DOM 检查器做内容的样式，一定要记得及时把工作保存到一个样式表中。否则一旦不小心重新加载了页面或浏览器突然崩溃的话，你就前功尽弃了。

4. Network 面板

在 Network 面板中，可以追踪到每个所请求的资源发送到客户端所用的时间。它帮你把服务器延迟、下载时间和各种资源实例化的时间分解了，如图 1-9 所示。

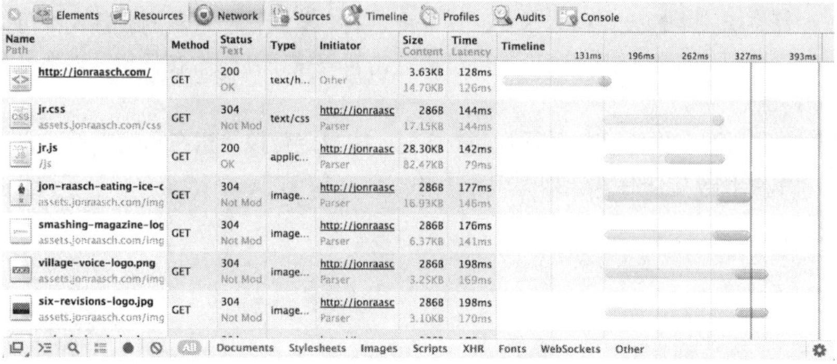

图 1-9　Network 面板给出了下载各种资源所用的时间

Network 面板提供了 HTML、CSS、JavaScript 和图片等资源的信息，你甚至可以根据请求的类型对这些信息进行过滤。在做程序的性能调优时，这些数据就是无价之宝。当你能拿到请求和响应的完整信息，包括头信息时，要找出响应慢的原因就比较容易。

> 　如果你是在本地开发，网络面板中的响应时间就没什么价值。因为浏览器不需要从外部站点下载任何资源。在测试之前先把你的作品上传到工作服务器上。

5. 键盘快捷键

如果你跟我一样经常用开发人员工具，你应该希望能熟练使用一些键盘快捷键以提高效率。

❑ 要打开或关闭开发人员工具，在 Mac 中按 Cmd-Option-I，或者在 PC 中按 Ctrl+Shift+I。

❑ 要打开控制台，在 Mac 中按 Cmd-Option-J，或者在 PC 中按 Ctrl+Shift+J。

❑ 要锁定审查元素模式，在 Mac 中按 Cmd-Shift-C，或者在 PC 中按 Ctrl+Shift+C。

要学习更多的快捷键，请访问 https://developers.google.com/chrome-developer-tools/docs/shortcuts。

1.3.2　Weinre

在 Chrome 和 Safari 中用 WebKit 开发人员工具处理问题感觉很好。可是，不管是要解决只出现在某个浏览器中的问题，还是要在移动终端上测试性能，你终究会遇到其他浏览器。

你可以在每个浏览器上安装不同的开发工具。但这些工具用起来都会有所差异，并且有些可能不太好用（比如移动端浏览器上的工具）。所以 Weinre 应运而生。Weinre 是一个远程控制台，有了它，在任何浏览器或平台上都可以使用 WebKit 开发人员工具。对于移动开发来说尤为理想，因为它可以为所有设备提供一个完整、健壮的测试工具包。

1. 安装 Weinre

首先要在本地机器上装一个 Node.js 服务器。Node 网站（ http://nodejs.org/ ）上有关于如何安装 Node 的教程，你也可以按照第 6 章的指导进行安装。

然后用 NPM 安装 Weinre。在命令行中输入下面的命令。

```
sudo npm -g install weinre
```

装完之后，在命令行中启动 Weinre 服务器。

```
weinre --boundHost -all-
```

最后还要把 script 标签加入到测试页面中，将其设置为调试目标。

```
<script src="http://1.2.3: 8080/target/target-script-min.js"></script>
```

请用你电脑上的 Weinre 服务器的真实地址换掉上面代码中的 http://1.2.3:8080/。

设置好 Weinre 之后，只需在移动设备（或者桌面浏览器）上打开要测试的页面，然后在台式机上打开 Chrome 并访问 http://localhost:8080/client。如果一切正常，你应该能看到两个绿色的 IP 地址，一个是远程目标的（移动设备），一个是远程客户端的（台式机），如图 1-10 所示。

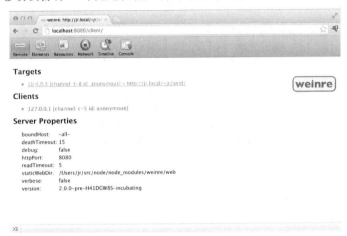

图 1-10　当目标和客户端 IP 都变绿后 Weinre 就连上了

2. 使用 Weinre

装好 Weinre 后，用起来就很容易了。使用 Chrome 中的 Weinre 控制台，你就能得到本章前面介绍的所有 WebKit 开发人员工具。你可以用 JavaScript 控制台、DOM 检查器、Sources 面板、Network 面板，等等，如图 1-11 所示。

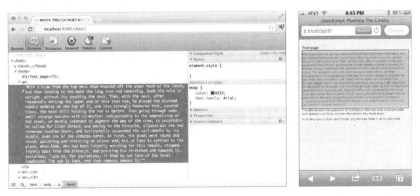

图 1-11　我在用 Chrome 中的 Web 检查器审查 iPhone 中的元素。注意看，它甚至对 iPhone 中的 DOM 元素做了高亮处理

请记住，使用 Weinre 得到的数据有些可能会有偏差。比如性能数据，因为设备在运行 Weinre。另外 Weinre 数据也要通过网络传输，所以网络数据也会有偏差。这个问题确实没有办法解决，并且最好记住即便是原生工具也会出现这种问题。

1.3.3 版本控制

如果你开发时不用版本控制工具，那我就不用跟你强调它的重要性了。不过我在每个项目中都会用到，即便是只有我一个人做的微型项目。版本控制能追踪代码库随时间发生的变化。如果你能定期提交代码，就能回退到原来的任何一点上，甚至可以把某次提交中的修改合并到其他提交点上。如果要跟其他开发人员协作，版本控制更是必不可少。不要试图自己搞清楚谁改了哪个文件，让版本控制工具替你跟踪吧。

如果你和其他开发人员修改了同一个文件，版本控制工具可以将你们的改动合并到一起。但偶尔也会发生冲突，比如你们改了同一行代码。出现这种情况时，版本控制工具可以让你们手动合并。不过即便你是独自开发，我也会强烈建议你使用版本控制工具。使用版本控制工具之前，我总是会把当时不再使用的代码注释掉，怕我以后万一还要用。现在如果再有需要，我只要回退那些修改就行了，这样代码库比以前整洁多了。并且如果客户对功能的需求发生了变化，我只要用一行命令就能回退代码库。

在各种各样的版本控制系统中，我个人最喜欢 Git。Git 应用很广，在选择协作软件时这一点很重要。更重要的是，Git 是分布式版本控制系统，不是集中式的。这种版本控制有几个优势。首先，这样每个用户都有自己的存储库，以后可以合并到主库（或其他库）中，因此提供了额外的版本层次。此外，它用起来更容易，因为你无需服务器就可以设置本地的分布式版本控制（可以以后再连到服务器上）。关于如何使用 Git，有一本免费的电子书可以参阅——*Pro Git*（http://git-scm.com/book）。

1.3.4 CSS预处理

我不准备在本书中谈论太多 CSS，但程序里肯定要用到样式，所以你真的应该使用 CSS 预处理器。借助 SASS 和 LESS 之类的 CSS 预处理器，你可以用更精巧的方式编写 CSS。它们提供了大量的脚本操作，最终都能编译成静态 CSS 文件。也就是说，你既能借用动态脚本语言的力量，又能得到任何浏览器都可以识别的标准 CSS 文件。

在样式比较多的项目中用预处理器是个好主意，要了解 CSS 预处理的更多内容，请转至附录，我在那里对 LESS 做了更详细的介绍。

既然 CSS 预处理器能生成标准的 CSS，你可以随时回到静态 CSS 中。

1.4 测试

为了保证程序的质量，一定要做覆盖所有功能的测试。但不应该等到程序做好之后才去搭建测试框架。最好是用单元测试确立一个测试驱动开发（TDD）的模式。

　　单元测试将代码分解为单个任务（单元），确保每个单元能按设计好的逻辑工作。其核心思想是一旦设置好单元测试，就可以在各种不同的环境和浏览器中运行它，以确保程序能够按照预期的方式运转。这是剔除边界情况的最好办法，否则有可能等到产品发布之后问题才会暴露出来。

　　是的，做单元测试要比只写功能代码工作量大。但如果能确立 TDD 的开发方式，你在做 Q&A，以及调试只在极罕见情况下才会出现的繁琐问题时，可以节省很多时间。更重要的是，完备的测试集能提升你对交付物的信心，并确保在开发过程中不会漏掉回归的问题。

　　本节将会介绍如何用 Grunt 给项目创建一个构建过程。Grunt 可以自动合并 JavaScript 并做最小化处理，可以通过 linting 检查这些文件的语法，并强制它们遵守代码规范。还会介绍如何用 QUnit 设置单元测试。多亏了 Grunt，只要程序中有文件修改发生，它就会运行单元测试，在编写的同时就能保证代码的质量。

1.4.1　使用Grunt

　　Grunt 是一个执行任务的工具，其中一些可以用来构建程序的辅助工具。在把脚本放到生产环境中之前，要做很多重复性的任务，Grunt 把它们都自动化了。本节将会讲解，如何用 Grunt 自动合并 JavaScript 文件，并对其做最小化处理，然后运行单元测试和 linting。你既可以手动运行这些任务，也可以让它们在文件被修改时自动运行。

　　要用 Grunt，必须先按 Node 网站（http://nodejs.org/）上的指导安装 Node.js。Grunt 是个命令行工具，所以请打开终端窗口，输入下面的命令，将 Grunt 的命令行工具安装到全局环境中。

```
npm install -g grunt-cli
```

命令行工具装好后，进入项目目录中安装 Grunt。

```
npm install grunt
```

　　如果要用 Grunt 命令行工具，每个项目都要安装 Grunt。或者也可以全局安装，然后把它加到你的 bash 档案中。

　　然后在项目中创建 3 个目录：

```
dist
src
test
```

这些目录中会放置程序的发布文件和源码文件，以及单元测试文件。接下来要为 Grunt 创建两个配置文件：一个 package.json 文件和一个 Gruntfile.js 文件（两个文件都要放在项目的根目录下）。

1. 构建 package.json 并安装 Grunt 插件

package.json 中保存了程序的一些基本信息，如下所示。

```
{
  "name": "my-project-name",
```

```
    "version": "0.1.0",
    "devDependencies": {}
}
```

这段 JSON 代码中只包含了程序的名称和当前版本号（这是你需要填写的信息），然后定义了一些开发时的依赖项。这些依赖项是用在任务运行器中的 Grunt 插件。但你没必要手动输入它们，NPM 安装这些插件时会自动在 package.json 中加入这个列表。

```
npm install grunt --save-dev
```

用--save-dev 选项会帮你在 package.json 文件中自动输入这些依赖项和它们的版本号。接下来装上本例中所需的其他插件。

```
npm install grunt-contrib-concat --save-dev
npm install grunt-contrib-uglify --save-dev
npm install grunt-contrib-qunit --save-dev
npm install grunt-contrib-jshint --save-dev
npm install grunt-contrib-watch --save-dev
```

2. 构建 Gruntfile 并创建任务

现在必须创建 Gruntfile.js 文件，这是 Grunt 实现的精髓。这个文件中包含了所有配置和你要执行的任务，比如：

```
module.exports = function(grunt) {

  grunt.initConfig({
    pkg: grunt.file.readJSON('package.json'),

    // 合并
    concat: {
      options: {
        separator: ';'
      },
      dist: {
        src: ['src/**/*.js'],
        dest: 'dist/<%= pkg.name %>.js'
      }
    },

    // 缩小
    uglify: {
      options: {
        banner: '/*! <%= pkg.name %> <%= grunt.template.today("dd-mm-yyyy") %> */\n'
      },
      dist: {
        files: {
          'dist/<%= pkg.name %>.min.js': ['<%= concat.dist.dest %>']
        }
      }
    },

    // 单元测试
    qunit: {
      files: ['test/**/*.html']
```

```
    },

    // linting
    jshint: {
      files: ['gruntfile.js', 'src/**/*.js', 'test/**/*.js'],
      options: {
        // 覆盖 JSHint 的默认选项
        globals: {
          jQuery: true,
          console: true,
          module: true,
          document: true
        }`
      }
    },

    // 自动化任务运行
    watch: {
      files: ['<%= jshint.files %>'],
      tasks: ['jshint', 'qunit']
    }
  });

  // 依赖项
  grunt.loadNpmTasks('grunt-contrib-concat');
  grunt.loadNpmTasks('grunt-contrib-uglify');
  grunt.loadNpmTasks('grunt-contrib-qunit');
  grunt.loadNpmTasks('grunt-contrib-jshint');
  grunt.loadNpmTasks('grunt-contrib-watch');

  // 任务
  grunt.registerTask('test', ['jshint', 'qunit']);

  grunt.registerTask('default', ['jshint', 'qunit', 'concat', 'uglify']);

};
```

要弄明白 Gruntfile 文件中的这些代码，我们要从头开始重新构建它，先从下面这段代码开始：

```
module.exports = function(grunt) {

  grunt.initConfig({
    pkg: grunt.file.readJSON('package.json')
  });

};
```

这段代码启动了配置的初始化函数，把 `package.json` 中的设置放到了缓存中。那样就可以在 Gruntfile 中的其他位置引用这些值了，你马上就能见证这一点。接下来配置一个合并程序中脚本的任务。

```
module.exports = function(grunt) {

  grunt.initConfig({
```

```
    pkg: grunt.file.readJSON('package.json'),
    concat: {
      options: {
        separator: ';'
      },
      dist: {
        src: ['src/**/*.js'],
        dest: 'dist/<%= pkg.name %>.js'
      }
    }
  });

};
```

这段代码让 Grunt 从 src/ 目录中拉出所有的 .js 文件，把它们合并后用你在 package.json 中定义的名称保存到 dist/ 目录下。接下来再配置一个任务，用 UglifyJS 将文件最小化。

```
uglify: {
  options: {
    // banner 文本会被添加到输出的顶部
    banner: '/*! <%= pkg.name %> <%= grunt.template.today("dd-mm-yyyy") %> */\n'
  },
  dist: {
    files: {
      'dist/<%= pkg.name %>.min.js': ['<%= concat.dist.dest %>']
    }
  }
}
```

这段代码让 UglifyJS 将 contact 任务（contact.dist.dest）中产生的所有文件最小化，然后把它们保存到 dist/ 目录中。接下来配置 QUnit。

```
qunit: {
  files: ['test/**/*.html']
}
```

对 QUnit 的配置只是定义了测试运行文件的位置，后面还会解释如何设置。现在我们要设置一个任务来做代码检查。

```
jshint: {
  files: ['gruntfile.js', 'src/**/*.js', 'test/**/*.js'],
  options: {
    // 覆盖 JSHint 的默认选项
    globals: {
      jQuery: true,
      console: true,
      module: true,
      document: true
    }
  }
}
```

这段代码中先设置要用 JSHint 进行检查的文件，又定义了几个参数。代码检查在任何测试集中都很有价值，因为它会检查 JavaScript 的语法，找出所有的错误和格式不规范的地方。接下来配置监测插件，它会在文件更改时自动运行任务。

```
watch: {
  files: ['<%= jshint.files %>'],
  tasks: ['jshint', 'qunit']
}
```

这段配置让监测插件监测程序文件的所有变化，一旦发现就会触发 jshint 和 qunit 任务。做好监测配置后，只要你修改了代码，就会自动触发代码检查和单元测试任务。这样你就可以确信代码不会出错，而且还遵守了编码规范。

然后加载之前安装的 Grunt 插件。

```
grunt.loadNpmTasks('grunt-contrib-concat');
grunt.loadNpmTasks('grunt-contrib-uglify');
grunt.loadNpmTasks('grunt-contrib-qunit');
grunt.loadNpmTasks('grunt-contrib-jshint');
grunt.loadNpmTasks('grunt-contrib-watch');
```

最后设置好你要运行的任务，最重要的是默认任务。

```
grunt.registerTask('test', ['jshint', 'qunit']);

grunt.registerTask('default', ['jshint', 'qunit', 'concat', 'uglify']);
```

要运行默认任务，只要在命令行中输入 grunt 就可以了。

同样，可以用 grunt test 运行测试任务。

1.4.2　使用QUnit

Grunt 设置好了，并且已经用 JSHint 做了一些测试。但代码检查只会检查 JavaScript 的语法错误和格式错误，你仍然需要设置单元测试以验证程序的实际运行逻辑。单元测试要确保程序在某些情况下的表现能够符合预期。它们对程序的功能做了精细的分析，对程序执行每一步所得出的结果进行验证，判断其是否符合预期。

在前面配置 Grunt 时你已经接触过 QUnit 了，当时是在文件发生变化时运行 QUnit 测试。但现在 test/ 目录中还没有单元测试。本节会教你如何使用 QUnit，以及如何为程序创建测试。QUnit 是一个 JavaScript 测试框架，jQuery 和很多其他项目都在用它。它易于使用，并且具备特性丰富的单元测试能力。

1. QUnit 基础

先从 http://qunitjs.com/ 上下载脚本和样式表。然后按照首页上的指南为单元测试页面设置好标记，接着运行测试例子。

```
test('hello test', function() {
  ok(1 == '1', 'Passed!');
});
```

test() 函数定义了被测试单元的标题（hello test），然后传入了一个测试要运行的匿名函数。在这个例子中，测试 ok() 中的第一个参数通过了（1=='1'），所以 QUnit 输出了 Passed!，如图 1-12 所示。

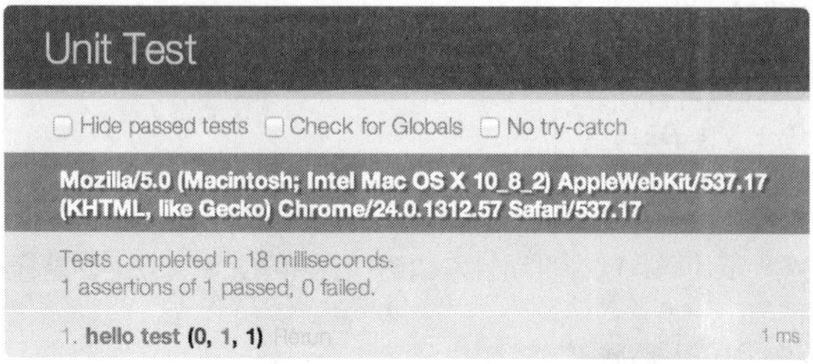

图 1-12　该单元测试已通过。QUnit 会告诉你它运行得有多快，你还可以再次运行该测试

如果把那个参数换成 `1=='2'`，这个单元测试就会失败，如图 1-13 所示。

图 1-13　在单元测试失败后，QUnit 会输出一个失败消息及错误来源

另外，即便代码中出现了语法错误，QUnit 也会输出一个全局错误，如图 1-14 所示。

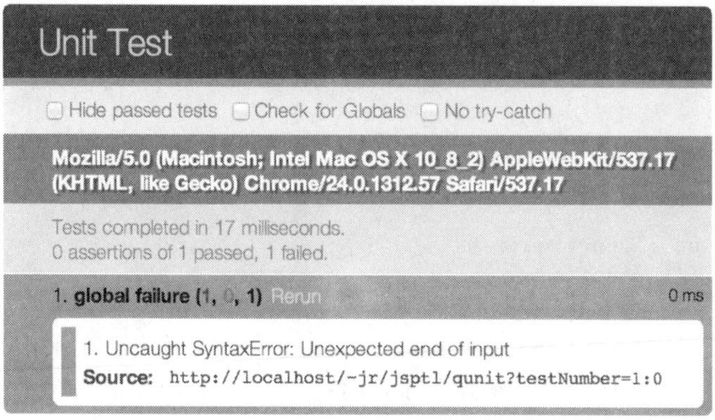

图 1-14　一个语法错误抛出了这个全局错误

2. 深入挖掘 QUnit

这些都是相当简单的例子。如果想了解 QUnit 在实际项目中表现如何，可以看一下 QUnit 在 jQuery 中的应用，下载地址是 https://github.com/jquery/jquery/tree/master/test/unit。

注意，单元测试代码在一个单独的目录中：test/unit/。单元测试决不应该出现在生产环境下的代码库中，它们只能用于调试，并且通常都会包含数量可观的额外代码。

现在请打开 core.js 并找到 test("trim",function {...})，在我写这部分内容时，它是 jQuery v1.9.1 中的第 233 行。下面是对 jQuery.trim()方法的测试。

```
test("trim", function() {
  expect(13);

  var nbsp = String.fromCharCode(160);

  equal( jQuery.trim("hello  "), "hello", "trailing space" );
  equal( jQuery.trim("  hello"), "hello", "leading space" );
  equal( jQuery.trim("  hello  "), "hello", "space on both sides" );
  equal( jQuery.trim("  " + nbsp + "hello  " + nbsp + " "), "hello", " " );

  equal( jQuery.trim(), "", "Nothing in." );
  equal( jQuery.trim( undefined ), "", "Undefined" );
  equal( jQuery.trim( null ), "", "Null" );
  equal( jQuery.trim( 5 ), "5", "Number" );
  equal( jQuery.trim( false ), "false", "Boolean" );

  equal( jQuery.trim(" "), "", "space should be trimmed" );
  equal( jQuery.trim("ipad\xA0"), "ipad", "nbsp should be trimmed" );
  equal( jQuery.trim("\uFEFF"), "", "zwsp should be trimmed" );
  equal( jQuery.trim("\uFEFF \xA0! | \uFEFF"), "! |", "leading/trailing should be
trimmed" );
});
```

这些断言用一系列可能的输入参数测试 jQuery.trim()的功能。这些测试确保传入这些参数时能得到预期的返回值：尾部空格、头部空格、空字符串、布尔值，还有其他任何你能想到的唯一性情况。如你所见，jQuery 团队在这些测试中覆盖了范围非常广泛的边界情况。如图 1-15 所示，jQuery 通过了所有这些测试。

图 1-15　jQuery.trim()通过了它的所有单元测试

从更深层面上讲，测试函数的第一行是 expect(13)，这就意味着测试恰好要运行 13 个断言。接下来是第一个真正的断言，请看：

```
equal( jQuery.trim("hello  "), "hello", "trailing space" );
```

这一行用到了 QUnit 的 equal()方法，这个方法可以确定前两个参数是否相等。在上面的代码中，这个测试期望 jQuery.trim("hello ")返回"hello"，在这里它通过了。

用 QUnit 可以做很多事情，我希望你能看看 QUnit 的文档（http://api.qunitjs.com），翻翻 jQuery 的测试，找找如何使用测试框架的感觉。或者签出 QUnit 本身的测试看看。

3. 设置你自己的 QUnit 测试

现在你已经掌握了使用 QUnit 的基础知识，为设置自己的测试做好了准备。这比写不经测试的代码所花的时间要多一些，但如果你是按照最佳实践（面向对象、关注点分离，等等）做的，应该不会觉得太难。

你应该关注的重点是让测试原子化，它们所测试的功能应该尽可能小。那不是说每行代码都要分开来测试，而是说把代码分割成尽可能小的任务，然后每个都能测试到。测试做得越细致，就越容易追踪到测试失败的原因。

你还应该确保测试是完全独立的，测试运行的顺序应该无关紧要，并且每个测试都应该能够单独运行，不需要其他测试参与。另外，要提供测试的文档，确保错误提示消息是有意义的。如果某个单元测试失败了，通常你最不想做的就是再追踪它在检查什么。

最后要申明一点，不要等到程序都做好了才去写测试，应该边做边写。每次添加一个新功能，都应该辅之以一个测试集。要让你自己形成 TDD 的思维模式，一段代码只有在你完成测试之后才算是真正完成了。

把你写的所有测试都保存在 tests/目录下，这样 Grunt 就能自动运行它们了。现在无论你什么时候对脚本做了修改，Grunt 都会执行一次全面的健全性检查，绝不会让有问题的代码溜进你的代码库中。

1.5　小结

本章阐述了松耦合跟关注点分离的重要性，这也是贯穿本书的重点。此外还介绍了 MVC 及其模型、视图和控制器的不同职责，以及用 JavaScript 模板显示视图的重要性。

接下来我们了解了 Chrome 开发人员工具，以及如何用它们调试程序，查看性能。还有如何用远程工具 Weinre 在任何浏览器和设备上使用这些工具。此外，还强调了版本控制的重要性，以及如何用 CSS 预处理加快 CSS 开发的速度。

本章还介绍了如何确立测试驱动开发的模式，呈现了任务运行工具 Grunt 以及如何用它自动执行合并及最小化之类的重复性任务；也可以在文件发生变化时用它自动测试代码库，既做代码检查又做单元测试。最后我们探讨了 QUnit，以及如何创建有效的单元测试。

现在你已经学到了一些最佳实践，确立了周密的测试方法，因此可以确信以后的代码质量能达到最优。

1.6 补充资源

工程最佳实践

Separation of Concerns：http://en.wikipedia.org/wiki/Separation_of_concerns

Best Practices When Working With JavaScript Templates：http://net.tutsplus.com/tutorials/javascript-ajax/best-practices-when-working-with-javascript-templates/

Introduction to Test Driven Development：http://www.agiledata.org/essays/tdd.html

Chrome开发人员工具

Chrome Developer Tools Documentation：https://developers.google.com/chrome-developer-tools/docs/overview

Google I/O 2011: Chrome Developer Tools Reloaded：http://www.youtube.com/watch?v=N8SSrUEZPg

Breakpoints：https://developers.google.com/chrome-developer-tools/docs/scripts-breakpoints

Weinre

Weinre Documentation：http://people.apache.org/~pmuellr/weinre-docs/latest/Home.html

Weinre–Web Inspector Remote–Demo：http://www.youtube.com/watch?v=gaAI29UkVCc

版本控制

Pro Git（Scott Chacon 著）：http://git-scm.com/book

A Visual Guide to Version Control：http://betterexplained.com/articles/a-visual-guide-to-version-control/

7 Version Control Systems Reviewed：http://www.smashingmagazine.com/2008/09/18/the-top-7-open-source-version-control-systems/

CSS 预处理

LESS Documentation：http://lesscss.org/

Sass Documentation：http://sass-lang.com/

测试

《测试驱动的 JavaScript 开发》（机械工业出版社，2012）

Grunt:http://gruntjs.com/

QUnit, "Introduction to Unit Testing"：http://qunitjs.com/intro

QUnit, "QUnit API Documentation"：http://api.qunitjs.com

JSHint Documentation：http://www.jshint.com/docs/

第 2 章

库、框架与插件

2

除了遵循最佳实践，你还应该以坚实的库和插件为基础构建程序。当然，你自己什么都能写，并且你确实有条件这么做。但大多数情况下，依靠其他开发人员发布的开源成果会更好。

库和插件可以加快开发进程，并且用带有基本功能的模板项目可以把程序框架快速搭建起来。在那些著名的库背后都有庞大的社区支持，有优秀的开发人员编写和修改代码，还有大量的用户在寻找其中的 bug。如果一个库经过了多次确认、试用和测试，你就可以放心地把它用在自己的程序中。

另一方面，插件的代码质量可谓是参差不齐。好插件能帮你节省大量的时间，而坏插件引发的问题要比它能解决的问题还要多（你不得不花大把时间调试它，比你自己从头写一个花的时间还多）。

本章会教你如何根据项目选择合适的 JavaScript 库。我将对 jQuery、Zepto 和普通的 DOM 进行比较。然后会介绍稍大一点的框架 Bootstrap 和 jQuery UI。在简单讨论过 Modernizer 如何简化跨浏览器的 CSS 后，我将展示 HTML5 Shiv 如何在老浏览器中支持 HTML5 元素。

接着我会介绍 HTML5 样板（HTML5 Boilerplate），它既不是库也不是框架，而是集两者之大成的模板。你可以从中得到框架的所有好处，加快创建一个标准 HTML5 程序的速度。

本章最后深入探讨了 jQuery 插件。你会发现一个查找新插件的好地方，以及一个包含十个检查项的检查列表，用来确定是否可以把某个插件集成到你的项目中。

2.1　选择恰当的 JavaScript 库

在开始一个 JavaScript 项目时，最重要的一个决定就是选用哪个库（或者用不用 JavaScript 库）。好的 JavaScript 库可以简化开发过程，为你提供大量可用的标准工具，也可以用在将来的项目中。

当然，你的选择是跟你在每个库上的经验相关的。但如果某个新库是项目的最佳选择，你也要勇于尝试。库的句法通常都是相通的，所以一旦你熟悉了其中的一个，再用其他的也会比较容易。这里列出了一些常用的 JavaScript 库：jQuery、Closure、Mootools、Zepto，等等。我个人比较喜欢 jQuery 和 Zepto，并在本节对它们做了比较。

2.1.1　jQuery

jQuery 可能是在 Web 上应用最广泛的 JavaScript 库。它提供了大量的工具和 API 函数，可以用来帮你构建程序所需的组件。

1. jQuery 的优势

jQuery 的主要优势在于它的范围。它非常健壮，所提供的 API 比其他任何库都多，而且极其易用，原因如下。

- API 的语义对初学者非常宽容，出现各种失误也不会抛出 JavaScript 错误。
- 有很多便利的函数。便利函数是指某种门户函数，比如 jQuery.ajax() 的代理 jQuery.post()。
- 大多数 jQuery 方法都是可链接的，也就是说这些方法都会返回 jQuery 对象，所以你可以把任意多个方法链到一个 DOM 引用上。比如：

```
jQuery('.my-element').addClass('my-class').fadeIn().click(myClickHandler)
```

因此 jQuery 的进入门槛很低，并且为其贡献代码的人非常非常多。可事物都有双面性，jQuery 的可用性和规模也导致了它的主要缺点：文件尺寸。jQuery 提供的每个功能都是有代价的，代码库会不断变大。而便利函数又让文件进一步膨胀了。

好在 jQuery 2.0 解决了文件尺寸的问题。jQuery 2.0 采用了跟 jQuery UI 类似的模块化构建过程，可以根据项目所用的 API 定制特定的库实例。此外 jQuery 2.0 也不再支持 IE 6、7 和 8，这些代码占了 jQuery 1.9 中的一大部分。不过不用担心，jQuery 2.0 的 API 跟 1.9 是兼容的，也就是说，在所有 2.0 不支持的浏览器上都可以用条件化注释加载 jQuery 1.9。

```
<!--[if lt IE 9]>
<script src="jquery-1.9.x.js"></script>
<![endif]-->
<!--[if gte IE 9]><!-->
<script src="jquery-2.x.x.js"></script>
<!--<![endif]-->
```

2. jQuery 社区

jQuery 的流行程度也是一个值得称道的优势。jQuery 庞大的社区以各种各样的方式提升着它的代码库。

- 几个核心贡献者一直在编写和修改不同的 API——改善性能、增加功能的范围、解决 bug 和跨浏览器问题。
- 很多开发人员都在使用 jQuery 库。这些开发人员不断挑战测试的限度，用各种各样的用例和环境测试 jQuery，并发现（而且很有可能会报告）所有妨碍他们进入稳定状态的 bug。
- 无论遇到什么问题，或者有什么不明白的，都可以到社区中寻求帮助。api.jquery.com 上的文档非常完备，并且应该是你首选的资源。网上有大量的教程讲解如何解决常见的 jQuery 问题，以及构建你所需的更大组件。如果最后你实在找不到解决问题的办法，只要在 stackoverflow.com 问一下，其他 jQuery 开发人员肯定会为你指点迷津。

3. 从通用 CDN 上引入 jQuery

你已经了解了 jQuery 的流行给它的代码库和文档带来的好处。但你知道吗，它还改善了把 jQuery 引入网站的方式。有那么多网站在用 jQuery，每个网站单独引入它意义不大。为什么用户每访问一个用了 jQuery 的网站都要下载相同的 jQuery 核心文件呢？好在 Google 在 CDN（内容传递网络）上部署了 jQuery，你可以用它改善用户的下载时间。CDN 专为提供 JavaScript 之类的静态文件进行了高度优化。但作为 CDN，它的代码都是通用的。

　　尽管还有很多网站仍把 jQuery 放在自己的网站上，但已有足够多的网站用上了 Google 的 CDN。如果你的用户最近访问了其中某个网站，这个脚本就会缓存在他们的浏览器上，也就是说即便他们是第一次访问你的网站，也根本不用下载 jQuery。这种办法对性能的改善是相当可观的，并且作为利用 CDN 站点网络的一份子是值得自豪的，这么做的网站越多，这种办法的收益就越大。

> 必须记住用 CDN 改善的只是下载时间。实例化所需的时间仍是个问题，这也是不可忽略的。

　　Google CDN 用起来特别简单，只要把脚本的来源指向 Google 的服务器就行了。

```
<script src="//ajax.googleapis.com/ajax/libs/jquery/1/
jquery.min.js"></script>
```

　　这段脚本请求最新的稳定版 jQuery 并把它引入你的网站中。然而请求最新版的 jQuery 并不明智。因为 jQuery 中的 API 会被废弃，并最终不再支持，特别是从 1.9 变成 2.0 时，所以最好是在调用 CDN 时指明你需要的版本。

```
<script src="//ajax.googleapis.com/ajax/libs/jquery/1.9.1/
jquery.min.js"></script>
```

　　这段代码在路径中指明要用 jQuery 的 1.9.1 版。

> 忽略 http 协议是为了确保浏览器可以用页面所用的协议。这样可以避免浏览器抱怨所请求的资源协议不匹配。如果你试图用 file:/// 协议打开本地的 HTML 文件，那它是不会起作用的。

2.1.2　Zepto

　　Zepto 最初是为移动终端开发的库，是 jQuery 的轻量级替代品。因为它的 API 跟 jQuery 类似，而文件更小，所以对任何项目来说都是个不错的选择。

> 本书中的代码主要是用 jQuery，但这并不妨碍 Zepto 成为它的轻量级替代品。

1. Zepto 的优势

　　Zepto 最大的优势是它的文件大小，只有 8K 多一点，是目前功能完备的库中最小的一个。尽管不大，Zepto 所提供的工具足以满足你开发程序的需要。大多数在 jQuery 中常用的 API 和方法 Zepto 都有，Zepto 中还有一些 jQuery 没有的，而用一些定制的 JavaScript 就很容易做出来的 API 和方法。要充分了解 Zepto 提供的 API 和方法，请访问它在 www.zeptojs.com 上的文档。

　　另外，因为 Zepto 的 API 大部分都能跟 jQuery 兼容，所以用起来极其容易，如果你熟悉 jQuery，这种感觉就会更加强烈。你可以用同样的方式重用 jQuery 中的很多方法，也可以方便地把方法串在一起得到更简洁的代码。也就是说你马上就可以启用 Zepto，甚至都不用看它的文档。

　　如果你在写移动端程序，Zepto 还有一些基本的触摸事件可以用来做触摸屏交互：

❏ tap 事件——`tap`、`singleTap`、`doubleTap`、`longTap`；
❏ swipe 事件——`swipe`、`swipeLeft`、`swipeRight`、`swipeUp`、`swipeDown`。
此外还有一些可以用来构建移动程序的库。第 10 章中介绍了更多的库和其他移动技术。

2. 不支持 IE

但先别高兴得太早了，要知道 Zepto 是不支持 IE 浏览器的。这不是 Zepto 的开发者 Thomas Fuchs 在跨浏览器问题上犯了迷糊，而是经过认真考虑后为了降低文件尺寸而做出的决定，就像 jQuery 的团队在 2.0 版中不再支持旧版的 IE 一样。

长久以来，IE 的兼容性问题让无数开发人员深受其苦。它就是不按照标准来，每个大版本都有自己的怪癖。IE 在较新版本中做了很大努力来解决这些兼容性问题，但事实上 IE 处理一些 JavaScript 和 DOM 问题时仍然在用它自己的非标准方式，并且随着 HTML5 标准和特性的出现，它又被其他主流浏览器甩在了后面。

jQuery 之类的大多数 JavaScript 库都在用额外的代码解决跨浏览器问题，所以你不用了解这个问题。然而为解决这个问题所编写的代码量相当可观。Zepto 为了瘦身决定放弃这个问题。这对移动程序来说挺好，因为在移动终端上一般都不用担心会碰到 IE。但对桌面程序来说这是个致命的问题。

> 因为 Zepto 使用 jQuery 句法，所以它在文档中建议把 jQuery 作为 IE 上的后备库。那样程序仍然能用在 IE 中，而其他浏览器则能享受到 Zepto 在文件大小上的优势。然而它们两个的 API 不是完全兼容的，所以用这种办法时一定要小心，并要做充分的测试。如果你仍然想试试，可以学一学这里介绍的技巧：http://zeptojs.com/#download。

2.1.3　普通的DOM

当然，你可以完全不用 JavaScript 库。即便像 Zepto 这么小的 JavaScript 库，也会让程序无端地膨胀起来。

1. 普通 DOM 的利与弊

自己编写 JavaScript 最大的好处是你只需要编写和引入需要的东西，而最大的弊端是这样需要更长的开发时间。按照定义，JavaScript 库会包含程序中常用的很多功能，但每个程序都不可能把所有功能都用上。那些额外的、用不到的 JavaScript 就是不必要的肿块。然而你必须在文件大小和开发时间之间做出选择，如果你从来没有从头写过 JavaScript 程序，可能会低估整个程序所需的开发时间。

我相信你知道必须写大量脚本来实现程序所需的全部功能。但你可能没考虑到为了支持多个浏览器所需要的工作量。

和跨浏览器的 JS 相比，CSS 的跨浏览器问题简直就不值一提。早期的浏览器战争留下了各种稀奇古怪的问题，这些问题日益凸显，迫使你要为不同的浏览器做不同的实现，这些处理方式也略有不同。

一个常见的例子就是跨浏览器事件处理器，比如 `onclick` 事件。所有现代浏览器都支持用 `addEventListener` 绑定鼠标事件。

```
var elem = document.getElementByID('my-element');
```

```
elem.addEventListener('click', function(e) {
  // 处理 click
}, false);
```

这段代码在 Chrome、Firefox、Safari、Opera 和 IE9+ 中都会给 ID 为 my-element 的元素绑定一个点击事件。然而旧版 IE 对标准的支持是出了名的差。要支持这些浏览器，需要用到 attachEvent。

```
var elem = document.getElementByID('my-element');

elem.attachEvent('onclick', function(e) {
  //处理 click
});
```

注意事件处理器 API 的差异。除了必须用 attachEvent，还必须把事件类型 onclick 改成 click。当然，编写脚本时这两个都要用，以支持尽可能多的用户（可惜旧版 IE 仍然有大量的市场份额）。要两个都支持，需要做一些特性检测。

```
var elem = document.getElementByID('my-element');

if ( document.addEventListener ) {
  elem.addEventListener('click', function(e) {
    // 处理 click
  }, false);
}

else if ( document.attachEvent ) {
  elem.attachEvent('onclick', function(e) {
    // 处理 click
  });
}
```

这段脚本仅仅是个开始。你可能想写一个通用的处理器来照顾到所有事件类型，像 NetTuts+（http://net.tutsplus.com/tutorials/javascript-ajax/javascript-from-null-cross-browser-event-binding）上的脚本一样。

```
var addEvent = (function( window, document ) {
  if ( document.addEventListener ) {
    return function( elem, type, cb ) {
      if ( (elem && !elem.length) || elem === window ) {
        elem.addEventListener(type, cb, false );
      }
      else if ( elem && elem.length ) {
        var len = elem.length;
        for ( var i = 0; i < len; i++ ) {
          addEvent( elem[i], type, cb );
        }
      }
    };
  }
  else if ( document.attachEvent ) {
    return function ( elem, type, cb ) {
      if ( (elem && !elem.length) || elem === window ) {
        elem.attachEvent( 'on' + type, function() { return cb.call(elem,
```

```
window.event) } );
        }
      else if ( elem.length ) {
        var len = elem.length;
        for ( var i = 0; i < len; i++ ) {
          addEvent( elem[i], type, cb );
        }
      }
    };
  }
})( this, document );
```

如果你被吓着了，那就对了。普通 DOM 不是轻易就能做到的，甚至会更加复杂。跟其他的跨浏览器实现比起来，比如 Ajax，事件绑定还算是简单的。编写普通 DOM 的好处无可否认，但也确实并不容易。

> 即便自己写普通的 DOM 也不能保证会比引入的库文件小。jQuery 和 Zepto 之类的常用 JavaScript 库的各种问题都经受过贡献者认真地审查，包括文件大小。如果你写了很多工具函数，可能会发现最终写出来的东西比 Zepto 这种比较小的库（大约 8K）还要大。

2. 添加第三方工具

你没必要什么都自己写。你可以把一些工具函数整合到一起作为启动库。可以在 www.MicroJS.com 查找这些资源。

你可以从 MicroJS 中挑选需要的脚本并构建一个完全适合项目需要的轻量级库。

> MicroJS 网站目前是 Thomas Fuchs 在打理，正是他创建了 Zepto。

2.2 使用框架

最近开始流行用一个完整的框架进一步推进前端开发工作。框架比 JavaScript 库提供的东西更多，因为它还包含了样式和各种更深入的特性，比如表单控件和其他常用的组件。我倾向于保持框架的整洁性，更喜欢用一个 JavaScript 库、各种插件和定制的 CSS 作为框架的辅助。这样我就可以创建一个符合项目具体需要的定制组合，并且做出符合设计方向的样式。但框架肯定可以加快开发速度，我希望你能试一试，找出最适合你的工作流。

你可以像雕塑家一样做决定。你是喜欢用黏土雕塑，根据需要把组件粘合到一起？还是更喜欢用大理石雕刻，拿出一整块，然后将你不需要的部分凿掉？无论用哪种方式，你最后得到的都是差不多的东西，有所区别的只是你如何实现。

2.2.1 Bootstrap

Bootstrap 提供了一组能用来创建整个程序的功能和主题。Bootstrap 最开始是由 Twitter 为自己的网站开发的，后来才向公众开放。从响应式网格布局到表单控件，Bootstrap 无所不包。其中既有各种组件，又有很多 JavaScript 插件，你可以用它们快速搭建站点。Bootstrap 插件中有很多常用组件，比如模态对话框、下拉列表、提示、图片轮播等。Bootstrap 中的所有东西都用一个通用主题确定了样式，还带有图标等。

如果你想快速架起一个网站，而又不必遵循特定的设计方向，Bootstrap 就是非常棒的选择。当然，你可以自行编写 Bootstrap 中任何东西的样式，但它的主要目的是提供自己的 UI 品牌标识。

2.2.2   jQuery UI

你也可以选择 jQuery UI，准确地说它不是一个框架。jQuery UI 更像是一组用来加强表单元素和网站其他方面的工具。但因为它本质上是一组 jQuery 插件，为通用的 UI 元素提供了样式和功能，所以我把它放在了框架中。

然而是否把 jQuery UI 当作框架来用完全取决于你。你可以用它的所有控件，比如标签、折叠栏和其他组件来构建整个网站。或者把 jQuery UI 当作一组插件。你可以从中选出你喜欢的组件，比如用它给你的表单加上一个日期选择器，省得再用自定义代码构建。你可以找到适合这些需求的单个插件，但 jQuery UI 的核心代码构建得特别好，因此可以轻易创建出定制的版本，不会因为引入用不到的组件而导致代码库臃肿。

> 我个人喜欢把 jQuery UI 当作一组插件来用，因为我不喜欢在 JavaScript 里包含太多样式，更愿意为标签和模态对话框之类的基础组件手写 CSS。

2.2.3   移动框架

有很多好用的移动框架，比如 jQuery Mobile 和 Sencha Touch。第 10 章有关于这些框架和移动开发的更多内容。

2.3   其他脚本

这里还有一些脚本和工具，你很可能想把它们放到你的程序里。下面介绍两个几乎所有项目都用了的脚本：Modernizr 和 HTML5 Shiv。

2.3.1   Modernizr

Modernizr 是一个帮你构建现代化程序的小脚本，并且它仍然支持旧版浏览器。Modernizr 本质上是一组检测用户的浏览器支持哪些 CSS3 和 HTML5 特性的工具。

Modernizr 的做法是给 `<html>` 元素附加上类名，描述可以用 CSS 中的哪些特性。比如说，如果 `background-size` 可用，它会给 `<html>` 元素加上 `backgroundsize` 类。这样就可以用 CSS 同时实现这两种情况。

```
/* 没有 background-size */

html .my-element {
  background-image: url(../path-to/non-sizable-image.png);
  background-repeat: repeat;
}

/* 支持 background-size */

html.backgroundsize .my-element {
  background-image: url(../path-to/sizable-image.png);
  background-size: cover;
}
```

你可以用这个办法实现很多特性，并用类名或 Modernizr API 实现你想在 JavaScript 中使用的 HTML5 特性。如果想深入了解 Modernizr 和它所支持的检测类型，可以访问 www.modernizr.com。

> 你可以根据自己的需要定制 Modernizr，让它只检测你关心的特性。我希望你能这么做，因为这样既可以减小文件尺寸，又能缩短脚本实例化所需的时间。

2.3.2　HTML5 Shiv

HTML5 Shiv 是一个非常简单的脚本，它能让旧版浏览器识别诸如 `<header>`、`<footer>`、`<nav>`、`<section>` 和 `<aside>` 之类的 HTML5 元素。即使没有 HTML5 Shiv 脚本，你仍然可以使用这些元素，只是这些元素上的所有 CSS 样式在不支持 HTML5 的浏览器中都不会生效。

因为我喜欢用这些语义化标记，所以在我做的所有网站中都引入了这个脚本。要使用这个脚本，请先从 http://code.google.com/p/html5shiv 上下载它。接着在 `<head>` 中把它加入到你的网站中，记得加上 IE 条件判断。

```
<!--[if lt IE 9]>
<script src="dist/html5shiv.js"></script>
<![endif]-->
```

这个条件判断很重要，因为这样可以避免浏览器请求不需要的资源。在市场份额较大的浏览器中，只有 IE8 及更低版本的浏览器才不支持 HTML5，所以你可以放心使用这个条件判断。另外要注意别把这个脚本放在 `<body>` 中。它必须放在 `<head>` 中，最好是在样式表声明之后（因为这样性能会更好）。

> 很多其他的脚本和框架中都包含了 HTML5 Shiv，所以注意不要引入两次。

2.4　HTML5 样板

HTML5 样板既不是库，也不是框架。它是一个可以根据你的个性化需求进行定制的模板。你可以以样板为基础构建你的程序。它简单直白又精简轻量，对任何 HTML5 项目来说都是一个理想的起点。

HTML5 样板中有很多本章介绍过的东西，比如它通过 Google CDN 引入了 jQuery（带有本地备份），还有 Modernizr 和 HTML5 Shiv。它还引入了 Normalize.css、一个 CSS resets 的现代化替代品，以及一些基本的样式和占位图标。但它不是当作框架用的，而是进行定制的基础，它的样式大部分是易于切换的占位样式。此外，HTML5 样板中还有一些服务器配置，以提升在 Apache、Node 及其他环境中的性能。

HTML5 样板兼具库和框架的优点。它有框架的所有优点，提供了高水准的项目起点。但它又没有太过，你可以替换它非常有限的样式，并用自己需要的额外组件开始新项目。

2.5   寻找 jQuery 插件

在核心功能被库、框架或样板覆盖后，你的程序中很可能还需要其他功能。你可以自己构建这些组件，但如果你想加快开发进程，最好试着找找插件。那样程序剩余的大部分功能都可以覆盖到，连一行代码都不用你写。

因为 jQuery 插件非常流行，所以本节就以它们为重点。不过其中的大部分建议对你想用的任何 JavaScript 插件都适用。

2.5.1   去哪里（以及不要去哪里）找

要找 jQuery 插件最好是到官方的插件注册网站 http://plugins.jquery.com。在这个网站上可以搜索、浏览、查找经过 jQuery 社区会员评分的插件。但 jQuery 的插件库几乎没有详尽的列表，最终还是要靠搜索引擎查找你想要的插件。通常插件的品质越高，它的搜索评级也越高（尽管这也不是百分百准确的）。

你在规划查找条件时尽可能具体一些。我建议你撇开那种写着"25 000 多个 jQuery 插件"的博客，它们通常都是为了给网站增加流量而设计的垃圾列表，其中所列的插件几乎都是胡乱堆砌上去的。

这对你来说可能不是个好消息，但要找到好用的 jQuery 插件并不容易，因为很多插件确实做得相当差劲。

2.5.2   要找什么——一个十项检查列表

jQuery 进入门槛低，所以很多网站都在用，并且第三方插件也很多。这样有利也有弊。一方面，你能想到的任何功能都能找到一个免费的插件；另一方面，很多插件在工程化上都做得比较差，或者缺乏足够的灵活性，难以适应你的项目。

那就是说你要从几个方面来分析你正在考虑的插件。下面是一个可以用来评估插件品质的检查列表。

❑ 自己写是不是更好？如果功能非常简单，那你最好还是亲自动手写一个。毕竟你用来写代码的时间可能比你读完这个检查列表的时间还要短，为什么还要那么麻烦？另外，如果这个插件跟你正在用的某个东西很像，很可能就没必要再加一个插件让代码库变得更臃肿。你应该花点时间扩展那个插件，让它同时满足两个需求。

☐ **文档做得好不好？**插件的文档几乎和插件本身同样重要。当你学习如何使用这个插件，或者遇到问题时首先会去看它的文档。另外，肯花时间把文档写好说明开发者确实关心插件的品质，而不是为了增加博客的访问量才把他们为某个项目写的东西分离出来。

☐ **是不是有良好的支持历史？**一定要看看插件最近的更新情况。如果它能得到持续稳定的维护，说明开发者在意插件的品质，并且如果你遇到了无法解决的问题，他们也愿意帮你。如果是发布在博客上的插件，要看一看作者最近一次回应评论是什么时间。还要查看开发人员最后一次修正 bug 或添加新功能的时间。当然，也可能这个插件已经完成，没什么需要添加的了，但良好的支持是非常好的信号。

☐ **是不是使用标准的参数签名模式？**你在文档中会看到插件如何接收参数。并且在用过一定数量的插件之后，你会发现插件参数的传递有着某种通用的模式。

虽然没有所谓正确的参数处理方式，但任何看起来很奇怪的参数签名模式都是一个大大的危险信号。那表明开发人员要么对插件开发不太熟悉，要么不太在意插件的架构。

☐ **是不是有简单的 HTML 标记要求？**如果插件对 HTML 标记有依赖，那这些 HTML 标记的格式就很重要。

这个问题有两个层面。首先奇怪或严格的 HTML 标记要求会让插件很难用，因为你必须调整 HTML 标记以适应插件的具体需求。其次，如果 HTML 标记的语义贫乏或需要看起来毫无必要的元素，表明插件的开发者在技能上有所欠缺。

☐ **所用 CSS 的品质如何？**如果插件使用了 CSS，那么 CSS 也很重要。好的 CSS 表明插件开发者擅长前端工作。差劲或过多的 CSS 虽然不一定导致插件不能用，但肯定是个危险信号。

☐ **有没有所支持浏览器的列表？**如果开发者在不同的浏览器上测试过插件，那应该会列出这些浏览器。如果开发者能确切地列出这些浏览器及其版本号，那将是一个非常好的信号。但至少开发者应该提到插件"能用在所有现代浏览器中"或某种能表明开发者对跨浏览器开发表示关注的东西。

☐ **有没有缩小版？**这一点有些吹毛求疵，但你应该看看插件的网页上是否提供了缩小版。缩小版表明开发者关心性能和文件大小。这一点不是绝对必要，因为开发者可能假定你会缩小你网站上的 JS。但若有缩小版，或者开发者谈到了文件大小、gzipping 之类的东西，这绝对是个好现象。

☐ **有其他人在用吗？**在最后的检查项中，其中一点是有多少人在用它。如果它出现在一个有用户评级的网站上，评级高肯定是好现象。否则就用 Google 搜一下，看看有多少人在谈论这个插件，并且出现在多少个"8000 个 jQuery 插件"之类的列表上。当然，如果这个插件真的很新，那你应该相应地降低标准。

☐ **能用吗？**检查一个插件最好的办法就是把它插入到你的代码中看看。这一步是最费时间的，所以一定要等你确信它能通过前面那些检查项之后再做。一旦把它放到你的代码中，一定要确保它能完成你所期望的任务，并且性能也过得去。最后，深入集成一个插件之前，要在你所支持的所有浏览器上都测试一下。或者如果插件的作者提供了单元测试，你也可以在你希望支持的环境下运行一下那些测试。单元测试也是很好的品质指示器，因为它表明开发者已经花时间对插件做了充分的测试。

2.6   小结

本章介绍了如何以其他脚本为基础开始你的程序。

本章先介绍了 JavaScript 库 jQuery 和 Zepto，以及不用库完全靠自己写 JavaScript 的好处。然后讲了 Bootstrap 和 jQuery UI 这种比较大的框架，以及使用框架的利弊。

接着又介绍了小一点的工具脚本：Modernizr 和 HTML5 Shiv。然后是 HTML5 样板，一个集成了库、工具脚本和基本样式的模板。这个模板不像某些框架那么厉害，但仍然有很多和框架一样的优势。

本章最后的内容是 jQuery 插件：到哪里去找这些插件，以及如何确定某个插件是否值得使用。现在就卷起袖子，准备进入下一章开始编码吧。

2.7   补充资源

http://en.wikipedia.org/wiki/List_of_JavaScript_librarieshttp:/en.wikipedia.org/wiki/List_of_JavaScript_libraries 是一个 JavaScript 库的列表。

JavaScript库的文档

jQuery：http://api.jquery.com/

Zepto：http://zeptojs.com/

Closure：https://developers.google.com/closure/library/docs/overview

MooTools：http://mootools.net/docs/core

Library Feature Comparison：http://en.wikipedia.org/wiki/Comparison_of_JavaScript_frameworks

其他JavaScript库资源

jQuery Fundamentals：http://jqfundamentals.com/

jQuery Tutorials：http://docs.jquery.com/Tutorials

The Essentials of Zepto.js：http://net.tutsplus.com/tutorials/javascript-ajax/the-essentials-of-zepto-js/

框架文档

Bootstrap：http://twitter.github.com/bootstrap/

jQueryUI：http://api.jqueryui.com/

jQuery Mobile：http://view.jquerymobile.com/

Sencha Touch：http://docs.sencha.com/touch/

其他脚本

Modernizr：http://modernizr.com/docs/

html5shiv：https://code.google.com/p/html5shiv/

HTML5 Boilerplate：http://html5boilerplate.com/

jQuery插件

jQuery Plugins Registry：http://plugins.jquery.com/
Signs of a Poorly Written jQuery Plugin：http://remysharp.com/2010/06/03/signs-of-a-poorly-written-jquery-plugin/
Building Your Own jQuery Plugins：http://docs.jquery.com/
Essential jQuery Plugin Patterns：http://coding.smashingmagazine.com/2011/10/11/essential-jquery-plugin-patterns/

书籍

《jQuery 基础教程（第 4 版）》（人民邮电出版社，2013）：http://www.ituring.com.cn/book/1169
jQuery Cookbook（Cody Lindley 著）：http://shop.oreilly.com/product/9780596159788.do
《Bootstrap 用户手册》（人民邮电出版社，2013）：http://www.ituring.com.cn/book/1124
《jQuery UI 开发指南》（人民邮电出版社，2012）

Part 2

构建前端

本部分内容

第 3 章

Backbone.js

Backbone 确定了程序的结构，提供了一个存放程序数据的合理框架，并且能把数据放到屏幕上传递给用户。它还能把屏幕上的内容跟数据库或本地存储中的数据同步。本章将会介绍如何用 Backbone 模型和集合存放程序中的数据，然后讲解如何把数据绑到显示给用户的内容上，并且内容发生变化时还能自动在屏幕上更新。此外还将涉及如何把 Backbone 中的数据跟数据库服务器上的数据同步，进而保存和获取数据，并创建可以跨越不同会话的状态。

本章还将介绍如何把不同的 URL 绑到不同的程序状态上，以便为程序构建导航和书签功能。最后你会了解如何定制处理数据变化的处理器，以及如何处理集合并对集合排序。

3.1 初识 Backbone

尽管 Backbone 学起来不一定容易，但它肯定值得你付出努力，并且如果你已经用过后台的模型—视图—控制器（MVC），用起 Backbone 来就会容易许多。因为掌握 Backbone 的概念要比掌握实际的实现和使用更加困难。

3.1.1 Backbone是什么

Backbone 是一个 JavaScript MVC 框架，把服务器端框架中常用的 MVC 模式中的所有概念都带到了前端。它本质上就是对程序视图中的数据和要显示给查看者的用户界面解耦。

Backbone 可以把数据放在模型中。然后让这些模型跟视图同步。也就是说，这些数据无论什么时候发生了变化，都能自动反映到屏幕上。此外，这些模型也能用 Ajax 请求跟服务器端同步。所有变化都是双向自动同步的，确保程序中的数据在跨越不同的页面和会话时能持久化。

> 有些人说 Backbone 并不是真正的 MVC 框架，它更像 MVP（模型–视图–展示）。尽管这种说法不尽是空穴来风，但也没多大意义，就像书呆子们争论《星球大战》和《星际迷航》哪个更好看一样。关键是，Backbone 用起来跟经典的 MVC 模式类似。它是用来分离关注点的，要将数据从展示层解耦出来。

3.1.2 为什么要用Backbone

Backbone 做的所有事你都能自己做，实际上你可能已经做了很多了。但 Backbone 把那些散乱的脚本都拿过来，整合到一个精心编写并经过充分测试的框架中。简言之，Backbone 让数据处理变成了小菜一碟。通常与 JavaScript 数据和屏幕内容相关的代码写出来就像空心粉一样杂乱，用 Backbone 可以避免这种情况，而且还能通过 Ajax 同步数据。

使用 Backbone 后，程序中的数据会与展示给用户的内容彻底隔离开。此外它还能维持数据和数据与服务器同步过程的相互独立性。

Backbone 精简了开发过程，可以通过可互换的部分对程序中的不同组件进行独立开发。

3.1.3　Backbone基础

Backbone 有四个基本组件：

□ 模型（Model）表示独立的数据对象；
□ 集合（Collection）是那些模型的分组；
□ 视图（View）表示用户界面，可以把模型和集合中的数据展示给用户；
□ 路由器（Router）处理视图与浏览器中 URL 的关系，所以当用户导航到某个特定的 URL 时，它会展示程序的特定状态。

这些组件之间的关系如图 3-1 所示。

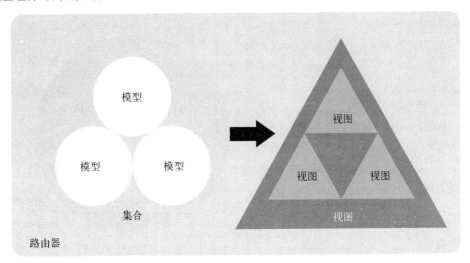

图 3-1　Backbone 中的模型可以分组为集合，进而用来定义视图，视图通常包含父视图和子视图。所有这些都是由路由驱动的（可选）

但这些基本构件只是 Backbone 的冰山一角。它有变化事件，可以在模型发生变化时更新视图；有数据校验，可以确保所有数据格式的正确性；它还能让数据自动跟服务器端或本地存储同步，以确保模型的持久化保存。

3.1.4　什么时候用Backbone

一旦用上 Backbone，你就会觉得离了它有些活简直没法干了。然而你也会发现 Backbone 并不是万能钥匙。实际上对很多项目来说，用 Backbone 就跟拿大炮打蚊子一样。

Backbone 最适合那些需要处理很多数据的程序，尤其是数据跟屏幕上的内容紧密结合的。它对那种有很多数据要在前端和服务器之间来回传递的程序也很理想。然而 Backbone 真的不适合交互比较少的网站。即便是用了很多 JavaScript 的网站，也要看它是不是要处理很多数据。用 JavaScript 建网站时，你通常可以用独立的库和插件，甚至是 JavaScript 模板引擎，而完全用不到 Backbone。

这不是文件大小的问题，因为 Backbone 相当轻量。实际上，这是开发的问题，用 Backbone 需要很多额外的设置。在数据驱动的网站和程序上，从长远来看，那些额外的设置实际上会节省你的时间，但在偏静态的网站上，不值得花费额外的时间和努力。

3.1.5　设置Backbone

要用 Backbone，请先从 http://backbonejs.org 上下载它的核心。此外还需要从 http://underscorejs.org 下载 Backbone 唯一的依赖项：Underscore.js。

然后在页面上引入这两个脚本，Underscore 放在前面。

```
<script src="js/underscore.min.js"></script>
<script src="js/backbone.min.js"></script>
```

这两个文件加到一起也没多大，经过压缩处理后连 10K 都不到。

Backbone 不需要 jQuery 或其他任何库了，但它跟所有 jQuery 之类的库都配合得很好。本章中的大多数例子都用到了 jQuery，所以要确保在上面的脚本中把 jQuery 放在 Backbone 前面。现在一切都准备好了，你可以深入挖掘 Backbone 并用它构建程序了。

> 尽管 Backbone 的基本功能对 jQuery 或 Zepto 没有显式的依赖，但在视图中处理 DOM 和处理模型的 RESTful 持久化时需要有一个这样的库。

3.2　Backbone 中的模型

Backbone 中的模型是程序数据层的基本构件块。比如说，程序中有个表示用户的数据对象。

```
user: {
  username: 'jonraasch',
  displayName: 'Jon Raasch',
  bio: 'Some nerd who writes web books',
  avatar: 'j134jks.png'
}
```

这个数据在 Backbone 中被保存为模型。但 Backbone 的模型不仅仅可以存放数据，它们还可以设置默认值、变化事件、数据校验，等等。

优秀的 Backbone 设计从程序数据模式的模型定义开始。模型和后台中的数据模式不一定是一一的关系，但可能非常接近。接着会设置跟踪模型中所有变化的事件监听器。但更重要的是创建一组数据校验规则，在执行保存动作之前检查模型属性。还要为程序的业务逻辑创建单元测试，以便清除潜在的数据问题。如果模型和呈现模型的视图界限分明，为业务逻辑编写测试就会轻松许多。我们可以只关注每个具体功能想要实现什么样的处理，而不用考虑那些可能不会出现在页面上的视觉元素。

3.2.1 创建一个模型

用 Backbone 的 `Model.extend()` 可以创建一个新模型。

```
// 创建模型
var Fruit = Backbone.Model.extend({});

// 创建模型的新实例
var apple = new Fruit({
  type: 'apple',
  color: 'red',
  condition: 'shiny'
});
```

用 `get()` 方法可以访问模型中的任何属性。

```
console.log( apple.get('color') );
```

用 `set()` 方法可以设置任何属性的值。

```
apple.set('condition', 'bruised');
apple.set({ type: 'banana', color: 'yellow' });
```

如你所见，既可以用一个键值对设定一个属性，也可以用一个对象设定一组属性。

3.2.2 创建计算属性

你也可以创建自定义计算属性，比如：

```
var Fruit = Backbone.Model.extend({
  description: function() {
    return this.get('color') + ', ' + this.get('condition') + ' ' + this.get('type');
  }
});

var apple = new Fruit({
  type: 'apple',
  color: 'red',
  condition: 'shiny'
});

console.log( apple.description() );
```

这个例子返回的字符串是 `red, shiny apple`。注意 `get()` 方法在被插入的字符串之间的用法。

3.2.3 设置默认值

还可以为模型设置智能默认值。那样无需设定所有属性就能创建一个新的模型项。

```
var Fruit = Backbone.Model.extend({
  defaults: {
    condition: 'perfect'
  }
});

var apple = new Fruit({
  type: 'apple',
  color: 'red'
});
```

```
console.log( apple.get('condition') );
```

　　这里为 Fruit 的 condition 设置了一个默认值。即使没有设定，这段代码输出 condition 时依然能得到"perfect"。

　　在某个属性的值通常比较固定时，默认值能帮你节省很多时间。但不要太依赖于它们，因为有些属性的值仍然需要在创建对象时重新设定。比如上面例子中 Fruit 的 type 就不应该设定默认值，因为每个类型都各不相同。

3.2.4　使用初始化函数

　　初始化函数是在模型实例化时调用的构造器。要设定初始化函数，只需在传入配置对象时把函数赋予其属性。

```
var Fruit = Backbone.Model.extend({
  initialize: function() {
    console.log('Fruit model initialized');
  }
});
```

　　这样，每次创建这个模型的新实例时都会激发这个函数。

3.2.5　使用Backbone事件

　　Backbone 的模型中还包含了一些事件，可以用来跟踪模型的增加、移除、修改等变化。

1. 把事件绑定到模型上

　　这些事件都可以在 initialize() 函数中用 on() 方法绑定。比如要在模型增加新条目时触发一个事件，可以写成：

```
var Fruit = Backbone.Model.extend({
  initialize: function() {
    this.on('add', function() {
      console.log('Fruit added - ' + this.get('type'));
    });
  }
});
```

　　注意 this.get() 的用法，我用它获取模型的属性，每个事件处理器的上下文都被绑到了这个模型实例自身上。

2. 追踪模型的变化

Backbone 中用得最多的可能就是 change 事件，因为用它可以把模型中的变化跟视图中的变化绑定到一起。本章后续会详细介绍视图，现在为了简单起见，我们会忽略 DOM 中的真实变化。

要追踪模型中的所有变化，可以写：

```
var Fruit = Backbone.Model.extend({
  initialize: function() {
    this.on('change', function() {
      console.log('Values for this model have changed');
    });
  }
});
```

模型中有属性发生变化时就会激发这个回调函数。

另外，还可以用 change:[attribute] 追踪模型中单个属性的变化。

```
var Fruit = Backbone.Model.extend({
  initialize: function() {
    // 追踪属性 condition 的变化
    this.on('change:condition', function() {
      console.log('The condition of this fruit has changed.
  Might be getting moldy.');
    });
  }
});
```

这个回调函数只在 condition 属性有变化时才会被激发，如下所示。

```
apple.set('condition', 'moldy');
```

> 把 change 事件附加到多个属性上时，要注意执行顺序的问题。因为很难确定哪个属性的监听器会先激发，所以要么确保回调函数之间完全不相关，要么只绑定一个 change 事件，并手工检查每个属性的变化。

3.2.6　模型的校验

模型设置中最重要的可能就是创建校验规则。有了校验规则，就可以对数据做正常性检查，防止保存了畸形数据。比如可以设一条校验规则确保某个属性是数字型的。

```
var Fruit = Backbone.Model.extend({
  // 在模型发生变化时进行校验
  validate: function( options ) {
    if ( options.quantity && !_.isNumber( options.quantity ) ) {
      return 'Quantity must be a number';
    }
  }
});

// 创建模型的新实例
```

```
var apple = new Fruit({
  name: 'apple'
});

// 添加 error 事件处理器，校验失败时会被激发
apple.on( 'error', function( model, error ) {
  console.log( error );
});

// 设定格式错误的 quantity 以激发校验错误
apple.set( 'quantity', 'a bunch' );
```

这段代码的含义如下。

(1) 创建一个校验函数，检查 Fruit 模型中是否有畸形数据。

(2) 如果设定 quantity，会用 Underscore 的 isNumber()方法检查它是不是数字。Underscore 是
Backbone 的依赖项，所以用它的方法不会增加负担。

(3) 如果模型没有通过校验，会激发一个 error 事件。

这样如果有人想把 quantity 属性设定为非数字值，它会触发错误处理器并传递校验错误消息
Quantity must be a number。更重要的是，这个数据绝对不会被保存到模型中，可以保证模型中
数据格式的正确性。

既然模型的校验如此重要，我们就应该在模型上设置单元测试，来核实它们是否符合程序的业
务逻辑。

3.3   使用 Backbone 中的集合

在 Backbone 中，集合就是一组模型。如果模型是对象，你可以把集合看作一个包含这些对象的
数组。尽管 Backbone 中的集合比一组模型高级不了多少，但仍然有必要了解它们。毕竟你很可能会
经常用到它们。

3.3.1   创建集合

下面这段代码创建了一个包含 Fruit 模型的集合。

```
// 创建一个模型
var Fruit = Backbone.Model.extend({});

// 创建一个包含该模型的集合
var Fruits = Backbone.Collection.extend({
  model: Fruit
});
```

这里是一个基于模型的集合。现在可以向这个集合中添加新条目了。

```
var Fruit = Backbone.Model.extend({});
```

```
var Fruits = Backbone.Collection.extend({
  model: Fruit
});

// 创建一个新的集合实例
var fruitbowl = new Fruits({ type: 'apple', color: 'red' });

//向集合中再添加一个模型
fruitbowl.add({ type: 'banana', color: 'yellow' });
```

上面的代码中给出了两种向集合中添加条目的办法。首先可以在创建集合时添加一个条目；然后可以用 add() 再添加其他条目。

> 还有，如果创建集合时传入一个对象数组，则可以添加多个条目。

3.3.2 创建集合事件

跟模型一样，集合上也可以附加事件处理器。模型上能用的事件集合上都能用：add、remove、change，等等。然而你会发现在集合上有新的使用模式，也就是说 add 和 remove 事件变得更加重要了，因为你肯定想跟踪集合数组中条目的增加和移除。比如下面这段脚本，在集合中有条目增加或移除后就会激发事件。

```
var Fruit = Backbone.Model.extend({});

var Fruits = Backbone.Collection.extend({
  model: Fruit,
  initialize: function() {
    this.on('add', function() {
      console.log('New fruit added');
    });

    this.on('remove', function() {
      console.log('Fruit removed');
    });
  }
});
```

注意，在实例化新集合时，传入对象不会激发 add 事件的处理器回调函数。

> 把这些事件附加到模型上也能收到同样的效果。

3.4 理解 Backbone 视图

在 Backbone 中，视图代表展示数据模型的用户界面元素。尽管视图跟页面中的 HTML 标记关系很紧密，但不要把它们当作 HTML 标记；实际上，视图是渲染 HTML 标记的逻辑。

尽管用 Backbone 时可以不带视图，但视图是这个框架中真正的闪光点，因为可以通过事件把模型和集合中发生的所有变化绑定到视图上，从而把数据的变化绑定到视觉上的 DOM 变化中。如果你之前从未尝试过，会惊异于它对工作流产生的影响。在我看来，能把数据绑到视图上是使用 Backbone 的主要原因，因为它帮你消除了大量空心粉式代码。

3.4.1　创建视图

创建视图跟创建模型或集合类似。

```
var FruitView = Backbone.View.extend({
  el: '#my-element',

  render: function() {
    this.$el.html('Markup here');

    return this;
  }
});

var appleView = new FruitView({
  model: apple
});
```

这段代码含义如下。

(1) el 指向要把视图插入其中的元素。在上例中，Backbone 在 DOM 中找到与 CSS 选择器 #my-element 相匹配的元素。这是创建视图元素的方法之一。

(2) 调用 render 函数渲染视图。这是个可选的函数，不是自动调用的。上例中用 jQuery 的 html() 函数渲染视图的内容。

(3) 创建这个视图的新实例时，传入了一个绑定到该视图上的模型实例。这种方式是可选的，它是所有绑定到某一模型的视图的最佳实践。因为这样可以在视图中的任何地方用 this.model 访问该模型。

3.4.2　使用渲染函数

渲染函数是完完全全的可选件。实际上使用它们通常是出于惯例，渲染函数并不是 Backbone 的一部分。你可以决定是否在必要时创建并调用它们，比如当某个模型发生变化时。

1.调用渲染函数

一般在视图初始化时都要调用渲染函数，否则视图不会出现在页面上。比如，在下面的视图被创建时渲染它。

```
var MyView = Backbone.View.extend({
  el: '#my-element',

  initialize: function() {
    this.render();
  },

  render: function() {
```

```
    this.$el.html('Hello World!');

    return this;
  }
});

var myView = new MyView ();
```

这个视图被初始化时，它找到 ID 为 my-element 的 DOM 元素，并把这个元素内部的 HTML 替换为'Hello World!'。

渲染函数返回了 this。这是相当常见的模式，因为这样可以让渲染函数保留可连接能力，就像 Backbone API 的其他函数一样。

通常情况下，你想把渲染函数绑定到某个模型的变化上。很快你就会发现如何用 change 事件的回调函数完成这个任务。

2. 渲染模型

大多数情况下，Backbone 视图都会被绑到模型上，也就是说，可能要在渲染函数中访问那个模型的属性。比如你要渲染某个用户的属性。首先从模型开始。

```
// 创建用户模型
var User = Backbone.Model.extend({});

var user = new User({
  username: 'jonraasch',
  displayName: 'Jon Raasch',
  bio: 'Some nerd'
});
```

接着创建绑到这个模型上的视图：

```
// 创建视图
var UserView = Backbone.View.extend({
  el: '#user-card',

  initialize: function() {
    this.render();
  },

  render: function() {
    // 创建一个链到用户档案的链接作为封装元素
    var $card = $('<a href="/users/' + this.model.get('username') +
      '">');

    // 添加用户的名称
    var $name = $('<h1>' + this.model.get('displayName') +
      '</h1>').appendTo($card);

    // 添加用户的简历
    var $bio = $('<p>' + this.model.get('bio') +
      '</p>').appendTo($card);
```

```
    // 将这个元素添加到 DOM 中
    this.$el.html ($card);

    return this;
  }
});

// 创建视图的新实例，绑定到用户模型上
var userView = new UserView({
  model: user
});
```

这段代码演示了几种新模式。其一，用 jQuery 为视图构建各个 HTML 标记。用 this.model.get() 从模型中取出值来填充 HTML 标记的内容。这些会指向创建视图实例时设定的模型。最终把创建好的元素追加到 DOM 中。

3. 最差实践

你可能已经注意到了，这个渲染函数的代码相当乱。JavaScript 代码中混杂了很多 HTML 标记，是程序员要尽力规避的空心粉式代码。现在我把 jQuery 和 HTML 标记混在一起是为了让例子更容易理解。然而这么做实际上很糟糕。在下一章，我会向你介绍如何用模板把 HTML 标记从 JavaScript 里剥离出来，那才是实际工作中的常规做法。但现在请先忍耐一下吧。

3.4.3   使用Backbone中的视图元素

不管什么时候创建 Backbone 中的视图，它必然会绑定到一个元素上。那个元素就是在 DOM 中渲染内容的点。你可以根据情况引用 DOM 中原有的元素，也可以即时创建一个新的视图元素。

1. 访问视图元素

由于视图元素在 Backbone 中如此重要，所以可以用几种不同的方法访问。首先可以通过你创建的视图对象访问。

```
var myView = new MyView();

// 在日志中输出对视图元素的 DOM 引用
console.log( myView.el );
```

可见随时都能用 el 访问这个视图元素。

此外，Backbone 还提供了视图元素的 jQuery/Zepto 引用。用 $el 可以得到这个引用。

```
var myView = new MyView();

// 用 jQuery 隐藏视图元素
myView.$el.hide();
```

然而这只在用了 jQuery、Zepto 或类似库的时候才能用。我在前面说过，Backbone 跟这些库配合得很好，但没有它们也能用。

$el 是 Backbone 跟着社区一起发展的例证。在 0.9 版之前，人们已经约定俗成地在视图的初始化函数中自行做出 this.$el = $(this.el) 这样的定义了。

2. 引用已有元素

经常需要引用 HTML 标记中已有的元素。要引用已有元素，只需在创建视图时给 el 传入一个 CSS 选择器就可以了。

```
var MyView = Backbone.View.extend({
  el: '#my-element',

  render: function() {
    this.$el.html('Markup here');

    return this;
  }
});
```

在上面的代码中，Backbone 找到 ID 为 my-element 的元素，并把它用在视图上。这里可以传入任何 CSS 选择器。然而传入的一定要是 CSS 选择器字符串，不能是 DOM 引用。比如传入 $(#my-element)之类的 jQuery 引用就不行。

> 引用已有元素时要确保 CSS 选择器指向的是唯一性元素，不过你想让视图修改多个元素时除外。

如果页面中有一块块的静态内容需要根据 Backbone 中的数据进行修改，那么引用已有元素就是一个好办法。比如在页面的 header 中有一个欢迎消息（比如 Welcome Kate），如果用户修改了她的显示名称，这个消息也要跟着修改。我们来看一些代码，先从 HTML 标记开始。

```
<header>
  <div class="welcome-message">Welcome</div>
</header>
```

接下来，创建一个包含用户显示名称的模型：

```
// 创建用户模型
var User = Backbone.Model.extend({});

var user = new User({
  displayName: 'Kate'
});
```

有了模型之后就可以设置视图了：

```
// 创建欢迎消息视图
var WelcomeMessageView = Backbone.View.extend({
  // 把它绑定到页面中的已有元素上
  el: 'header .welcome-message',

  initialize: function() {
    // 把这个视图对应模型中的所有变化绑定到渲染函数上,
    // 在此例中只需追踪 displayName 属性的变化
    this.model.on( 'change:displayName', this.render, this );

    // 初始化视图时也要调用渲染函数
    this.render();
  },
```

```
  // 渲染函数在页面上显示模型的数据
  render: function() {
    var displayName = this.model.get('displayName');

    this.$el.html('Welcome ' + displayName);

    return this;
  }
});
```

```
// 创建欢迎消息视图的新实例
var welcomeMessageView = new WelcomeMessageView({
  model: user
});
```

这段代码做的事情很多，下面我一一道来。

(1) 创建视图并与标记中的<div class="welcome-message"></div>关联到一起。

(2) 创建初始化函数，在用户的显示名称发生变化时调用渲染函数。在创建新的视图实例时也会调用这个渲染函数，以便渲染基本状态。

(3) 在渲染函数中，按用户模型中 displayName 属性的值显示欢迎消息。

(4) 最后创建一个新的视图实例。传入之前创建的用户模型。

现在模型中的所有变化都绑定到了浏览器中的视觉变化上。想测试一下的话，可以在 JavaScript 控制台中修改一下模型：

```
user.set('displayName', 'Katherine');
```

你应该能看到页面上的欢迎消息发生了变化。

3. 创建新的视图元素

你已经学过如何引用 DOM 中的已有元素了，但有时也要为 Backbone 中的视图创建新元素。很简单，只要在创建视图时设定 tagName 就可以了。

```
var MyView = Backbone.View.extend({
  tagName: 'li'
});
```

```
var myView = new MyView;
```

还可以为元素指定类名和/或 ID：

```
var MyView = Backbone.View.extend({
  tagName: 'li',

  className: 'container', // 这里可以使用多个类名，
    // 比如'container list-item'

  id: 'my-view-wrapper'
});
```

```
var myView = new MyView;
```

这样会创建一个<li class="container" id="my-view-wrapper"></li>。

尽管这些设定在创建恰当的标记元素时都有用,但实际上它们都是可选的。如果什么都不设定(并且没有设定 el),Backbone 就会用一个没有任何类或 ID 的 `<div></div>`。

> 如果是即时创建的视图元素,一定不要设定 el。

这样在将新内容插入到 DOM 时更有意义。比如,你想为集合中的每个条目创建一个元素列表。尽管这个列表可以放在一个已有的 DOM 元素中,但你会希望为每个条目创建一个新的视图元素。下一节会给出一个具体的例子来讲解如何实现。

3.4.4 使用嵌套视图

在 Backbone 中构建程序会用到大量的嵌套视图。尽管嵌套视图可能有点麻烦,但它们却必不可少。好在有些最佳实践可以帮你把嵌套视图组织好。

要做好这个需要你卷起袖子大干一场。我们先来看一些代码,从 HTML 标记开始。

```
<ul id="band-wrapper"></ul>
```

因为要用 Backbone 生成这个列表,所以 HTML 标记很简单。接着创建集合。

```
var Band = {};

// 创建模型
Band.Member = Backbone.Model.extend({});

// 创建集合
Band.Members = Backbone.Collection.extend({
  model: Band.Member
});

// 组装集合
var band = new Band.Members([
  { name: 'John' },
  { name: 'Paul' },
  { name: 'George' },
  { name: 'Ringo' }
]);
```

上面的代码创建了一个包含四个乐队成员的集合。

1. 为每个列表条目创建视图

现在为每个乐队成员创建一个视图。

```
Band.Member.View = Backbone.View.extend({
  tagName: 'li',

  render: function() {
    // 把姓名加到列表条目中
    this.$el.text(this.model.get('name'));

    return this;
```

```
  }
});
```

这段代码也很直白：为每个乐队成员创建了一个<li>，然后填入成员的姓名。但如何把这些元素放到页面上，并渲染出包含所有乐队成员的完整列表呢？为此你需要一个父视图。

2. 为列表创建一个父视图

Band.Member.View 已经构建了每个乐队成员的 HTML 标记。现在该引用页面上的元素并填入每个乐队成员视图了。这时需要你为整个列表创建第二个视图，由它来充当父视图。

```
// 为乐队创建一个视图
var Band.Members.View = Backbone.View.extend({
  el: '#band-wrapper',

  initialize: function() {
    this.render();
  },

  render: function() {
    // 循环遍历集合中的所有条目，并为每个条目创建一个视图
    this.collection.each(function(bandMember) {
      var bandMemberView = new Band.Member.View({
        model: bandMember
      });
    });

    return this;
  }
});

// 创建乐队视图的新实例
var bandView = new Band.Members.View({
  collection: band
});
```

本段代码含义如下。

(1) 为列表创建了一个连到最开始那个<ul>标记上的新视图。

(2) 在这个视图初始化时渲染它。渲染函数循环遍历乐队成员集合，为每个使用之前创建的乐队成员视图的成员创建一个新视图。

(3) 总体列表视图的新实例创建好了。它传入了乐队成员集合。传入 collection 的办法跟前面那个例子中传入 model 的办法差不多。

3. 连接父视图和子视图

但这并没有大功告成，还要渲染列表中的单个元素。这需要把两个视图连接到一起。首先，对父视图的渲染函数做一些改动。

```
// 为乐队创建一个视图
var Band.Members.View = Backbone.View.extend({
  el: '#band-wrapper',

  initialize: function() {
```

```
      this.render();
    },

    render: function() {
      // 清空视图元素
      this.$el.empty();

      // 进入循环前保留 this
      var thisView = this;

      // 循环集合中的所有元素，为每个元素创建一个视图
      this.collection.each(function(bandMember) {
        var bandMemberView = new Band.Member.View({
          model: bandMember
        });

        // 在每个子视图内保存对这个视图的引用
        bandMemberView.parentView = thisView;

        // 渲染它
        bandMemberView.render();
      });

      return this;
    }
  });
```

第一个变化是清空视图元素，这很有必要，因为要用子视图中的新列表条目填充它。这一点我们稍后再讨论。接下来将 this 的值保存为 thisView。后面的集合循环中会覆盖 this 上下文，而我们还需要那个值。

注意，我们在集合循环的内部定义了一个对父视图的引用，以便在子视图内可以访问到。因为它能让你意识到视图是如何关联到一起的，这是处理嵌套视图的关键做法。

接下来，调用子视图的渲染函数。前一个例子是在视图的初始化函数中调用了渲染函数。但这个例子不行，因为这里需要 parentView 引用，它在子视图初始化时还没定义。

最后，必须修改子视图的渲染函数，跟父视图连接。

```
// 为每个乐队成员创建一个视图
var Band.Member.View = Backbone.View.extend({
  tagName: 'li',

  render: function() {
    // 将名称加到列表项中
    this.$el.text(this.model.get('name'));

    // 将新的列表项追加到父视图的列表中
    this.parentView.$el.append( this.$el );

    return this;
  }
});
```

这里唯一的变化是引用了 `this.parentView.$el` 从父视图中抓取视图元素,然后对它追加列表项。父视图和子视图连接起来后,乐队成员列表的渲染结果如图 3-2 所示。

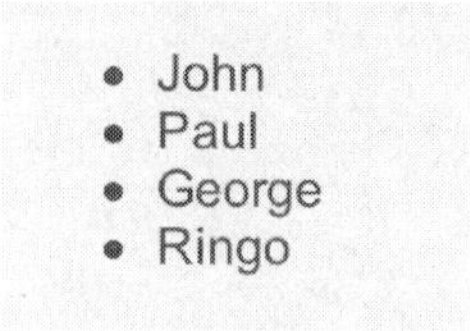

- John
- Paul
- George
- Ringo

图 3-2　现在可以正确渲染乐队的列表了

4. 追踪集合中的变化

最后要追踪集合中发生的一切变化。为此需要在父视图的初始化函数中设置一个监听器:

```
// 为乐队创建一个视图
var Band.Members.View = Backbone.View.extend({
  el: '#band-wrapper',

  initialize: function() {
    // 跟渲染函数分享"this"上下文
    _.bindAll( this, 'render' );

    // 为集合添加各种事件
    this.collection.on('change', this.render);
    this.collection.on('add', this.render);
    this.collection.on('remove', this.render);

    // 渲染初始状态
    this.render();
  },

  render: function() {
    ...
  }
});
```

好在这部分还比较容易理解。

(1) 用 `_.bindAll()` 确保可以跟渲染函数分享 this 上下文。

(2) 为集合设置了各种不同的事件。首先有个 change 事件对应任何集合项的值变化。然后是追踪集合中条目总数发生变化的 add 和 remove 事件。

要测试事件监听器是否管用,可以在 JavaScript 控制台中添加一个新的乐队成员:

```
band.add({name: 'Yoko'});
```

如图 3-3 所示,浏览器中显示的内容更新了。

即便只有一个名字发生了变化,也会重新渲染整个列表。这样的代码写起来容易得多,但性能要比仅仅重新渲染一个列表项稍微差点。然而用户很可能完全无法察觉性能上的损失,因此也不值得为此再做额外的工作。要记住,不要在发现性能问题之前过早优化。

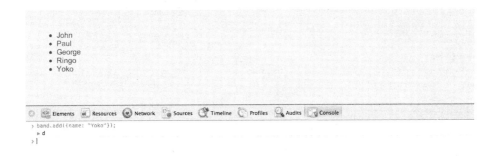

图 3-3 集合中的一切变化都会显示在页面上

5. 合并代码

将前面的内容组合起来，我们就会得到嵌套视图的完整代码。

```
var Band = {};

// 创建模型
Band.Member = Backbone.Model.extend({});

// 创建集合
Band.Members = Backbone.Collection.extend({
  model: Band.Member
});

// 组装集合
var band = new Band.Members([
  { name: 'John' },
  { name: 'Paul' },
  { name: 'George' },
  { name: 'Ringo' }
]);

// 为每个乐队成员创建一个视图
Band.Member.View = Backbone.View.extend({
  tagName: 'li',

  render: function() {
    // 将名称加到列表项中
    this.$el.text(this.model.get('name'));

    // 将新的列表项追加到父视图的列表中
    this.parentView.$el.append( this.$el );

    return this;
```

```
    }
});

// 为乐队创建一个视图
Band.Members.View = Backbone.View.extend({
  el: '#band-wrapper',

  initialize: function() {
    // 跟渲染函数分享"this"上下文
    _.bindAll( this, 'render' );

    // 为集合添加各种事件
    this.collection.on('change', this.render);
    this.collection.on('add', this.render);
    this.collection.on('remove', this.render);

    // 渲染初始状态
    this.render();
  },

  render: function() {
    // 清空视图元素
    this.$el.empty();

    // 进入循环前保留 this
    var thisView = this;

    // 循环集合中的所有元素，为每个元素创建一个视图
    this.collection.each(function(bandMember) {
      var bandMemberView = new Band.Member.View({
        model: bandMember
      });

      // 在每个子视图内保存对这个视图的引用
      bandMemberView.parentView = thisView;

      // 渲染它
      bandMemberView.render();
    });

    return this;
  }
});

// 创建乐队视图的新实例
var bandView = new Band.Members.View({
  collection: band
});
```

再回顾一下这段代码都做了什么。

(1) 创建乐队成员的模型和集合。

(2) 然后创建每个乐队成员的视图，即动态创建一个 `<li>` 并把它插入父视图的视图元素中。

(3) 为所有乐队成员的总列表创建一个父视图，并绑到标记中的`<ul>`上。

(4) 父视图的初始化函数渲染了视图，并把渲染函数绑定到集合的各种变化事件上。

(5) 父视图的渲染函数清空了视图元素，然后循环遍历集合中的每个条目。它为每个条目创建一个新的子视图实例并传入对它自己的引用，以便子视图访问父视图。

(6) 集合的循环最终渲染了乐队成员视图，把每个`<li>`追加到页面上，进而渲染出了全部内容。

3.5 数据的保存及获取

Backbone 全是为了数据，但如果数据不能持久化保存在某个地方，它也没有多大用处。所以数据一般保存在服务器或用户的本地存储中。

尽管 Backbone 不能替你做所有的事情，但用它很容易实现数据变化跟存储层的自动同步。就跟视图和 Backbone 的其他部分一样，Backbone 框架并不包办一切，它只是提供了一个让同步更容易的结构。

3.5.1 与服务器上的模型同步

在 Backbone 中把一个模型保存到服务器上其实特别容易。我在这个例子中只介绍了前端部分，后台的 REST API 部分就交给你了。Backbone 还可以设置成使用本地存储。如果你不想设置后台 API，可以跳到 3.5.2 节，然后再回到这里按着这些例子来做。

第 6 章介绍了如何用 Node.js 构建后台，在这里你可以使用自己喜欢的方式：PHP、Rails 之类的都行。

---

1. 保存模型

首先创建一个简单的用户数据模型。

```
// 创建模型
var User = Backbone.Model.extend({});

// 创建新用户
var user = new User({
  displayName: 'Jon Raasch',
  username: 'jonraasch'
});
```

现在要把这个模型保存到服务器上，只需做一些修改即可：

```
// 创建模型
var User = Backbone.Model.extend({
  // REST API 的 url
  url: './path-to-api/'
});

// 创建新用户
var user = new User({
```

```
  displayName: 'Jon Raasch',
  username: 'jonraasch',
  bio: 'Some nerd.'
});

// 保存它
user.save();
```

如你所见，只要改两个地方就可以把这个模型保存到服务器上。

(1) 一个指向 REST API 的 URL。通过传入选项 url 把这个 URL 加到模型声明上。

(2) 用 myModel.save() 保存。

在保存这个模型时，向模型的 URL 提交了一个 HTTP POST 请求，请求中包含如下 JSON 数据：

```
{
  "displayName":"Jon Raasch",
  "username":"jonraasch",
  "bio":"Some nerd."
}
```

2. 从服务器获取数据

如果你把数据存到了服务器上，很可能也需要把它们取出来。那样，用户下次再访问页面时就可以加载存在服务器上的数据。要获取服务器上的模型，只要设置一个同步 URL 并调用 myModel.fetch() 就可以了。

```
// 创建模型
var User = Backbone.Model.extend({
  // REST API 的 url
  url: './path-to-api/'
});

// 创建新用户
var user = new User;

// 获取服务器上的数据
user.fetch();
```

这段代码发起一个到 ./path-to-api/ 的 HTTP GET 请求，并用返回的 JSON 填充模型。

在确保模型中数据的变化跟服务器上保持同步时，也要从服务器获取数据。比如，如果有多个用户可以修改后台上的模型，你将需要设置一个时间间隔，以检查并确保没人修改数据。

```
// 每 5 秒钟检查一次数据变化
setInterval(function() {
  myModel.fetch();
}, 5000);
```

这段代码每 5 秒钟轮询一次服务器上的数据。第 9 章会介绍更多的轮询技术，并会用 Backbone 和 Node.js 构建一个实时程序。

3. 提供成功和错误回调

Backbone 的同步函数还提供了成功和错误回调函数。比如你可以在保存用户模型时使用这些回调函数。

```
// 保存它
user.save({}, {
  // 成功回调
  success: function() {
    console.log('User saved successfully');
  },

  // 错误回调
  error: function() {
    console.log('There was a problem saving the user');
  }
});
```

这段代码先向 save 函数中传入了一个空对象，然后传入一个带有成功和错误回调的 options 对象。

还可以从错误回调的第二个参数中得到错误消息。

```
// 保存它
user.save({}, {
  // 成功回调
  success: function() {
    console.log('User saved successfully');
  },

  // 错误回调
  error: function(data, err) {
    // 得到错误的状态码和消息文本
    console.log('Error: ' + err.status + ' - ' + err.statusText);
  }
});
```

这段代码把响应码和错误消息输出到控制台中。比如说页面找不到了，这个回调就会返回 Error:404 – Not Found。

> 一定要注意，如果模型没能通过 Backbone 的校验——如果在模型上设置了 validate() 函数的话，也会激发错误回调。

获取数据时也可以设置成功和错误回调。唯一的差别是在 fetch() 中 options 对象是第一个参数。

```
// 从服务器获取模型
user.fetch({
  success: function() {
    console.log( 'User data fetched from server' );
  },

  error: function() {
    console.log( 'Unable to fetch user data' );
  }
});
```

4. 请求类型

Backbone 用几个 HTTP 请求方法实现它的同步 API：POST、GET、PUT、DELETE。因为它们提供了跟服务器请求相关的上下文，所以它们对 REST API 很重要。实际上与 Backbone 同步最好的地方就是它能自动处理这些不同的请求类型。各种请求用法如下。

- POST：用在保存新模型时。
- GET：用在获取数据时。
- PUT：用在保存模型的变化时。
- DELETE：用在销毁模型时。

> 实际上 Backbone 内部用的是 CRUD，表示创建（create）、读取（read）、更新（update）和删除（delete）。但当它把这些转换成 jQuery 或 Zepto 的 Ajax API 时，它把这些分别映射到了 POST、GET、PUT 和 DELETE 上。

5. 模拟 HTTP 和 JSON

如果 Backbone 的同步出了问题，可能是服务器和 Backbone 的提交方式之间有冲突。不过 Backbone 提供了一些解决办法，可以让它轻松地跟所有服务器协作。

首先，如果服务器不能处理 PUT 和 DELETE 请求，可以让它模拟 HTTP。

```
// 用特定的 REST 请求类型解决问题
Backbone.emulateHTTP = true;
```

加上这段代码可以让 Backbone 用 POST 实现更新或删除操作。此外，如果服务器不能处理使用 JSON 编码的请求，可以让 Backbone 模拟 JSON。

```
// 解决 JSON 编码的问题
Backbone.emulateJSON = true;
```

这段代码把 JSON 串行化并放在一个参数 model 下提交，比如：

```
[model] => {
  "displayName":"Jon Raasch",
  "username":"jonraasch",
  "bio":"Some nerd."
}
```

通常，出于性能方面的考虑，最好将服务器设置为可以处理 Backbone 创建的不同类型的请求。但如果确实有困难，请放心地使用这些快速解决方案。

> 我在 Mac 上的本地目录 Sites 里开发时不得不模拟 JSON。因为 Mac 的内置服务器默认不能处理编码为 application/json 格式的请求。将 Backbone 配置为使用 emulateJSON 时，要确保数据来自标准的 Web 表单，格式为 application/x-www-form-urlencoded。

3.5.2　在Backbone中使用LocalStorage API

Backbone 默认使用 REST API 跟服务器同步，但也可以设置为使用 localStroate API。其实做法很简单：先到这里下载本地存储适配器：https://github.com/jeromegn/Backbone.localStorage，然后把这个脚本放在 Backbone 内核之后引入。

这个脚本会帮你完成大部分工作，覆盖 Backbone.sync API（本节后面会介绍）。唯一需要你做的事情是配置所有需要保存的模型或集合，让它们使用 localStorage。

比如，要把前面那个用户模型保存到本地存储中，可以写：

```
// 创建模型
var User = Backbone.Model.extend({
  // 用唯一的名称定义本地存储库
  localStorage: new Backbone.LocalStorage('user-store')
});
```

唯一的差别是为模型定义一个 localStorage 存储库而不是服务器端 API 的 URL。然后可以使用前面介绍过的同步方法：save()、fetch()等。

> 一定要确保定义本地存储所用的名字在整个域内是唯一的，否则它会覆盖本地存储的其他数据。

同样，集合也可以保存在本地存储中。

```
// 创建集合
var Users = Backbone.Collection.extend({
  // 用唯一名称定义本地存储库
  localStorage: new Backbone.LocalStorage('collection-store')
});
```

最好的情况是本地存储适配器没有完全覆盖 Backbone.sync，也就是说仍然可以把模型和集合保存到服务器上。很简单，在要保存到服务器上的模型内设置 url，并在要保存在本地存储中的模型内设置 localStorage。

尽管本地存储非常有用，但要记住某些比较老的浏览器并不支持这一特性。这里有个兼容性表格：http://www.html5rocks.com/en/features/storage。

> Backbone 也可以连接到 WebSockets 上。第 9 章介绍了如何用 Node、JS 和 Backbone 中的 WebSockets 创建实时程序。

3.5.3 把集合保存在服务器上

你可能已经猜到了，集合也能同步。然而集合的同步会复杂一些。

1. 获取集合

首先，可以用 myCollection.fetch();从服务器上获取整个集合。

```
// 创建模型
var User = Backbone.Model.extend({});

// 创建集合
```

```
var Users = Backbone.Collection.extend({
  model: User,
  url: './path-to-api/'
});

// 创建新集合
var users = new Users;

// 从 API 中获取集合
users.fetch();
```

这段代码用从 API 中返回的所有对象填充集合。API 中返回的应该是个 JSON 数组，比如：

```
[
  { "username":"user1", "displayName":"User 1" },
  { "username":"user2", "displayName":"User 2" },
  { "username":"user3", "displayName":"User 3" }
]
```

2. 保存集合

尽管集合的获取非常简单，但把它存回到服务器上要复杂得多，因为虽然可以一次取回一个集合，却需要将这些模型逐个保存。但那并不是说要循环遍历所有模型然后一次性完成保存，而是要在每个模型上创建监听器，在发生变化时进行保存。

这也是讨论如何设置同步的最佳实践的好机会。为了简单起见，我会给出一个使用本地存储的实战性例子。在继续之前，请先确保你已经下载了上一节中讲过的本地存储适配器。

> 如果你更喜欢用服务器端 API，也可以为这个例子做一个。但要记得把例子中的 `localStorage` 全部替换为 API 的 `url` 地址。

● 设置集合

首先设置模型和集合。

```
// 创建模型
var User = Backbone.Model.extend({});

// 创建集合
var Users = Backbone.Collection.extend({
  model: User,
  // 设置本地存储处理器
  localStorage: new Backbone.LocalStorage('users')
});

// 创建集合的新实例
var users = new Users;
```

现在已经创建了一个用户模型的集合，并与本地存储同步了。

● 获取已有数据

接下来在创建集合后加上 `fetch()`，从本地存储中取得所有已有数据。

```
// 创建模型
```

```
var User = Backbone.Model.extend({});

// 创建集合
var Users = Backbone.Collection.extend({
  model: User,
  // 设置本地存储处理器
  localStorage: new Backbone.LocalStorage('users')
});

// 创建集合的新实例
var users = new Users;

// 从本地存储中取出集合
users.fetch();

// 在控制台输出集合中的数据
console.log( users.toJSON() );
```

取出集合后，用集合中的 toJSON() 将其中的数据输出到控制台中。然而这时还没有数据可供获取，所以集合还是空的。

● 向集合中添加模型

接下来，向集合中添加一个模型。但我们先要在模型上创建一个处理器，用来保存后续添加的所有模型。

```
// 创建模型
var User = Backbone.Model.extend({
  initialize: function() {
    // 添加处理器以保存所有添加的模型
    this.on('add', this.addHandler);
  },

  addHandler: function() {
    // 在模型创建时保存它
    this.save();
  }
});

// 创建集合
var Users = Backbone.Collection.extend({
  model: User,
  // 设置本地存储处理器
  localStorage: new Backbone.LocalStorage('users')
});

// 创建集合的新实例
var users = new Users;

// 从本地存储中取出集合
users.fetch();

// 从控制台输出集合中的数据
console.log( users.toJSON() );
```

这段代码中用 `this.on()` 追踪所有的模型添加事件。用一个处理器保存所有新添加的模型。现在可以添加几个模型，以确保这段脚本是可用的。在 JavaScript 脚本控制台中输入

```
users.add({username: 'user1'});
users.add({username: 'user2'});
```

刷新页面，脚本控制台中应该输出了两个新用户，如图 3-4 所示。

图 3-4   添加到集合中的两个用户

你可能已经注意到了，每个用户中都被加上了一个相当长的数字字符串 ID。因为 Backbone 在把集合中的条目保存到本地存储时需要它们都有一个唯一的标识。不过不要担心，这些都是由本地存储适配器自动添加的。如果你愿意也可以自己手工添加，在模型中定义一个 `id` 属性就可以了。

● 追踪模型的变化

追踪了模型的添加，还要追踪模型的所有变化，所以要再附加一个 `this.on()` 监听器。

```
// 创建模型
var User = Backbone.Model.extend({
  initialize: function() {
    // 添加处理器以保存模型的所有变化
    this.on('add', this.addHandler);
    this.on('change', this.changeHandler);
  },

  addHandler: function() {
    // 在模型创建时保存它
    this.save();
  },

  changeHandler: function() {
    // 只保存被修改的部分
    this.save(this.changed);
  }
});
```

只要模型被修改就会激发 `changeHadler`。但它不会保存整个模型，而是用 Backbone 内置的 `model.changed` 值保存被修改的部分。这个值是一个只包含那些被修改属性的对象。

　　使用本地存储保存与使用服务器保存并没有特别显著的差异，但它仍是一种需要掌握的重要做法。和与服务器同步相比，这种做法在性能上有很大优势，它减少了必须由服务器处理的请求的大小，以及用户必须上传的 HTTP 请求的大小。

　　现在可以在 JavaScript 控制台中修改一些值来测试 changeHadler 是否可用。

```
users.first().set('username', 'newUserName');
```

　　这行代码从集合中取出第一个用户并修改他的用户名。当你刷新时这个新用户名就会被保存到本地存储中。

● 追踪删除的模型

　　还需要设置对模型删除的追踪。为此需要一个新的同步方法 destory，比如：

```
myModel.destroy();
```

　　你或许已经猜到了，这个方法会从存储层中删掉模型。现在把这个放进另一个监听器中，以便追踪移除事件。

```
// 创建模型
var User = Backbone.Model.extend({
  initialize: function() {
    // 添加处理器以保存模型的所有变化
    this.on('add', this.addHandler);
    this.on('change', this.changeHandler);
    this.on('remove', this.removeHandler);
  },

  addHandler: function() {
    // 在模型创建时保存它
    this.save();
  },

  changeHandler: function() {
    // 只保存被修改的部分
    this.save(this.changed);
  },

  removeHandler: function() {
    // 销毁服务器上的模型
    this.destroy();
  }
});
```

　　现在可以在 JavaScript 控制台中测试一下。

```
users.remove( users.first() );
```

　　这行代码移除了集合中的第一个条目。刷新页面后你会发现这个变化也被保存到本地存储中了。

3. 合并代码

集合同步的脚本完成了，如下所示将代码整合在一起。

```
// 创建模型
var User = Backbone.Model.extend({
  initialize: function() {
```

```
    // 添加处理器以保存模型的所有变化
    this.on('add', this.addHandler);
    this.on('change', this.changeHandler);
    this.on('remove', this.removeHandler);
  },

  addHandler: function() {
    // 在模型创建时保存它
    this.save();
  },

  changeHandler: function() {
    // 只保存被修改的部分
    this.save(this.changed);
  },

  removeHandler: function() {
    // 销毁服务器上的模型
    this.destroy();
  }
});

// 创建集合
var Users = Backbone.Collection.extend({
  model: User,
  // 设置本地存储处理器
  localStorage: new Backbone.LocalStorage('users')
});

// 创建集合的新实例
var users = new Users;

// 从本地存储中取出集合
users.fetch();

// 从控制台输出集合中的数据
console.log( users.toJSON() );
```

回顾一下这段代码都做了什么。

(1) 创建模型和集合，并把集合连接到本地存储中。

(2) 加载集合时从本地存储中获取数据，这样用户再次访问页面时就可以看到保存在集合中的数据。

(3) 在模型中设置不同的事件处理器，以 save() 添加或被修改的模型，并 destroy() 被移除的。

　　如果想让这段脚本变得更精简，可以去掉添加和删除处理器，只把 this.save 和 this.delete 传给 on() 事件绑定器。为了保持代码的一致性，我没那么做，但你尽可自行修改。

4. 集合的批量保存

也可以构建一个处理器通过一次请求保存整个集合，避免每个模型都要单独保存的做法。

● 定制一个保存函数

比如，你可以为集合定制一个 save() 函数。

```
var Users = Backbone.Collection.extend({
  model: User,
  url: './path-to-api/',

  initialize: function() {
    _.bind( this.save, this );
  },

  // 创建一个定制的 save 函数
  save: function() {
    // 用 jQuery 的 AJAX API 把这个集合保存到服务器上
    $.ajax({
      type: 'post',
      // 从集合中得到 URL
      url: this.url,
      // 将集合中的数据转换成 JSON
      data: this.toJSON()
    });
  }
});
```

这样就为集合构建了一个定制的 save() 函数，它会：

(1) 调用 jQuery 的 AJAX API 提交数据；

(2) 使用集合中 URL 指向的 API；

(3) 将集合数据转换成 JSON 并作为请求的一部分发送给服务器.

现在你可以随时通过 users.save() 调用这个函数。

> 在本地存储适配器上批量保存集合稍微有点儿复杂，这跟它的内部工作机制有关。但既然本地存储不用发送请求，所以这不是什么重要的问题。

● 批量提交的缺点

尽管这种方式看起来更容易，但它不一定是最好的，特别是在处理服务器端 API 时。因为可能在只有一小部分发生变化时，你却把整个集合都提交回了服务器。比如，如果只是某个模型的某个属性发生了变化，那就没必要把整个集合都提交回去。那样不仅服务器要处理更多的请求，而且 JSON 也会变大，进而增加 HTTP 请求的大小。

一般来说，向 API 提交单个变化性能会更好，除非同时发生了很多变化（在这种情况下，批量提交可以合并它们以避免发送大量不同的请求）。

3.5.4　使用Backbone.sync

如果你正在用 jQuery 或 Zepto，那就大可不必去碰 Backbone.sync。那是因为 Backbone 会自动用这些库中的 $.ajax() API 处理同步。但是，如果你用了别的库，或者是自己写 JS，就必须重写

Backbone.sync 以使用你自己的 Ajax 处理器。

创建自己的 Backbone.sync 实现时，需要为每种请求类型创建单独的处理器。

```
Backbone.sync = function(method, model, options) {
  switch(method) {
    case 'create':
      // 处理 create 请求
    break;

    case 'read':
      // 处理 read 请求
    break;

    case 'update':
      // 处理 update 请求
    break;

    case 'delete':
      // 处理 delete 请求
    break;
  }
};
```

老实说，我自己从没改过 Backbone.sync。很可能你也不会，但如果你确实要改，因为要自己处理所有四种请求类型，还有同步的各种情况，实现起来会比较复杂。

3.6 使用路由控制器

路由控制器把特定的视图状态绑定到给定的 URL 上。也就是说当用户请求一个 URL 时，它会显示视图中一组相关的内容。

在构建单页程序（SPA）时，路由控制器非常重要。比如说，在你用过的程序里有没有遇到过这种情况：当你试图使用回退按钮或收藏一个页面时，却发现你回到了程序的起始页？这是一个糟糕的用户体验范例。好在有了路由控制器之后，对回退按钮和收藏的支持变得非常简单。

> 如果你有过不用 Backbone 构建 SPA 的经历，很可能已经用什么东西提供对回退按钮的支持了，比如 Ben Alman 那个特别棒的 jQuery BBQ 插件（http://benalman.com/projects/jquery-bbq-plugin/）。

3.6.1 路由如何使用

Backbone 路由控制器默认设置的是使用锚点（hash）的路由。比如，程序的路径如果是 www.domain.com/my-app，则其中的路由可能是：

www.mydomain.com/my-app#step1

www.mydomain.com/my-app#step2

现在如果用户从程序的着陆页转到#step1 然后到#step2，这些链接都能用自己的回退按钮。当用户点击回退按钮时，他首先会回到#step1 然后再回到程序的着陆页。

但路径本身什么都不会做，你必须设置程序让它响应每个锚点 URL。比如当 URL 指向#step1时，JavaScript 应该显示 step 1 的内容，指向#step2 时便显示 step 2 的内容。那样用户点击回退按钮时就会显示新的内容，就像要路由到一个新的静态 URL 一样。同样，用户也能收藏任何这样的锚点链接，或者分享给朋友，并且新加载的页面仍能显示正确的内容。

在本章的后续内容中会介绍如何用 pushState 创建更整洁的 URL。

3.6.2 设置路由控制器

假设你是用面向对象，以及我之前强调过的解耦合模式构建的程序，设置路由控制器应该相当容易。路由控制器很容易实现。可能遇到的唯一问题是程序的设置使它不能轻易显示不同的路由页面。

1. 创建路由

基本的路由控制器设置是这样的：定义几个路由，然后定义程序在那些路由上做什么。

```
var Workspace = Backbone.Router.extend({
  routes: {
    'settings': 'settings', // #settings
    'help':     'help'      // #help
  },

  settings: function() {
    // 任何初始化 settings 页面需要做的事情
    console.log('Settings init');
  },

  help: function() {
    // 任何初始化 help 页面需要做的事情
    console.log('Help init');
  }
});
```

上面的代码用一个键值对的对象设置了路由：

❑ 其中的键是路由的 URL 锚点，比如“settings”是#settings；

❑ 其中的值指向浏览器遇到这个锚点时要调用的函数。比如浏览器转到了#help，它就会调用 help()函数。

2. 设置历史记录 API

单凭设置路由不足以建立起程序中的路由控制或实现对回退按钮的支持。你仍需调用历史记录API。要启动路由控制，需要添加下面的代码。

```
Backbone.history.start();
```

现在如果你将 URL 改成 www.my-app.com/my-app-url#settings，在控制台里就能看到相应的消息。尽管这在大多数浏览器中都管用，但在 IE 里可能会遇到某些问题。要解决这些兼容性问题，请确保在页面加载之后启动历史记录 API。如果用 jQuery 的话应该这样写：

```
$(function() {
  Backbone.history.start();
});
```

这样 IE 中的任何问题都会迎刃而解。

> 如果程序已经渲染了当前页并且你不想让路由再次激发，可以传入 slient:true，比如 Backbone.history.start({silent:true)。

3. 导航

现在只要给浏览器传入锚点 URL 就能触发不同的路由，比如：

```
<a href="#settings">Settings</a>
```

甚至可以用 JavaScript 激活：

```
window.location.hash = 'settings';
```

尽管这两种办法都能成功路由到不同的页面，3.6.3 节中会介绍一种使用锚点和 pushState API 的更健壮的方式。更好的方式是用 Backbone.history.navigate() 触发不同路由：

```
Backbone.history.navigate('settings', {trigger: true});
```

Backbone 把浏览器的 URL 锚点改成了 #settings。选项 trigger 表示 API 也应该调用这个 URL 的路由函数。

在极少数情况下，你可能只想改变路由但不想把它记录在浏览器的历史记录中（比如，不把它包括在后退按钮历史中）。那样用户既可以收藏这个页面或跟朋友分享这个链接，而又不会在每次点击后退按钮时经过那一页。如果你做了很多无意义的路由，但仍想允许链接时，这样做就有意义。要防止新路由被加入到浏览器的历史记录中，可传入 replace:true：

```
Backbone.history.navigate('settings', {trigger: true, replace: true});
```

4. 设置动态路由

Backbone 的路由控制器相当全面，甚至可以用它们设置动态路由。比如程序中如果有个搜索页面，可以这样设置。

```
var Workspace = Backbone.Router.extend({
  routes: {
    'search/:query': 'search', // #search/monkeys
  },

  search: function(query) {
    ...
  }
});
```

这个动态路由会把反斜杠后面的任何东西当作 search() 函数的第一个参数，也就是说可以设置一个 #search/whatever-they-search-for 之类的链接并把搜索查询传递给路由处理器。也可以设置多个动态参数：

```
var Workspace = Backbone.Router.extend({
  routes: {
    'search/:query':         'search', // #search/monkeys
    'search/:query/p:page': 'search'   // #search/monkeys/p7
  },

  search: function(query, page) {
    ...
  }
});
```

这段代码给搜索页面设置了分页。现在如果用户在#search/monkeys/p7 上，她的 url 可以正确地路由。此外，如果她在搜索结果的第一页，路由控制器在没有 page 参数时仍能正确处理。还有，注意静态和动态参数之间的相互作用：静态的 p 可以跟动态的:page 共存。

3.6.3 PushState与Hashchange

现在你已经用过默认 URL 锚点实现的 Backbone 路由控制器了。使用锚点的路由看起来应该是这样的：

```
www.my-app.com/path-to-app#route
```

然而这些路径看起来很丑，特别是在处理动态参数时，例如：

```
www.my-app.com/path-to-app#search/monkeys/p7
```

好在 HTML5 规范提供了 pushState，它可以让你无需改变浏览器页面即可路由到普通的 URL。比如那些 URL 可以改成下面这种：

```
www.my-app.com/path-to-app/route
www.my-app.com/path-to-app/search/monkeys/p7
```

有了 pushState，这些路径看起来干净多了。

1. 使用 PushState

在 Backbone 中实现 pushState 很简单。只要在启动 history API 时把它作为一个选项就可以了：

```
Backbone.history.start({pushState: true});
```

然而如果你的程序不是处于域的根目录下，在这里可能会遇到一些问题，因为 pushState URL 看起来就像普通的 URL 一样，也就是说 Backbone 没办法分辨出哪部分是 pushState，哪部分是程序的路径。要解决这个问题，需要传入 root 选项。

```
Backbone.history.start({pushState: true, root: '/path/to/my-app');
```

2. 用 Modernizr 实现向后兼容

既然 pushState 属于比较新的 HTML5 规范中的内容，你可能会想在比较老的浏览器中会怎么样。尽管 Backbone 不能自动启用备用方式，但你可以用 Modernizr 轻松设置一个。只要引入 Modernizr（可以从 http://modernizr.com/下载）并像这样传入 pushState 选项。

```
Backbone.history.start({ pushState: Modernizr.history });
```

现在支持的浏览器用 pushState，而不支持的浏览器就会用回标准的锚点实现。

3. 使用 pushState 的最佳实践

除了让 URL 看起来更漂亮，pushState 对程序的架构还有一些重要的影响。如果 pushState 使用得当，它会让你的程序更加健壮，可以应对各种不同的环境和情况。然而，如果用得不对，它也会让程序变得更糟糕。

问题主要出现在 JavaScript 不工作的时候。这可不仅是那些禁用了 JavaScript 的用户的问题，它还出现在 JavaScript 损坏和 JavaScript 仍在加载时。

没有 JavaScript，锚点 URL 根本不会加载。比如说，某个用户如果收藏了一个锚点 URL，然后在 JavaScript 不能用时重新访问那个页面，这个用户便会被带到程序的起始页上。此外，JavaScript 正在加载时也是显示起始页，然后在初始化后马上跳转到正确的内容上。pushState 提供了一种解决这个问题的办法。因为 pushState 路径就跟普通的 URL 一样，所以你可以在服务器和 JavaScript 上处理页面的变化。

因此当用户重新访问 pushState URL 时，你可以通过后台生成的 HTML 标记生成恰当的静态内容。那样即便用户禁用了 JavaScript 或 JavaScript 需要时间加载，页面仍然可用。甚至在没有任何 JavaScript 的情况下用户仍然可以浏览程序中的页面。

> 尽管程序很可能要依赖大量的 JavaScript，你仍要尽可能地提供没有 JavaScript 的内容，因为确实有 JavaScript 不能用的极少数情况出现。

然而这个宝贵的机会也是一把双刃剑。如果服务器不提供任何内容，用了 pushState 的程序可能会完全崩溃。当用户停留在那一页和使用后退按钮时问题不会突然出现。但如果用户收藏了页面或跟朋友分享了这个链接，页面中的内容就是从静态 URL 那里加载的。

如果程序设置在 www.my-app.com/path-to-app 上并且 pushState URL 是 www.my-app.com/path-to-app/route，就要确保后台也在 URL 上启动了程序。否则页面将是 404，并且不管用户的 JavaScript 能不能用，程序都会彻底崩溃。

所以即便你不想在那个 URL 上设置有意义的静态内容，最起码也要放上基本的程序，那样 Backbone 才能进来用 JavaScript 提供正确的内容。最容易的办法是重写程序中路由回首页的所有页面。比如在 Apache web 服务器上，可以用 .htaccess 文件中的 mod_rewrite 实现这种设置。

```
# 启用重写
RewriteEngine on

# 将程序下的所有页面重写回程序首页
RewriteRule ^my-app\/(.*)$ /my-app [QSA,L]
```

这个应急的修复可以保证为 JavaScript 用户正确加载程序。但我强烈建议你为所有路由提供一些有意义的静态内容。

3.7 再谈事件

你已经知道如何用 on() 方法向模型和集合上附加 add、remove 和 change 之类的事件了。本节将介绍更多与 Backbone 中事件绑定和解绑定相关的内容。

> 在 Backbone 的某些作品中,你可能见过用 bind()取代 on()的代码,那不过是因为采用了 jQuery 的 on()模式而被废弃的旧语法。

3.7.1 事件解绑定

除了用 on()绑定事件,还可以用 off()方法解绑定:

```
Fruit.off('remove');
```

这行代码从模型上解除了所有的 remove 监听器。但如果绑定了几个不同的监听器,可以将单个的监听器作为单独的函数引用来移除它。

```
var removeCallback = function() {
  console.log('Fruit removed - ' + this.get('type'));
},

removeCallback2 = function() {
  console.log('Bummer');
};

var Fruit = Backbone.Model.extend({
  initialize: function() {
    this.on('remove', removeCallback);
    this.on('remove', removeCallback2);
  }
});

...

Fruit.off('remove', removeCallback2);
```

这段代码只解除第二个回调的绑定。

如果要解绑对象上的所有事件,不传入参数就可以了。

```
Fruit.off();
```

3.7.2 手动触发事件

有时需要手动触发事件。当然,可以直接激发绑定在那个事件上的回调函数,但通常触发事件本身更容易或者更准确。比如有几个不同的对象被赋予了几个不同的回调函数,可你仍想激发所有的回调函数。触发事件很容易,用 trigger 方法就可以。

```
Fruit.trigger('add');
```

这会触发这个模型上的 add 事件,并激发所有用 on()赋予其上的回调函数。

3.7.3 绑定"this"

使用 Backbone 时,最别扭的就是传递回调函数时 this 上下文会改变。这个问题在处理事件和使用 on() API 时最明显，因为这是 Backbone 中回调函数最多的地方。

你可能已经注意到了，在一些例子中有下面这种代码。

```
_.bind( this.render, this );
```

这个 underscore 中的函数会把第一个参数里的对象绑定到每个特定函数被调用时的 this 值上[①]。通常使用这种方式时，回调函数能够保留被调用时那个调用它的对象的上下文，而不是某个意想不到的上下文。大多数情况下，都能用这个简单、全覆盖式的技术，但有时可能需要给某个函数单独传一个上下文。为了满足这种需求，可以在赋予回调函数时把那个上下文作为第三个参数。

```
this.model.on('change', this.render, this);
```

这个例子几乎跟之前那些 on() 处理器一样：当模型发生变化时调用视图的渲染函数。唯一的区别是第三个参数，传入了 this 上下文。

这样用第三个参数可以确保 this 在 change 处理器里得以保留。但这里可以传入任何参数。比如在设置嵌套视图时，可以在子视图里设置 parentView 的值。有时那个值可能比 this 的相关性更强，那你就可以传入那个值。

```
this.model.on('change', this.render, this.parentView);
```

这里的 this.parentView 会成为渲染函数的 this 上下文。

3.7.4 All 事件

Backbone 中的各种事件有：

❑ add

❑ remove

❑ change

❑ change:[attribute]

❑ destroy

❑ sync

❑ error

❑ all

其中特别需要指出的事件类型是 all，这是一个可以一次性追踪所有事件的全覆盖式监听器。如果你想在一个地方设置所有事件的处理器，该事件类型会非常有用。

事件类型是这个处理器的第一个参数，可以用它设置你自己的 switch。

```
// 创建模型
var User = Backbone.Model.extend({
  initialize: function() {
    // 设置全覆盖式监听器
    this.on('all', this.allHandler);
  },
```

---

① underscore 的 bind 函数定义为 _.bind(function, object, [*arguments])，它会把函数（function）绑定到对象（object）上，也就是无论何时调用函数，函数里的 this 都指向这个 object。详情请见 underscore 文档。——译者注

```
  // Backbone 将事件类型作为第一个参数
  allHandler: function(eventType) {
    // 基于事件类型的 switch
    switch(eventType) {
      case 'add':
        // 处理 add
      break;

      case 'remove':
        // 处理 remove
      break;

      case 'change':
        // 处理 change
      break;
    }
  }
});
```

你可能在想为什么不为每个事件设置单独的处理器，而是采用这种方式。实际上如果各个处理器彼此之间毫无关系，确实没必要用这种方式。但如果某个事件的激发依赖于之前的另一个事件，那最好是在 all 事件中手工设置它们，因为在 Backbone 中很难确定是哪个事件先激发的。用这种方式可以避免出现竞态条件。

3.8　操作集合

到目前为止，集合的用法都相当基本，只是用它们把相关的模型分组然后循环遍历。然而，还可以用集合做很多事情，比如取出某个特定条目，用不同的键值过滤，以及基于定制的排序函数排序。

3.8.1　取出集合中的条目

在向集合中加入了一些不同的条目后，就可以用不同的方法取出来。不过现在我们要先创建一个集合，它是后续工作的基础。

```
// 创建模型
var Fruit = Backbone.Model.extend({});

// 创建集合
var Fruits = Backbone.Collection.extend({
  model: Fruit
});

var fruitbowl = new Fruits;

// 将条目添加到集合中
fruitbowl.add({ type: 'apple', color: 'red', quantity: 3 });
fruitbowl.add({ type: 'apple', color: 'yellow', quantity: 5 });
fruitbowl.add({ type: 'banana', color: 'yellow', quantity: 1 });
fruitbowl.add({ type: 'orange', color: 'orange', quantity: 3 });
```

现在可以继续深入,把单个条目从集合中取出来了。

1. 用索引取出集合中的条目

首先可以通过把索引传入 `at()` 取出任意一个条目。

```
var thirdFruit = fruitbowl.at(2);
```

这行代码会取出集合中的第三个条目(因为索引是从 0 开始的),即上例中的 `banana`。

这里还有取出第一个和最后一个集合条目的特殊函数。

```
// 第一个条目
var firstFruit = fruitbowl.first();

// 最后一个条目
var lastFruit = fruitbowl.last();
```

上面的 `first()` 和 `last()` 函数分别会取出 `red apple` 和 `orange`。

在后面的集合排序中我会告诉你如何对集合排序。然而即便集合没有经过排序,仍能按插入的顺序取出其中的条目。

---

2. 匹配特定的集合条目

也可以基于属性从集合中取出条目,为此需要向 `where()` 中传入过滤规则。

```
var apples = fruitbowl.where({ type: 'apple' });
```

这行代码从集合中取出所有类型为 `apple` 的条目。结果可能是一条,也可能是几条,这取决于与条件相匹配的条目(因此结果也可能为空)。

在这个例子中,`where()` 把两个 apple 都提取到一个集合里。然后你就可以用前面的 `index()` 方法(或者更具体的过滤器)取出这个集合中的单个 apple。

3.8.2 集合排序

集合也可以用几种方法来排序。当要按索引取出集合条目以及要按顺序对集合条目循环遍历时,就凸显出了排序的重要性。

1. 使用 "Sort By" 函数

默认情况下,集合中的条目会按照插入的顺序排列:第一个添加到集合中的条目是第一个,第二个添加到集合中的条目是第二个,以此类推。但可以通过设置比较器函数修改它们的默认顺序。

```
fruitbowl.comparator = function(fruit) {
  // 按数量排序
  return fruit.get('quantity');
};
```

在上面的代码中,条目会按照它们 `quantity` 属性的值排序。当应用到前面创建的集合上时,这个比较器将条目的顺序变成了:

```
[
  {"type":"banana","color":"yellow","quantity":1},
```

```
  {"type":"apple","color":"red","quantity":3},
  {"type":"orange","color":"orange","quantity":3},
  {"type":"apple","color":"yellow","quantity":5}
]
```

你会发现，条目按 quantity 排序了。当两个条目的 quantity 相同（red apple 和 orange）时，仍按原来插入的顺序排序。

2. 创建定制的排序函数

前面创建了一个"sort by"比较器函数，意思是它按照单个指标值排序。当要让某些东西基于数值按升序排序，或让字符串按字母顺序排序时，这种方式很好。如果比较器函数只接受一个参数，会自动使用这种简单的比较。你也可以向比较器中传入两个参数，创建可以做更多控制的定制比较函数，如下所示：

```
fruitbowl.comparator = function( fruit1, fruit2 ) { … }
```

然而定制的排序函数稍微有些复杂。"sort by"比较只是返回一个值用于比较，而定制的排序函数必须自己进行比较。也就是要返回以下值。

❑ 如果第一个模型应该在第二个之前，返回 -1。

❑ 如果它们的评级相同，返回 0。

❑ 如果第二个模型应该在第一个之前，返回 1。

比如可以按字母表的逆序对水果排序。

```
// 创建一个定制的比较器，按字母表逆序排序
fruitbowl.comparator = function(fruit1, fruit2) {
  // 得到每个水果的名称
  var fruitName1 = fruit1.get('type'),
  fruitName2 = fruit2.get('type');

  // 比较字符串
  if ( fruitName1 < fruitName2 ) return 1;
  if ( fruitName1 > fruitName2 ) return -1;
  return 0;
};
```

如果第二个水果的字母取值比较高，返回 1（因为想让字母取值高的在前面）。相反，如果第一个水果的字母取值比较高，返回 -1。如果一样则返回 0。这样，定制的比较器就把水果按字母表的逆序排序了。

```
[
  {"type":"orange","color":"orange","quantity":3},
  {"type":"banana","color":"yellow","quantity":1},
  {"type":"apple","color":"red","quantity":3},
  {"type":"apple","color":"yellow","quantity":5}
]
```

我没把这个例子做得太复杂，但如果你想让它更炫一点，可以用 JavaScript 的本地字符串比较 localeCompare()。

```
// 创建一个定制的比较器以按照字母表逆序排列
fruitbowl.comparator = function(fruit1, fruit2) {
  // 得到每个水果的类型名称
```

```
  var fruitName1 = fruit1.get('type'),
  fruitName2 = fruit2.get('type');

  // 用 localeCompare 比较字符串
  return fruitName2.localeCompare( fruitName1 );
};
```

localeCompare()对这种排序来说特别方便，因为它会返回恰当的 1、0 或-1。一般可以用
firstString.localeCompare(secondString)，但它跟我们这里要求的字母表逆序的顺序相反。

3. 手动触发排序
比较器函数可以自动保持集合的顺序。比如，向集合中添加新条目。

```
// 将条目添加到集合中
fruitbowl.add({ type: 'apple', color: 'red', quantity: 5 });
fruitbowl.add({ type: 'orange', color: 'orange', quantity: 3 });

// 创建一个比较器
fruitbowl.comparator = function(fruit) {
  // 按 quantity 排序
  return fruit.get('quantity');
};

// 添加新条目
fruitbowl.add({ type: 'peach', color: 'pink', quantity: 2 });
fruitbowl.add({ type: 'plum', color: 'purple', quantity: 4 });
```

尽管一些条目是在比较器函数定义之后才添加到集合中的，集合仍能按顺序排列。实际上，直到
新的条目被加到集合中之后，才会对集合排序。那是因为添加比较器不会触发排序，只有添加新条目
时才会触发。因此在某些情况下需要重新对集合排序。比如在不添加任何新条目的情况下添加了一个
新的比较器函数，或者改变了某个属性的值，这时需要手动对集合重新排序。好在可以用 sort()轻
松完成这个任务。

```
// 将 orange 的 quantity 设置为 0
// 这不会自动改变排序的顺序
fruitbowl.where({ type: 'orange' }).set( 'quantity', 0 );

// 触发一次重新排序
fruitbowl.sort();
```

有人把 orange 全吃光了，所以你必须手动对集合重新排序。

3.9　小结

本章介绍了如何用 Backbone 确定程序的结构，从为什么应该使用 Backbone 以及什么时候应避免
使用开始讲起，然后讲解了在 Backbone 模型和集合中设置数据的基础知识。

接下来介绍了如何通过 Backbone 视图将模型中的数据绑定到屏幕的显示内容上，以及如何将数
据同步到存储层。然后说明了如何用路由控制器将某个 URL 映射到由 JavaScript 生成的页面上，以及
内置的后退按钮和收藏支持。最后介绍了如何用 Backbone 的事件处理器追踪各种事件，以及如何操
作集合。

在接下来的章节中，你会看到各种 JavaScript 技术的用法。我们仍会不断用到 Backbone，因为它是本书后续代码的基础。

3.10 补充资源

Backbone Documentation：http://backbonejs.org/
Underscore Documentation：http://underscorejs.org/

Backbone中的最佳实践

Backbone Boilerplate：https://github.com/tbranyen/backbone-boilerplate
Backbone Patterns：http://ricostacruz.com/backbone-patterns/

Backbone相关书籍

Developing Backbone.js Applications（免费电子书，强烈推荐）：http://addyosmani.github.com/backbone-fundamentals/
Backbone.js on Rails：https://learn.thoughtbot.com/products/1-backbone-js-on-rails

Backbone相关教程

Getting Started with Backbone.js：http://net.tutsplus.com/tutorials/javascript-ajax/getting-started-with-backbone-js/
Build a Contacts Manager Using Backbone.js：http://net.tutsplus.com/tutorials/javascript-ajax/build-a-contacts-manager-using-backbone-js-part-1/
Anatomy of Backbone.js：https://www.codeschool.com/courses/anatomy-of-backbonejs

第 4 章

使用 JavaScript 模板

模板是在 JavaScript 内生成长字符串 HTML 标记的最好办法。用模板可以一次性生成整块 HTML 标记，而无需通过向 DOM 中追加单个元素一点一点地创建。使用模板可以避免在 JavaScript 中混入 HTML 标记，使 DOM 内容的生成更加直观，因为它们可以把 HTML 标记集中到一个专门的地方，并按照你传入的参数进行编译。也就是说 JavaScript 仍能驱动模板的内容，但不会跟它混在一起。

本章将向你介绍应该如何使用模板，以及一些可以用于模板的库。接着是 Underscore 模板的基本用法：如何在 HTML 标记字符串中掺加变量，如何引入循环之类的基本 JavaScript 代码，以及一些关于如何引入以及在何处引入模板的最佳实践。最后我会结合第 3 章的内容教你如何把模板并入 Backbone 中，并用它们渲染视图。

4.1　认识模板

JavaScript 模板将改变把 HTML 标记注入 DOM 的方式。借助模板，生成由 JavaScript 变量驱动的长串 HTML 标记变得很容易，并且还能跟程序的业务逻辑分开。

4.1.1　为什么使用模板

就代码的组织而言，JavaScript 模板是其中最重要的技术之一。借助模板可以把杂乱的 HTML 标记从 JavaScript 中分离出来。没有什么比混杂着 HTML 标记字符串的 JavaScript 更丑的了，那可是典型的空心粉式代码。

1. 关注点分离

将 HTML 标记插入到 JavaScript 中使得 JavaScript 跟 DOM 高度耦合。因为样式或内容的原因需要修改 HTML 标记时，只能去改脚本。把 HTML 标记放到一个单独的地方，放到跟其他 JavaScript 分开并可以单独修改的模板中要好得多。那样程序的展示层就和业务逻辑分开了。

2. 性能

模板的性能也比其他方式好，因为 HTML 标记是作为独立的字符串编译的，而不是一点点地插入到 DOM 中。也就是说，在渲染它的初始状态时只需要操作一次 DOM：在最终插入编译好的模板时。

修改 DOM 仍然是前端开发中最大的性能陷阱之一。每次修改可视页面，浏览器都必须重新渲染，这样会引发回流（reflow）。每当浏览器为了适应 DOM 中的几何变化而调整页面上的其他内容时，就会出现回流。例如，如果你增加了某个浮动元素的宽度，它可能会把其他浮动元素推到下一行去，因此后面的所有内容也都会往下推。

回流通常是不可避免的，毕竟有时候不得不修改页面。但最好是批量处理这些变化，这样只会引发一次回流，而不是屡次往 DOM 上追加新元素。而大多数模板引擎就是这么做的。

要明白回流是怎么回事，可以在基于 Gecko 的浏览器中观看相关的视频介绍：http://youtu.be/ZTnIxIA5KGw。

4.1.2 了解不同的模板库

模板库主要分为两大类：带有嵌入式 JavaScript 的模板库和较少逻辑控制的模板库。前一种允许在模板内使用 JavaScript 逻辑控制，而后一种只能传入变量，并使用几个预先定义好的函数。

有人认为较少逻辑控制的模板符合模板的一般目标：关注点分离。这种方式的拥护者希望他们的模板尽可能地"傻"，把所有逻辑控制放到真正的 JavaScript 中。然而在实际应用中，较少逻辑控制的模板框架实现关注点分离的能力实际上比较弱，因为它们经常要求你以一种与展示层紧密耦合的方式准备数据。比如，当你需要用 JavaScript 重新格式化日期字符串时，是想把它放在业务逻辑中还是放到模板里？最终的选择取决于你的开发风格。

1. Underscore.js

Underscore 是一个实用的库，提供了一系列完成常见 JavaScript 任务的函数。它还有个基本的 JavaScript 模板引擎，可以把要渲染的标记从核心 JavaScript 文件中分离出来。

尽管 Underscore 的模板功能不像其他模板库那么完整，但它完全可以满足你的需要。并且 Underscore 是 Backbone 的依赖项，所以对任何使用 Backbone 的项目来说都非常有吸引力。

在每个需要模板的项目中，我几乎都会用 Backbone，所以在模板库上我也选择了 Underscore。它不会给 app 添加任何额外的负担，并且可以自行编写 JavaScript 弥补它所缺失的功能。

要深入了解 Underscore，请访问 http://underscorejs.org/。

本章的所有例子中用的都是 Underscore，但其中的概念可以扩展到你喜欢的任何库中。

2. Handlebars.js

Handlebars.js 是一个非常流行的模板解决方案，它基本上是 Mustache.js（另一个"较少逻辑控制"的模板库）的扩展。

Handlebars 有一些 Underscore 所不具备的便利之处：

❑ 可以为变量设置上下文，使得单步调试大型对象更容易；
❑ 有两个内置的循环可以取代 JavaScript 循环；
❑ 在模板内可以使用特殊的注释语法；
❑ 可以定义简单的辅助函数，比如将两个变量合并起来。

Handlebars 中的很多功能都特别有用。但除了注释之外，其他所有事情都能在 Underscore 中借助一点 JavaScript 来完成。

问题就在于这种方式。

- ❏ 既然模板是为了把标记从 JavaScript 中分离出来，你真的还想把大量 JavaScript 放到模板中吗？
- ❏ 从另一方面来说，你可能仍然会用 Handlebars 完成编写脚本的任务。既然你已经学会如何编写 JavaScript 了，为什么还想再去学一种新方法呢？你真的不介意这个额外的负担吗？

要深入了解 Handlebars，请访问 http://handlebarsjs.com/。

Handlebars.js 可以预编译模板，这样通常能改善性能。

3. Transparency

Transparency 是跟其他模板引擎的工作机制稍有不同的解决方案，它挺有趣的。Transparency 将程序中的数据以 JSON 对象的形式绑定到真实的 DOM 元素上。接下来，它不是编译出一个长长的 HTML 标记字符串然后插入，而是用缓存的 DOM 引用替换一个个的小字符串。

有些人因为它在性能上的巨大优势而赞美它。然而，Transparency 把数据绑定到 DOM 上的方式恐不能满足使用模板的要求。它没有把 HTML 标记和 JavaScript 解耦，而是让程序中的数据跟展示层形成了最紧密的耦合。这不仅给实现带来了困难，还让维护变得更加痛苦。

你可以在 http://leonidas.github.com/transparency/ 上看到 Transparency 的更多信息。

4. 微模板

不久前，John Resig 在他的博客上发表了一个极其轻量的微模板方案，大概只有 1K 左右。微模板是目前最小的模板方案，同时也是最简约的。但如果你不需要任何额外的东西，它就是非常有吸引力的选择。要深入了解微模板，请访问 http://ejohn.org/blog/javascript-micro-templating/。

Underscore 中的模板引擎实际上就是基于 Resig 提出的微模板方案。

4.1.3　做出正确的选择

所有模板方案都摆在那了，但要选出一个合适的方案可能会有难度。这里有 4 个可供参考的选择标准。

- ❏ **功能性**：你需要的一切这个方案都有吗？另一方面，它的功能是不是太多了，以至于会让你的代码库过于臃肿？
- ❏ **性能**：模板编译的速度有多快？能预编译吗？可以通过 JSPerf 网站来比较不同的选项：http://jsperf.com/dom-vs-innerhtml-based-templating/365。
- ❏ **灵活性**：它是否易用？Transparency 在性能上秒杀了所有对手，但它把模板死死地绑在了 DOM 上，因此丧失了使用模板的意义。
- ❏ **成熟度**：尽管看起来很诱人，但使用模板引擎仍处于起步阶段，有时并不是最明智的选择。对于关键业务程序，选择有人用过并经过检验的库是更明智的选择。

如果你仍拿不定主意该选择哪个模板库，可以参考网站 http://garann.github.io/template-chooser/，根据你所需要的特性缩小选择的范围。

4.2 使用 Underscore 模板

本章用的是 Underscore 模板，因为它易于使用，同时我们把 Underscore 视为 Backbone 的依赖项。

4.2.1 Underscore模板基础知识

Underscore 模板用起来实际上相当简单。只需要定义模板，传入变量，然后插入到 DOM 中。

1. 使用模板

第一步是定义模板。

```
var myTemplate = _.template('Welcome, <%= name %>');
```

上面的例子用 Underscore 的 `template` 方法定义了一个新的模板。模板中文本的意思是：

❏ 有静态文本，将输出为（`"Welcome, "`）；

❏ 也有一个变量 name 括在`<%= ... %>`中，变量的值在编译模板时传入。

在 Underscore 中，代码是用`<% ... %>`插入的。这里加了一个等号（`<%=`），表示模板应该在编译时输出这段代码。

第二步是编译模板。这需要调用为模板定义的函数，并传入属性与模板中定义的变量名称对应的对象。

```
var compiled = myTemplate({name: 'Jon'});
```

模板编译时，它传入你在其中定义的变量。现在用 `console.log(compiled)`查看得到的字符串。

```
Welcome, Jon
```

对模板的使用基本上就是这样了。尽管本章介绍了很多可以用模板执行的动作，但本质上都和传入基本变量并渲染出文本一样简单。

2. 点缀标记

在模板里也可以组合标记。构建简单的字符串不需要将模板物尽其用，在 JavaScript 里做就可以了。使用模板主要是为了避免把 HTML 标记放在 JS 中。比如可以为一小段 Web 内容创建一个模板。

```
var myTemplate = _.template('<article>\
<hgroup>\
  <h1><%= title %></h1>\
  <h2><%= subtitle %></h2>\
</hgroup>\
<p><%= description %></p>\
</article>');
```

上面的代码中，HTML 标记元素跟各种变量混在一起。每行都以反斜杠结尾，这样可以在 JavaScript 中构建一个多行字符串。

> 用反斜杠非常麻烦，所以在 4.2.2 节中，我会介绍一种更好的办法。

现在可以用一些变量编译这个模板了。

```
var compiled = myTemplate({
  title: 'JavaScript Templates',
  subtitle: 'Are pretty awesome',
  description: 'They take the markup out of your JavaScript'
});
```

模板编译好了，但还需要把它放到页面上。有几种办法可以把这个内容注入到 DOM 中。

❑ 用 ID 选择一个元素并插入。

❑ 替换一个元素。

❑ 追加到 body 中。

为了简单起见，这里有一个用 jQuery 把它追加到 body 中的例子：

```
$('body').append(compiled);
```

图 4-1 是这段内容渲染在页面上的样子。

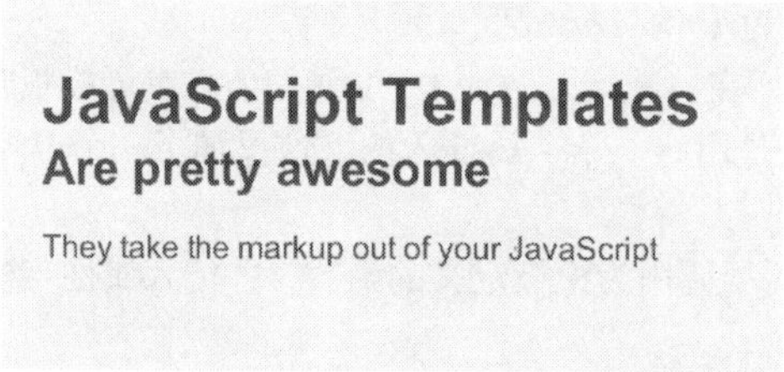

JavaScript Templates
Are pretty awesome

They take the markup out of your JavaScript

图 4-1   已经用模板渲染出来的页面

下面对全部代码进行整合。

```
// 构建模板
var myTemplate = _.template('<article>\
<hgroup>\
  <h1><%= title %></h1>\
  <h2><%= subtitle %></h2>\
</hgroup>\
<p><%= description %></p>\
</article>');

// 用变量编译模板
var compiled = myTemplate({
  title: 'JavaScript Templates',
  subtitle: 'Are pretty awesome',
  description: 'They take the markup out of your JavaScript'
});

//追加到 DOM 上
$('body').append(compiled);
```

3. 使用不同的插值字符串

Underscore 默认使用 ERB 风格的界限符，变量放在<% ... %>中。你也可以设置自己的界限符。比如在_.templateSettings 中定义 Handlebars.js 风格的{{ ... }}插值。

```
_.templateSettings = {
```

```
interpolate : /\{\{(.+?)\}\}/g
};
```

上面的代码用正则表达式设定了 `interpolate` 设置。现在可以在模板中使用新的界限符了。

```
// 用新的界限符构建模板
var myTemplate = _.template('Welcome, {{ name }}');

// 用变量编译模板
var compiled = myTemplate({name: 'Jon'});
```

在这段代码中，之前定义的模板用新的插值模式编译了。

设置不同的插值设置不仅仅是为了风格。有时必须这么做，比如当默认的 `<%` 跟其他语言中的保留标签相冲突时。

4.2.2 重温模板的最佳实践

前面的例子用反斜杠在 JavaScript 中构建了多行字符串。尽管这样可行，但是非常麻烦。另外我已经强调过将 HTML 标记与 JavaScript 分离的重要性了。模板确实把它们都集中到了一个地方，但到目前为止仍然是在 JS 中，这真是糟糕的做法。好在有更好的模板处理办法。

1. 把模板分离出来

引入 JavaScript 模板的最佳办法是把它们跟其他 JavaScript 完全隔离开。为此要把模板放在单独的 `<script>` 标签里，比如：

```
<script type="text/template">

<article>
  <hgroup>
    <h1><%= title %></h1>
    <h2><%= subtitle %></h2>
  </hgroup>
  <p><%= description %></p>
</article>

</script>
```

注意，每行的末尾不需要反斜杠了，因为这不是字符串，而是一段脚本。

另外注意 script 标签的 type 属性。JavaScript 的 script 标签通常用 `type="text/javascript"`（或者在 HTML5 中根本不用 `type`）。然而这里用 `type="text/template"` 表明这是个模板，不是 JavaScript。这一设置必不可少，否则浏览器会把它当成 JavaScript，试图计算并运行它（那无疑会抛出错误）。

然后需要把它拉到 Underscore 中，为此要先给这个 script 标签附一个 ID。

```
<script type="text/template" id="my-template">
...
</script>
```

现在可以用 jQuery 得到这段脚本中的文本，并用它定义模板。

```
var myTemplate = _.template( $('#my-template').text() );
```

好了，搞定。现在你可以像之前那样使用这个模板了，传入变量并编译它。

> 值得注意的是，采用这种方式时，没有使用 HTML5 doctype 的文档不会把它当作正确的 HTML 标记。另外，如果你担心用户的浏览器太老而用了 XHTML doctype，要确保把模板放在 //<![CDATA[... //]]>中。然而在取得模板文本时也要把这个考虑在内。

2. 使用外部模板

也可以使用外部模板。方式类似：首先使用<script>标签，不过要加上一个外部的 src。

```
<script type="text/template" src="my-template.html"
id="my-template"></script>
```

现在多了一些内容，因为必须用 Ajax 请求模板的内容。

```
$.ajax({
  // 从 script 标签中得到模板的 url
  url: $('#my-template').attr('src'),

  // 加载成功后所做的事情
  success: function(data) {
    // 在加载后定义模板
    var myTemplate = _.template(data);

    // 编译它
    var compiled = myTemplate({
      title: 'JavaScript Templates',
      subtitle: 'Are pretty awesome',
      description: 'They take the markup out of your JavaScript'
    });

    // 把它追加到 DOM 中
    $('body').append(compiled);
  },

  // 万一出错误
  error: function() {
    console.log('Problem loading template');
  }
});
```

在上面的代码中，先用 script 标签中的 src 属性定义 Ajax 请求的 URL。然后在 Ajax 返回模板文本之后，在 success 回调中编译模板。

考虑到这里可能要处理多个模板，所以可以定义一个函数专门处理它。

```
// 加载一个外部模板
var loadTemplate = function(src, callback) {
  $.ajax({
    url: src,

    // 加载成功后所做的事情
    success: function(data) {
```

```
    // 加载后定义模板
    var template = _.template(data);

    // 调用回调，传入模板
    callback(template);
  },

    // 万一出现错误
    error: function() {
      console.log('Problem loading template: ' + src);
    }
  });
};
```

这个函数用 Ajax 请求模板文本，创建模板函数，然后把它传给一个回调函数，对它进行编译，或按你的想法随意处理。

```
// 示例用法
loadTemplate( $('#my-template').attr('src'), function(template) {
  // 编译它
  var compiled = template({
    title: 'JavaScript Templates',
    subtitle: 'Are pretty awesome',
    description: 'They take the markup out of your JavaScript'
  });

  // 追加到 DOM 中
  $('body').append(compiled);
});
```

上面的代码中调用了模板加载函数，并传入了两个参数：
❑ 从 script 标签中取出的模板 URL；
❑ 一个处理返回模板的回调函数。

如果你没用 HTML5 doctype，外部模板可以规避 HTML 有效性检查的问题。

---

3. 外部 vs.内嵌
尽管外部模板有它的优点，但把它们放在页面内也是个好主意，理由如下。
❑ 引入一个外部文件意味着一次额外的 HTTP 请求。如果经常在一个页面内使用多个模板，可能会对性能产生相当大的影响。
❑ 页面里已经包含标记了，而模板本质上只是更多的标记。大多数情况下，把模板留在 HTML 中才有意义，因为其他标记也都在那里。
❑ 它管理起来容易得多，如你所见，为外部模板而做的 Ajax 脚本意味着要为每个模板找到不同的回调函数。

4.2.3 在模板中使用JavaScript

除了文本和变量，还可以在模板中使用 JavaScript。

1. 基本的 if-then 条件判断

基本的条件判断语句很实用。比如用它确定模板中的复选框是否被选中了：

```
<input type="checkbox" <%= checked ? 'checked' : '' %> />.
```

这样可以把一个 Boolean 类型的值传给变量 checked。如果为 true，模板编译时会把复选框选中。此外还可以检查一个变量究竟存不存在。比如内容可能需要一个标题，但副标题则不一定。可以用个简单的 if 语句处理。

```
<hgroup>
  <h1><%= title %></h1>
  <% if ( typeof subtitle !== 'undefined' ) { %>
  <h2><%= subtitle %></h2>
  <% } %>
</hgroup>
```

上面的代码中无论如何都会输出<h1>，但只有定义了 subtitle 时才会输出<h2>。

注意，if 语句周围的<% %>界限符没有等号。那是因为我们只想计算 JavaScript，而不想输出它。紧随其后的<h2>没有包含在界限符中，所以它会输出（以及其中的变量，因为用了<%= %>）。

> 在 Underscore 模板中检查变量是否被定义很重要。Underscore 不像 jQuery，它遇到没定义的变量会抛出错误。

2. 循环

JavaScript 中的所有循环都可以使用。循环在模板中非常有用，比如要组装列表时：

```
<h2><%= listTitle %></h2>

<ul>
  <% for ( var i = 0, len = listItems.length; i < len; i++ ) { %>
  <li><%= listItems[i] %></li>
  <% } %>
</ul>
```

上面的 for 循环用来循环遍历 listItems 数组中的条目。接下来，在编译模板时传入这个数组。

```
var compiled = template({
  listTitle: 'Reasons I like templates',

  listItems: [
    'Keeping JavaScript clean',
    'Separating concerns',
    'Faster DOM insertion'
  ]
});
```

如图 4-2 所示，列表中的条目渲染正确。

而且不止 for 循环，还可以用 while、switch 以及 JavaScript 中的任何其他指令。

Reasons I like templates

- Keeping JavaScript clean
- Separating concerns
- Faster DOM insertion

图 4-2 已经用模板中的 for 循环组装好的列表

3. each 循环

除了你已经知道的标准 JavaScript 循环，还可用 Underscore 特有的循环：_.each()。

你已经知道如何用 for 循环遍历模板中的数组了。用 Underscore 的 each() 函数也可以做同样的事情，并且还会稍微容易一些。

```
<ul>
  <% _.each( listItems, function(item) { %>
  <li><%= item %></li>
  <% }); %>
</ul>
```

这段代码实现的功能和前面 for 循环做的完全一样。然而 Underscore 的 each 循环又稍有不同，因为它是一个函数。在这个例子中传入了两个参数：

❑ 一个要遍历的数组或对象；

❑ 一个为每个新条目定义变量的回调函数。

注意 each 循环结束时的那个闭合括号。那是因为 `<li>` 是在回调函数中输出的，而不是在 for 循环中。

老实说，在处理这类问题时 each 循环并没什么不同，因为用简单的 for 循环同样能实现。然而在要循环遍历对象中的所有条目（用原生办法处理起来比较困难）时，它真的很炫。比如，输出对象中的所有键值对。

```
<ul>
  <% _.each( myObject, function(value, key) { %>
  <li><%= key %> : <%= value %></li>
  <% }); %>
</ul>
```

这里唯一的区别是回调函数有两个参数：值和与之相关的键。

现在编译模板时可以传入一个对象。

```
var compiled = template({
  myObject: {
    boolean1: true,
    boolean2: false,
    string1: 'Hello',
    string2: 'World'
```

```
  }
});
```

当这个渲染时，所有的变量都会输出，如图 4-3 所示。

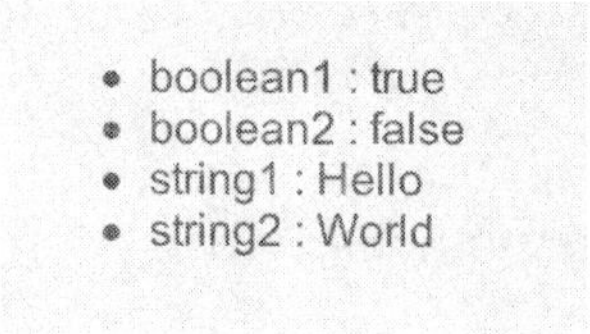

- boolean1 : true
- boolean2 : false
- string1 : Hello
- string2 : World

图 4-3   这个对象中的所有键值对都用 _.each() 循环输出了

4.3   在 Backbone 中使用模板

JavaScript 模板和 Backbone 如影随形，因为在 Backbone 的视图中没有比模板更好的内容渲染办法了。并且既然 Backbone 已经依赖于 Underscore 了，那么在 Backbone 项目中使用 Underscore 不会给项目增加额外的负担。

4.3.1   不用模板设置模型和视图

在开始之前，你需要一个模型和视图。基本思路是设置一个模型，然后把模型中的数据传入模板中，以便在视图中渲染内容。我们从设置模型开始，为此我用了第 3 章一个例子中的模型。

```
// 创建用户模型
var User = Backbone.Model.extend({});

var user = new User({
  username: 'jonraasch',
  displayName: 'Jon Raasch',
  bio: 'Some nerd'
});
```

现在取出这个内容并把它作为视图渲染在页面上。但在使用模板之前，先回顾一下前面是如何处理的。

```
// 创建视图
var UserView = Backbone.View.extend({
  el: '#user-card',

  initialize: function() {
    this.render();
  },

  render: function() {
    // 创建一个指向用户档案的链接作为包装器
    var $card = $('<a href="/users/' + this.model.get('username') +
      '"/>');

    // 添加用户的名称
```

```
    var $name = $('<h1>' + this.model.get('displayName') +
      '</h1>').appendTo($card);

    // 添加用户的简历
    var $bio = $('<p>' + this.model.get('bio') +
      '</p>').appendTo($card);

    // 将这个元素追加到 DOM 上
    this.$el.empty().append($card);

    return this;
  }
});

// 创建视图的新实例, 把它绑到用户模型上
var userView = new UserView({
  model: user
});
```

这段代码首先将视图关联到 DOM 元素 #user-card 上。然后 render 函数使用模型中的各个属性并用 jQuery 和内嵌标记把它们加到 DOM 上。

你可能已经注意到这些代码是多么凌乱了。这么多丑陋的 HTML 标记上点缀着各种独立的函数调用, 以从模型中抓出单个的数据。好在可以用模板让它变整洁。

4.3.2 用模板渲染视图

把这个视图转成用模板渲染并不太复杂。首先把内嵌的 jQuery 和 HTML 标记转到模板中。

```
<script type="text/template" id="user-template">

<a href="/users/<%= username %>">
  <h1><%= displayName %></h1>

  <p><%= bio %></p>
</a>

</script>
```

这段代码看起来已经清爽多了, 简单的 HTML 标记, 其中点缀着一些基本的变量。

接下来, 定义带视图的模板。

```
// 创建视图
var UserView = Backbone.View.extend({
  el: '#user-card',

  template: _.template( $('#user-template').text() )
});
```

上面的代码用 script 标签中的文本定义模板。然后把该值赋给视图, 以便可以随时通过 this.template() 访问。

然后像之前那样设置 render 函数, 不过这次用模板渲染内容。

```
// 创建视图
var UserView = Backbone.View.extend({
  el: '#user-card',

  template: _.template( $('#user-template').text() ),

  initialize: function() {
    this.render();
  },

  render: function() {
    // 用模型编译模板
    var compiled = this.template( this.model.toJSON() );

    // 将编译好的 HTML 标记追加到 DOM 中
    this.$el.html( compiled );

    return this;
  }
});
```

这段代码中的第一件事情就是编译模板。为了编译，我们把模型转成对象，并传入 template 函数中。既然模型的键已经跟之前创建的模板一致了，这里就不用修改这些数据了（或单独取出每个属性）。然后将编译好的模板追加到与视图绑定的 DOM 元素中。

最后，最好附加一个 change 函数，在模型发生变化时重新渲染视图。

```
// 创建视图
var UserView = Backbone.View.extend({
  el: '#user-card',

  template: _.template( $('#user-template').text() ),

  initialize: function() {
    // 如果模型发生变化，重新渲染视图
    this.model.on('change', this.render, this)
    this.render();
  },

  render: function() {
    // 用模型编译模板
    var compiled = this.template( this.model.toJSON() );

    // 将编译好的标记追加到 DOM 中
    this.$el.html( compiled );

    return this;
  }
});
```

现在只要模型发生变化，视图就会更新。

因为模板的文本缓存在视图上，JavaScript 引擎不用在每次模型发生变化时都重新获取，这样可以提升性能。但在真正渲染视图之前它不能编译，因为必须考虑变化的模型。下面是完整的代码：

```
<script type="text/template" id="user-template">

<a href="/users/<%= username %>">
  <h1><%= displayName %></h1>

  <p><%= bio %></p>
</a>

</script>

<script type="text/javascript">
// 创建用户模型
var User = Backbone.Model.extend({});

var user = new User({
  username: 'jonraasch',
  displayName: 'Jon Raasch',
  bio: 'Some nerd'
});

// 创建视图
var UserView = Backbone.View.extend({
  el: '#user-card',

  template: _.template( $('#user-template').text() ),

  initialize: function() {
    // 如果模型发生变化，重新渲染视图
    this.model.on('change', this.render, this);

    this.render();
  },

  render: function() {
    // 用模型编译模板
    var compiled = this.template( this.model.toJSON() );

    // 将编译好的标记追加到 DOM 中
    this.$el.html( compiled );

    return this;
  }
});

// 创建视图的新实例，绑定到用户模型上
var userView = new UserView({
  model: user
});
</script>
```

上面的代码比不用模板的看起来整洁多了，也更有条理了。

4.4　小结

模板消除了空心粉式代码，不用把 HTML 插到 JavaScript 中就可以构建长字符串标记。它们可以让代码库更整洁，并精简开发流程。

本章介绍了如何使用 Underscore 模板，通过来自 JavaScript 中的变量对模板进行编译生成 HTML 标记。那样 HTML 标记仍能由 JavaScript 驱动，但并不会和 JavaScript 混在一起。

我们最后介绍了如何在模板中使用循环，以及如何用它们在 Backbone 中渲染视图。

后续章节将介绍模板的扩展应用，将它们与其他 JavaScript 方法结合起来使用。现在你已经掌握了 Backbone 和模板，程序有了两个能构成基础的支柱。是时候继续深入一下，去找点乐趣了！

4.5　补充资源

模板库

Underscore：http://underscorejs.org

Handlebars：http://handlebarsjs.com

Transparency：http://leonidas.github.com/transparency

Micro-Templating：http://ejohn.org/blog/javascript-micro-templating

选择模板库

Template Chooser：http://garann.github.com/template-chooser

Template Performance Comparison：http://jsperf.com/dom-vs-innerhtml-based-templating/365

较少逻辑控制模板的优点与缺点

Client-Side Templating Throwdown：http://engineering.linkedin.com/frontend/client-side-templating-throwdown-mustache-handlebars-dustjs-and-more

The Case Against Logic-Less Templates：http://www.ebaytechblog.com/2012/10/01/the-case-against-logic-less-templates/

Backbone中的模板

Backbone View Patterns：http://ricostacruz.com/backbone-patterns/#view_patterns

Backbone.js Lessons Learned and Improved Sample App：http://coenraets.org/blog/2012/01/backbone-js-lessons-learned-and-improved-sample-app/

第5章

创建表单

表单是大多数程序和网站的必要组成部分。经过最近几年的发展，到 HTML5 时，表单不靠 JavaScript 就可以提供非常丰富的功能。当然，并不是所有的浏览器都支持这些高级特性，所以一般还要提供 JavaScript 作为后备。好在有很多第三方 polyfill①可以用来自动支持 HTML5 的表单特性。

本章教你如何以渐进式增强的方式使用表单。从能在所有浏览器上使用的基本状态开始，不断添加 JavaScript 特性。接着会向你介绍各种各样的 HTML5 表单特性，比如特殊的输入类型、小工具和数据校验。然后介绍如何在比较老的、不支持 JavaScript 的浏览器中用 polyfill 支持这些特性。你还会看到一些通过 Ajax 提交表单的技术。最后会为你呈现如何把表单跟 Backbone 连接起来，自动生成视图，以及用 Backbone 的同步自动提交表单数据。

5.1 理解渐进式增强

本章采用了一种通用的渐进式增强方式，在用 JavaScript 处理表单时，这是公认的最佳实践（其他所有用 JS 做增强的也一样）。这种方式从一个比较受限的基本状态开始，保证在所有的浏览器中都可用，然后循序渐进地为这个基本状态增加特性。因为这种方式既能保证不同浏览器及环境的大范围兼容性，又能在可用的地方提供丰富的特性，所以是一种很理想的方式。

5.1.1 渐进式增强方式

表单的基本渐进式增强方式为：

(1) 使用标准的 HTML5 form 标记作为表单的基本状态；

(2) 用 JavaScript，利用标记上的 HTML5 属性确定想对每个表单元素做什么；

(3) 在这些元素上添加一个脚本层，用日期选择器和其他的小工具使表单部件化，以及增加占位文本、Ajax 提交之类的增强。

---

① Polyfill 源自英国的一种墙面填料，品牌为 Polyfilla，我们一般称之为"腻子"或"填泥"。*Introducing HTML5* 一书的合著者 Remy Sharp 在该书中首次提到了 ployfilling 的概念，Remy 解释说把浏览器想象成有裂缝的墙面，而用腻子可以把这些裂缝填平，最后得到的是光滑的浏览器"墙面"。详见 http://www.ituring.com.cn/article/766。

——译者注

5.1.2　为什么要渐进式增强

渐进式增强的观念是先提供一个合适的基本状态，可以用在所有你要支持的浏览器中。对表单而言，这种观念尤其重要，因为这些组件对网站的总体目标来说至关重要。比如说，首页上的介绍视频或动画无法加载时，你或许可以接受；但如果用户不能提交订单，你还能接受吗？或者根本就不能登录呢？因此，在力所能及的范围内，绝对有必要保证表单在所有你要支持的浏览器和环境中都能正常工作。另外，还要让视觉受损的用户和有其他生理缺陷的人们能够通过辅助设备访问。

此外，尽可能地为用户提供最佳实践很重要。随着 Web 开发的不断进步，用户期待得到流畅的用户体验，而 JavaScript 对表单的提升能产生显著的效果。

渐进式增强是种两全其美的方式：所有用户都能得到基本的支持，而能够支持高级特性的用户能享受更丰富的特性。

5.1.3　决定支持哪个环境

你可能已经意识到了，你的表单要在老版本的 IE 和其他不支持 HTML5 中的浏览器中工作。甚至在用户关闭 JavaScript 后仍然能用。是的，网站在根本没有任何 JavaScript 的时候也能用（最起码能稍微用一下）。

即便不用担心那些会关掉 JavaScript 的用户，也要记得当 JavaScript 崩溃时，经常会停止页面上的其他脚本。因此完全依赖于 JavaScript 的网站可能十分脆弱。所以你最好采取些措施，以免页面上的其他功能因为小 bug 而失效。

此外，如果 JavaScript 加载缓慢，不应该让用户等着它。他们可以在 JavaScript 加载时输入表单数据。就像 Jake Archibald 说的，"JavaScript 在下载时就相当于被禁用了"。

本章阐明了如何使用 HTML5 表单元素，但它们在不支持 HTML5 的浏览器中都会默认回退为基本的表单元素。然后我会告诉你一种在表单上增加 JavaScript 层的方式，让用户在无法使用 JavaScript 时仍能使用表单。尽管你支持用 Ajax 提交表单，但用户仍然能用老式的提交办法。

至于有多少用户关闭了 JavaScript（或不支持它的设备），有许多不同的看法。有些人认为这一数值高达 5%，但看起来有些夸大了。实际上很难获得真实的统计数据。大多数分析工具，比如 Google Analytics，是靠 JavaScript 运行的，所以没办法发现有多少用户把它关闭了。某些企业级的分析工具，比如 Omniture，已经解决了这个问题，但我对他们的数据质量持怀疑态度。

靠服务器端或用户代理无法找出对 JavaScript 的支持。所以唯一的办法是结合前端和后台的分析计算统计。但如果用户在 JavaScript 初始化之前就离开了页面又会怎么样？或者在它通过 Ajax 发送第一条数据之前？这些不确定性可能会导致数据的夸大，造成类似有 5%的用户没有 JavaScript 这种惊人的统计结果。

5.2　让 HTML5 替你工作

我们要以 HTML5 为基础构建表单，HTML5 表单元素的交互做到了让人吃惊的地步，并且完全无需借助 JavaScript。实际上，HTML5 元素所提供的体验比用 JavaScript 做得还要好。它们速度快、没有 bug，并且易于实现。即便页面上其他地方的脚本出错了，它们仍然能用。经过全面考虑，你应该尽可能使用浏览器自身的功能。毕竟没必要去做一些重复性的工作。

然而，要记住这些元素只能用在现代浏览器中。如果想全线提供这些丰富的功能，需要用 JavaScript 作后备。在任何浏览器上，HTML5 表单的大多数特性都能达到一个基本水平。老浏览器无法理解 HTML5 的元素和属性，所以它们就变成了没有任何花哨修饰的基本文本输入控件。也就是说无论如何，即便用户用的是老浏览器，而且也没有加载 JavaScript，表单仍然可用。

5.2.1　HTML5 的输入控件类型

在 HTML5 之前只有很基础的输入控件：

❑ 用于输入普通文本的 text；
❑ 隐藏输入的 password；
❑ 用于输入特定类型数据的 checkbox 和 radio；
❑ 用来把文件上传到服务器的 file；
❑ 还有像 hidden 和 submit 之类的其他少数类型。

尽管这些控件都能用，但在 HTML5 面前它们都会黯然失色。HTML5 有各式各样实用的输入控件，比如滑动条、日期选择器及颜色选择器。此外，在移动设备上，很多 HTML5 输入控件都提供了特殊的键盘布局，让输入变得更加轻松。

1. 小部件

尽管 HTML5 规范罗列出了一些表单部件，但浏览器的支持状况仍然参差不齐。然而不受支持的部件会直接回退为标准的文本输入控件。

> 在写这本书时，Firefox 和 IE 对 HTML5 表单部件的支持都很糟糕。

● **范围滑动条**

范围滑动条是得到最多支持的表单部件之一，在所有主流浏览器的最新版中都能用。要用滑动条，请用下面的标记。

```
<input type="range">
```

这个标记会创建一个滑动条部件，可以用来控制数值，如图 5-1 所示。

Favorite Number

图 5-1　滑动条部件提供了直观的数值控制，这是它在 Chrome 中的样子

在 WebKit 浏览器中你也可以修改滑动条的样式。详情请参见 http://css-tricks.com/value-bubbles-for-range-inputs/。

还有一些可以控制的滑动条特征。

```
<input type="range" min="0" max="100" step="5" value="30">
```

这些属性的含义如下。

❏ min 是滑动条的最小值（左侧值）。

❏ max 是最大值（右侧值）。

❏ step 控制滑动条每一格应该调整的值的大小（默认为 1）。

❏ value 是滑动条的默认起始位置（默认在 min 和 max 中间）。

在这些属性中，最起码要为滑动条设置 min 和 max，以提供合理的数值边界。

尽管范围滑动条很有用，但它给用户传递的信息有限。用它来表示"比较感性"的值还行，比如"你对这个问题的感觉有多强烈"。但如果希望向用户传达实际数值，还需要引入 JavaScript。首先设置基本的标记。

```
<input type="range">
<span class="range-value"></span>
```

然后用 jQuery 的 change() 处理器关联范围值的变化。

```
$('input[type="range"]').change(function(e) {
  var $this = $(this);
  $this.siblings('.range-value').text($this.val());
});
```

上面的代码中先用一个属性选择器定位所有的范围输入控件。然后，当输入控件发生变化时，找到相邻的 span .range-value，并把该 span 的值设为范围输入控件的值。如图 5-2 所示，这段代码在滑动条旁边显示了数值。

图 5-2　用 JavaScript 显示这个滑动条的值

这段脚本很好用，但在页面加载时还需要显示范围的初始值。为此要把它提取到一个函数中，然后在两种情况下都要调用它。

```
$.fn.displaySliderVal = function() {
  this.siblings('.range-value').text( this.val() );
return this;
};

$('input[type="range"]').change(function(e) {
  $(this).displaySliderVal();
}).displaySliderVal();
```

上面的代码中做了以下几处修改。

(1)定义了 displaySliderVal()，它是 jQuery 原型上的一个方法，可以通过返回 jQuery 对象实现链接。

(2) 在 change 处理器中调用 $(this) 上的 displaySideVal()。

(3) 在$('input[type="range"]')的初始引用上也调用了 displaySliderVal()，所以它也显示了默认值。

也可以用数值选择器<input type="number">选择数值。

● 日期选择器

日期选择器是另一个实用部件，标记如下。

```
<input type="date">
```

这会在某些浏览器中创建一个日期选择器，如图 5-3 所示。

图 5-3　Chrome 中的日期选择器

日期输入问题的历史

尽管日期选择器可能是应用最广泛的表单控件，它却有着不堪回首的过去。有那么几年，Safari 和 Chrome 都以一种糟糕的方式部分支持日期选择器。他们在一个基本的下拉列表中填入可能的日期，而不是使用基于日历的部件。

因为用户必须滚动没完没了的日期找到自己想要的那个，所以用户体验很糟糕。datetime 尤其差劲，用户要滚动每一天的每一分钟，很滑稽。

主要是不光用户体验差，还很难用 JavaScript 部件覆盖，因为浏览器确实支持日期输入控件（尽管很难说支持做得够好）。所以 JavaScript 不能用特征检测替换这些部件，而只能依靠浏览器嗅探（出了名的恶行）。还好现在不是这样了。Chrome 用上了日历的日期选择器，而 Safari 回退到了基本的文本输入控件（所有的 WebKit 浏览器一开始就应该这样处理）。

然而基于日历的日期选择器也并不总是最佳的用户体验。让其他日期紧邻当前日期（或任意一个起始日期）真的很有用。但因为难以更换年份，基于日历的日期选择器不太适合用来选择生日。图 5-4 指出了这个问题。

图 5-4   在日期选择器中切换年份很麻烦，用户仍能手动输入日期，但很
         可能会因为部件的易用性问题被抛弃

因此，对于出生日期或其他超过一年或两年的日期，最好是用\<input type="date"\>、\<input type="month"\>和\<input type="year"\>的组合。或者用可以更优雅地处理这个问题的 JavaScript 部件。

● *颜色选择器*

尽管大多数表单都用不到颜色选择器，但它能在合适的时候派上用场，标记如下。

```
<input type="color">
```

浏览器对颜色选择器的支持很弱，但 Chrome 和 Opera 的当前版本都支持，如图 5-5 所示。

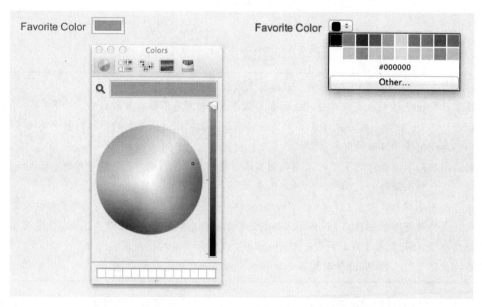

图 5-5   Chrome（左）和 Opera（右）中的颜色选择器。它们在外观上不同。Chrome 中
         的版本更适合做细化的控制，而 Opera 中的版本在大多数情况下更易用

颜色选择器返回一个十六进制值，比如#ff7f24。可以用跟范围输入控件相同的属性选择器获取该值。

```
$('input[type="color"]').val();
```

> 除了这些部件，还有一个搜索输入控件。它的功能没多大意思，但有时也很有用。

2. 情景键盘

某些 HTML5 输入类型在手机和平板之类的移动设备上也有特殊的含意。它们会显示一个专门的键盘，以便于用户输入特定的数据。

现在大多数智能机和平板都用软键盘，也就是在需要时会显示在触屏上的键盘，如图 5-6 所示。

图 5-6　iPhone 上的标准键盘

然而这些键盘用起来可能不太方便，特别是在手机上。

好在有些 HTML5 输入控件可以激活一个方便用户输入的键盘。比如下面的标记，会显示一个如图 5-7 所示的电话号码键盘。

```
<input type="tel">
```

图 5-7   在 iOS 中 `<input type="tel">` 会显示这个数字键盘

其他输入类型可以添加特殊的键以应对特定的情况，比如 `<input type="email">` 和 `<input type="url">`，如图 5-8 所示。

图 5-8 iPhone 的输入控件 email（左）和 URL（右）

还有一个数值输入类型 `<input type="number">`，结果如图 5-9 所示。

图 5-9 数值输入类型在 iOS 中显示一个数字键盘，用户不用再去切换。

这些输入类型对语意和表单校验也有重要意义。下一节会展开介绍。

5.2.2　交互特性

除了这些新的输入类型，HTML5 还推出了几个交互特性，比如占位文本和校验。也就是说之前很多只能用 JavaScript 实现的功能现在有了原生支持。

1. 占位文本

占位文本在用户输入值之前显示在表单元素中。一般用于提供简单的提示，表明用户应该在这个输入域中输入什么，比如日期输入控件中的特定格式。

在 HTML5 中，可以用 placeholder 属性在表单输入域中显示占位文本。

```
<input type="email" placeholder="john@example.com">
```

这个占位文本在浏览器中会显示为浅色的文本，会被用户输入的任何值换掉，如图 5-10。

Email   john@example.com

图 5-10　这个占位文本提供了一个视觉上的提示，能够提升用户体验

占位文本是给出视觉线索和加速表单输入的好办法。记住，用户在表单中输入数据越快，就越有可能"转化"为另一次销售或注册。从 http://www.lukew.com/ff/entry.asp?1416 中的数据来看，表单输入要求越清晰，转化率越好。

还可以用下面的代码为各种浏览器定制占位文本的样式。

```
input::-webkit-input-placeholder {color:green;}
input::-moz-placeholder {color:green;}
input:-ms-placeholder {color: green;}
```

注意，这些选择器不能组合使用，必须把这些实验性选择器分开，否则浏览器会忽略整块代码。

2. 自动聚焦

自动聚焦是加快表单输入速度的另一举措。它在页面加载时把光标放到特定输入域中，这样用户就可以直接输入，不用再点击鼠标或按 Tab 键进入表单了。要在 HTML5 的表单中使用自动聚焦，只需在元素上添加 autofocus 属性。

```
<input type="text" autofocus>
```

这个属性在页面加载时把光标放到这个输入域中。

除了不需要额外的代码，原生的 HTML5 自动聚焦也比用 JavaScript 实现的更好用，因为 JavaScript 的 focus() 脚本有时还需要一段时间来加载。在延迟期间，用户可能已经开始在另外一个输入域中输入了。然而一旦 focus() 函数得到执行，它就会把用户的光标劫持到自动聚焦的输入域中，进而导致非常糟糕的用户体验。

3. 校验

原生的表单校验可能是我最爱的 HTML5 表单新特性。有了它我们就可以跳过杂乱无章的 JavaScript 表单校验，让浏览器替我们做这些工作。

● 基本的表单校验

最好的情况下，如果你正在用 HTML5 输入类型，那你已经完成 90%的工作了，因为 HTML5 表单校验就是对应输入类型的。比如有一个<input type="email">，HTML5 可以在用户提交表单时确保那是一个格式正确的 email 地址，如图 5-11 所示。

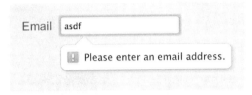

图 5-11　如果 email 地址格式不正确，HTML5 会显示一个错误消息

它还考虑到了各种需要设置的范围，比如：

```
<input type="number" min="0" max="500">
```

如果数值超出标记中设置的范围（或如果它不是数值），这个表单就会抛出错误。

另外，可以添加 required 属性把任何输入域变成必填项。

```
<input type="text" required>
```

如果用户没填，这个输入域会抛出一个错误，如图 5-12 所示。

图 5-12　如果用户没填这个必填项，就会抛出一个错误消息

> 出于安全考虑，服务器端一定要做数据校验。黑客可以使用老浏览器或禁用 JavaScript，来绕过任何前端校验（或者直接提交到表单处理器）。

● 定制校验规则

对于没有既定规则的输入域，你也可以创建自己的校验规则。只需要添加一个正则表达式的 pattern 属性就可以了。

```
<input type="text" pattern="[a-zA-Z]+">
```

在这个例子中，不管用户输入什么，都会用正则表达式[a-zA-Z]+对它进行检查，即只接受字母（不含数字、空格或特殊字符）。

创建定制规则的唯一缺陷就是浏览器会显示如图 5-13 所示的通用错误消息。

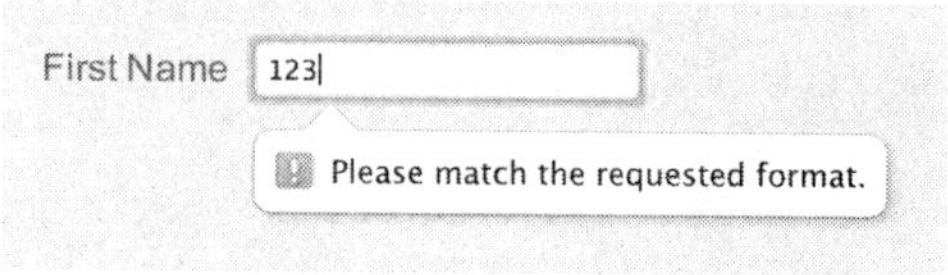

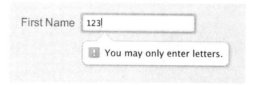

图 5-13   如果用户输入的数据无法与 `pattern` 属性相匹配，则会显
示这个通用的校验错误

好在可以用 JavaScript 添加自己定制的校验消息，只要把它加到 `oninvalid` 监听器上就行了。

```
<input type="text" pattern="[a-zA-Z]+"
oninvalid="setCustomValidity('You may only enter letters.');" >
```

上面代码中那个原生的 `setCustomValidity()` 方法就是用来显示定制消息的，如图 5-14 所示。你可能会觉得我把这个脚本放在标记里挺可笑的。我这么做主要是为了简单，但在这里这么做也不是不可以，因为这个脚本其实就绑定到了这个元素的标记上。

First Name | 123|

    You may only enter letters.

图 5-14   通过 JavaScript 显示了定制的校验消息

尽管定制的校验消息比通用的消息更有用，但要注意以下几点。

❑ 原生的校验消息已经基于用户的语言本地化了，你可能也不打算把消息翻译成上百种不同的
    语言。
❑ 不管错误的原因是什么，都会显示这个校验消息。比如，如果用户输入的文本超过了
    `maxlength` 或者没有填写 `required` 输入域，它都会显示该信息。

因此，最好不要覆盖 `email`、`url` 和 `number` 的默认消息，除非你对默认消息特别不满意。另外，如果在一个输入域上有多个校验规则，要构建一个检查以确定触发错误的确切原因。

> 如果你的网站只用英语，可能不会关心错误消息的本地化。但如果某些输入域用了定制消息，而其他用的是默认消息，那校验错误消息可能会出现多种语言。

5.3   给老浏览器用 Polyfill

尽管现代浏览器对 HTML5 表单支持的很好，但现实很残酷，因为很多用户可能还没升级。即便升级了，各浏览器对某些特性的支持也参差不齐。所以需要用 JavaScript 为这些组件做后备预案。

5.3.1　寻找第三方 Polyfill

好在你不是独自面对这个问题的人，并且可选方案很多。最重要的是有很多开源项目可以拿来直接用。

polyfill 是给那些在老浏览器中没有的新特性作备份的垫片。一般来说，polyfill 用 JavaScript 重新创建出浏览器缺失的原生功能。但其实不一定非用 JavaScript 不可，比如为 HTML5 视频做的 polyfill 用的就是 Flash。

Modernizr 团队在 https://github.com/Modernizr/Modernizr/wiki/HTML5-Cross-Browser-Polyfills 维护了一个很棒的 polyfill 列表。

这个列表中的 polyfill 都挺不错，并且应该能找到任何你需要实现的 HTML5 表单功能。当然，如果找不到十分满意的 polyfill，你还可以自己写一个。

5.3.2　编写自己的 Polyfill

尽管你能下载 polyfill 来支持任何需要支持的表单特性，但我还是要给出几个示例，告诉你如何构建自己的 polyfill。这样你就能够理解你下载的东西是如何运作的了，并能修改已有的 polyfill，或者在对第三方选择不满意时可以自行编写。

> 构建 polyfill 时，要记得在不支持这些特性的浏览器中测试。否则，即便脚本中有 bug，你可能也会认为代码完美无缺。

1. 通用方式

通常情况下，为 HTML5 提供备份的最好办法是利用你已经写好的标记。也就是说你应该挂载到不同的表单元素中，并基于它们的属性创建功能，就像 HTML5 在支持的浏览器中做的那样。

比如你可能有个 range 输入控件。

```
<input type="range" min="0" max="100" value="30">
```

最好的方式是先利用属性选择器确定什么时候显示 JavaScript 的滑动条部件。

```
$('input[type="range"]');
```

然后用各种属性为 JavaScript 滑动条设置选项，用 min 和 max 设定上下边界，用 value 设定初始值。

因为这种耦合性最松散，所以采取这种方式对 polyfill 来说是最好的。而在 JavaScript 中硬编码特定值的做法意味着要在两个地方输入这些数据，开发起来更复杂，最重要的是更难维护。最糟的是你必须记得要做这些修改，即便在你最好的 HTML5 浏览器中看不出任何问题。

2. 写一个自动聚焦 Polyfill

自动聚焦是最容易写的 polyfill 之一，因为只要找到带有 autofocus 属性的元素并在其上设置 focus() 就行了。比如，你可以用 jQuery 来实现。

```
$('[autofocus]').focus();
```

这段脚本用一个属性选择器选择任何带有属性 autofocus 的元素，比如<input type= "text" autofocus>。然后用 foucus() 方法将光标聚焦到元素中。

● 实现 polyfill

现在需要确定何时使用 polyfill。因为你的 polyfill 永远都不可能做得像原生支持那么好，所以在有原生支持的功能时要尽量避免使用它们。

在这个例子中，JavaScript 备用方案可能会引发可用性问题，比如用户在 JavaScript 加载完之前已经在另一个表单输入域里开始输入了。一旦 polyfill 可用，它就会劫持用户的输入光标并把它放到另一个输入域里，而原生的 autofocus 实现就不存在这种问题。

因此，只有在浏览器不支持自动聚焦时才应该使用这个 polyfill。但不要做哪个浏览器支持 autofocus、哪个不支持的检查。除非万不得已，你应该尽量避免使用浏览器嗅探这种糟糕的技术。应该用特性检查，并用 JavaScript 确定浏览器是否支持 autofocus。你可以使用 Modernizr 来完成这个任务，网址为：http://modernizr.com/。

引入 Modernizr 后，可以构建一个针对自动聚焦的检查。

```
if ( ! Modernizr.input.autofocus ) {
  $('[autofocus]').focus();
}
```

这段脚本用 Modernizr API 确定浏览器是否支持自动聚焦。然后在不支持的浏览器中调用 polyfill。

> 如果 polyfill 脚本确实很大，可以考虑在这个特性检查中从外部加载。这样现代浏览器就不会因为加载很多它们用不到的代码而降低性能。在这种情况下可以考虑用 require.js 之类的 JavaScript 加载器。

● 改进 Polyfill

尽管前面那个也基本能用，但在创建 polyfill 时要多加小心，因为要尽量让 polyfill 在任何情况下都能与原生功能相匹配。谨慎是为了确保 polyfill 不出问题。记住，当你主要是在支持 HTML5 的浏览器中工作时，可能不会马上发现 polyfill 中的潜在问题。

编写健壮的 polyfill 要遵循如下步骤：

(1) 确定可能出现问题的边界行为；

(2) 确定这种情况在原生就有该功能的浏览器中是如何处理的；

(3) 在 polyfill 中镜像原生行为；

(4) 创建单元测试以确保 polyfill 能正确处理所有情况。

比如你可能不会在页面上放多个 autofocus 的元素，但一旦这样做了会怎么样？在 Chrome 或其他现代浏览器中设置一个测试页面，你会看到光标被放到了页面中最后一个带 autofocus 的元素中。

这在我们自己写的自动聚焦 polyfill 中可能没什么问题，因为 jQuery 会循环遍历所有相匹配的元素，把焦点放到每个元素中。因为它会变换循环中每个新元素的焦点，所以焦点最终停在了最后一个带有 autofocus 的元素上。当然，这种方式在性能上有点差，但这种边界情况可能没必要优化。可是如果在每个元素上还有一个聚焦事件监听器会怎么样？这样那个本应只触发一次的处理器就会被触发两次，还好可以用 :last 伪类轻松解决这个问题。

```
$('[autofocus]').filter(':last').focus();
```

这样可以用 jQuery 的 filter() 方法找到最后一个带 autofocus 的元素。也可以把 :last 附着在主选择器上，但 filter() 在性能上会更好一些（在所有情况下，不光是边界情况）。

但请稍等一下。为什么不在原生支持 autofocus 的浏览器中测试下聚焦事件呢？你会发现实际上它们根本就不会触发。

晕了没？我不是要故意折磨你，只是想告诉你写个真正健壮的 polyfill 有多困难，哪怕只是像自动聚焦这么简单的特性。希望这个练习能让你更加尊重你下载的第三方 polyfill，并且如果你在使用时遇到了问题，可以用这些步骤给它打补丁。

其实问题还没完：带 tabindex 的元素如何影响顺序？

---

3. 写一个占位 polyfill
为占位文本编写 polyfill 比为自动聚焦编写更复杂，但还算是一个相对容易实现的 HTML5 表单特性。
● 检测支持
首先要确定你是否真的需要启用这个 polyfill，为此可以再次求助于 Modernizr。

```
if ( ! Modernizr.input.placeholder ) {
    jsPlaceholder();
}
```

这段代码用 Modernizr.input.placeholder 检测对占位文本的支持。如果不支持，则调用函数 jsPlaceholder()。
● 确定目标
在你继续深入并开始构建这个 polyfill 之前，先想想它应该干什么。
(1) 这个 polyfill 应该从 placeholder 属性中取得文本并把它放在输入域中。
(2) 当用户点击进入输入域时，polyfill 应该移除文本以便让用户输入自己的内容。
(3) 然后如果用户不输入任何内容就离开了那个输入域，polyfill 应该再把占位文本加上。
(4) 如果用户输入了内容，polyfill 就不应该再做这些。你不会想让占位文本覆盖已经填好的输入域。另外，如果用户已经修改过了，也不应该把输入域中的文本清空，用户重新进入他们改过的输入域时应该保留原来输入过的值。
(5) polyfill 应该在占位文本处于活动状态时给它附加一个占位文本类，以便让占位文本的样式区别于普通的文本。
● 构建基本的 polyfill
既然现在有目标了，就可以开始着手做了。首先获取所有带有 placeholder 属性的表单域；然后附上 blur 和 focus 事件以便添加和移除占位文本。

```
var jsPlaceholder = function() {
  // 当输入域得到焦点
  $('[placeholder]').focus(function() {
```

```
      var $input = $(this);

      // 确定该域是否正在显示占位文本
      if ($input.val() === $input.attr('placeholder')) {
        // 清空该域并移除`placeholder`类
        $input.val('');
        if ( $input.hasClass('placeholder') ) {
          $input.removeClass('placeholder');
        }
      }

    // 当输入域失去焦点
    }).blur(function(){
      var $input = $(this);

      // 如果他们还没输入任何内容，换成占位文本
      if ($input.val() === '' || $input.val() === $input.attr('placeholder')) {
        // 添加占位文本和类
        $input.val($input.attr('placeholder'));
        $input.addClass('placeholder');
      }
    // 触发 blur, 以便在页面加载时添加占位文本
    }).trigger('blur');
  };
```

现在我们逐步解析上述过程。

(1) polyfill 一开始先选择所有带有 `placeholder` 属性的表单域。

(2) 它为用户点击进入该域设置了一个 `focus()` 事件。如果该域中的文本跟占位文本相匹配，它会把文本连同 `placeholder` 类一起去掉。

(3) 为用户离开该域设置了一个 `blur()` 事件。此时如果用户还没输入文本，它会把占位文本连同 `placeholder` 类一起加上。

(4) 触发 `blur()` 事件，在页面加载时添加占位文本（但仅当该域没有填入内容时）。

这段代码中最容易让人困惑的可能就是第 4 步。它没有在页面加载时显式地添加占位文本，而是触发了 polyfill 中已经处理了的 `blur` 事件。这样就不用再重复那些代码了。

> 值得注意的是，在这个例子中，没必要完全按照 W3C 的占位文本实现规范来做。在原生实现中，输入控件的内容不是在得到焦点时去掉的，而是在用户开始输入时。给你留个作业吧，修改这段脚本，让它正确遵守规范的任务。

● 提交表单

现在表单输入域中占位文本的移除和添加看起来就跟在支持它的浏览器中差不多了。然而这还远没有结束。主要是这个 polyfill 会用占位文本取代表单元素的值，在表单提交时这会出问题，因为这些值会被当成用户输入的值传上去。要解决这个问题，需要给页面上所有表单的 `submit` 事件打上补丁。

```
// 在表单提交时必须移除占位文本，以防止它们被提交
$('form').submit(function() {
```

```
$(this).find('[placeholder]').each(function() {
  var $input = $(this);

  // 如果输入域的值是占位文本, 清空它
  if ($input.val() === $input.attr('placeholder')) {
    $input.val('');
  }
})
});
```

这段代码清空了所有显示占位文本的输入域。因为它没有阻止 submit 事件的默认动作, 所以在做出这些修改后仍会正常提交。别忘了在 jsPlaceholder 函数内找个地方绑定这个事件处理器。

● 处理密码输入控件

现在这个脚本用起来跟我们预期的已经非常像了。唯一的问题是有密码输入控件时, 密码会屏蔽它们的值, 把内容显示为******。尽管这对密码来说挺好, 却不适合占位文本。

可是要绕过这个还真有点难度。必须要为占位文本创建一个新的文本输入控件, 然后在需要时把它换成密码输入控件。要确保用户的密码不会显示在屏幕上, 还要在占位文本被去掉时切换回密码输入控件。

要实现这一变化, 还需要修改 blur 处理器。

```
...

// 当该输入域失去焦点
}).blur(function() {
  var $input = $(this);

  // 如果他们还没输入任何内容, 换成占位文本
  if ($input.val() === '' || $input.val() ===
    $input.attr('placeholder')) {
    // 如果是密码输入控件, 必须克隆为文本输入控件,
    // 稍后将它移除 (否则它会显示为******)
    if ( $input.attr('type') == 'password' ) {
      var $newInput = $input.clone();
      $newInput.attr('type', 'text');
      $newInput.val($input.attr('placeholder'));
      $newInput.addClass('placeholder clone');
      $newInput.insertAfter($input);

      $input.hide();

      // 添加处于聚焦状态时的处理器, 移除这个控件并显示/聚焦原来那个
      $newInput.focus(function() {
        $(this).remove();
        $input.show().focus();
      });
    }
    else {
      // 添加占位文本和类
      $input.val($input.attr('placeholder'));
      $input.addClass('placeholder');
    }
```

5

```
  }
  // 触发 blur，以便在页面加载时添加占位文本
})).trigger('blur');
```

这个 blur 处理器首先检测这个输入域是不是密码输入控件。然后 polyfill 克隆这个输入控件，因此这个控件会保留所有已经应用到原来那个控件上的类名、样式，等等。然后必须把克隆来的控件变成普通的文本输入控件，并添加占位文本和类名，以及一个 clone 类。做完这些之后，可以把这个新的输入域加到 DOM 中，并把旧的隐藏起来。最后，在这个克隆域上加一个 focus 处理器。以便当用户点击进入它时，这个 polyfill 可以把这个输入域去掉，显示密码输入控件，并把光标放进去。

但 blur 处理器还没结束。还要修改 submit 处理器，把所有克隆域去掉，免得提交表单时把它们一并提交了。

```
// 提交表单时必须去掉占位文本，免得把它们提交了
$('form').submit(function() {
  $(this).find('[placeholder]').each(function() {
    var $input = $(this);

    // 去掉所有克隆的密码输入控件
    if ( $input.hasClass('clone') ) {
      $input.remove();
      return;
    }

    // 如果这个输入域显示的是占位文本，就清空它
    if ($input.val() === $input.attr('placeholder')) {
      $input.val('');
    }
  })
});
```

● 合并代码

现在，这个 polyfill 几乎跟原生功能一样了。下面将所有代码合并到一起。

```
var jsPlaceholder = function() {
  // 当输入域得到焦点
  $('[placeholder]').focus(function() {
    var $input = $(this);

    // 确定该域是否正在显示占位文本
    if ($input.val() === $input.attr('placeholder')) {
      // 清空该域并移除'placeholder'类
      $input.val('');
      if ( $input.hasClass('placeholder') ) {
        $input.removeClass('placeholder');
      }
    }

  // 当输入域失去焦点
  }).blur(function() {
    var $input = $(this);

    // 如果他们还没输入任何内容，换成占位文本
```

```
    if ($input.val() === '' || $input.val() ===
      $input.attr('placeholder')) {
      // 如果是密码输入控件, 必须克隆为文本输入控件,
      // 稍后将它移除 (否则它会显示为******)
      if ( $input.attr('type') == 'password' ) {
        var $newInput = $input.clone();
        $newInput.attr('type', 'text');
        $newInput.val($input.attr('placeholder'));
        $newInput.addClass('placeholder clone');
        $newInput.insertAfter($input);

        $input.hide();

        // 添加处于聚焦状态时的处理器, 移除这个控件并显示/聚焦原来那个
        $newInput.focus(function() {
          $(this).remove();
          $input.show().focus();
        });
      }
      else {
        // 添加占位文本和类
        $input.val($input.attr('placeholder'));
        $input.addClass('placeholder');
      }
    }
  // 触发 blur, 以便在页面加载时添加占位文本
  }).trigger('blur');

  // 提交表单时必须去掉占位文本, 免得把它们提交了
  $('form').submit(function() {
    $(this).find('[placeholder]').each(function() {
      var $input = $(this);

      // 去掉所有克隆的密码输入控件
      if ( $input.hasClass('clone') ) {
        $input.remove();
        return;
      }

      // 如果这个输入域显示的是占位文本, 就清空它
      if ($input.val() === $input.attr('placeholder')) {
        $input.val('');
      }
    })
  });
};

// 如果不支持, 则添加占位文本 polyfill
if ( ! Modernizr.input.placeholder ) {
  jsPlaceholder();
}
```

尽管这一实现对占位文本的处理几乎跟支持它的浏览器一样，但还有一个问题。用户不能在任何输入域中输入跟占位文本一样的内容，因为这段脚本会把它当作占位文本，然后把它去掉。

但那是极其少见的边界情况，并且你只能忍受它。如果你能找到解决这个问题的办法，请给这段脚本打个补丁，并在 Twitter 上给我发个消息：@jonraasch。

4. 组合 polyfill 和小部件

最后，写自己的 polyfill 并不表示你必须完全从头开始。你可以修改已有的 polyfill 或在 polyfill 中使用第三方的小部件。

比如说，jQuery UI 提供了很多与 HTML5 中类似的表单部件，你可以很方便地将这些部件用在 polyfill 中。只要从表单标记中获取关于这个部件的信息并把它传给 jQuery UI 部件就可以了。

5.4   连接 REST API

现在你该考虑一下如何把表单提交到服务器上了。当然可以用老式的提交按钮，但我们构建的是 JavaScript 程序。用 Ajax 会更好一些，这样可以给客户更流畅的体验。我们可以用一个漂亮的 JavaScript 动画提示用户表单已经提交了，而不是让用户在页面刷新时苦苦等待。当然，表单仍然应该保留老式的提交办法，以防 JavaScript 因某种原因失效。

提交表单之前，需要写一些标记。

```
<form method="post" action="my-api.php">
  <fieldset>
    <label for="name">Name:</label>
    <input type="text" name="name" id="name">
  </fieldset>

  <fieldset>
    <label for="email">Email</label>
    <input type="email" name="email" id="email">
  </fieldset>

  <fieldset>
    <label for="username">Username:</label>
    <input type="text" name="username" id="username">
  </fieldset>

  <fieldset>
    <label for="password">Password:</label>
    <input type="password" name="password" id="password">
  </fieldset>

  <fieldset>
    <input type="submit">
  </fieldset>
</form>
```

这是一个非常普通的注册表单，提交到 my-api.php。本节只讨论了 REST API 的前端部分，搭建后台的任务就交给你了。

在 5.5 节中，我会告诉你如何把这个表单连接到 Backbone 上，并自动跟后台同步。但现在我要讲一下如何手动完成这一任务。

5.4.1 提交表单

现在用 jQuery 的 Ajax API 提交表单。首先劫持表单的 submit 事件，然后从表单元素中得到 post 方法和 URL。

```
// 劫持表单的 submit 事件
$('form').submit(function(e) {
  // 防止表单以老式的办法提交
  e.preventDefault();

  // 得到 post 方法和 URL
  var $form = $(this),
  postMethod = $form.attr('method') || 'GET',
  postURL = $form.attr('action');

  // 输出到日志中
  console.log('Form submitted to ' + postURL + ' via ' + postMethod);
});
```

上面的代码取出了表单元素中的 method 和 action。注意在 method 没有定义时的备选处理，在那种情况下，表单默认的是 GET 方法。

接下来用这些变量设置一个 Ajax 请求，从表单中取得各种值创建要提交的数据。

```
// 劫持表单的 submit 事件
$('form').submit(function(e) {
  // 防止表单以老式的办法提交
  e.preventDefault();

  // 得到 post 方法和 URL
  var $form = $(this),
  postMethod = $form.attr('method') || 'GET',
  postURL = $form.attr('action');

  // 设置 Ajax 请求
  $.ajax({
    url: postURL,
    type: postMethod,
    data: {
      // 从表单中获取值
      name: $form.find('input[name="name"]').val(),
      email: $form.find('input[name="email"]').val(),
      username: $form.find('input[name="username"]').val(),
      password: $form.find('input[name="password"]').val()
    },
    // 提交成功时
    success: function(data) {
      // 输出响应
```

```
      console.log(data);
    },
    // 提交出错时
    error: function(e) {
      // 输出错误消息
      console.log('Error submitting form - ' + e.status + ': ' + e.statusText);
    }
  });
});
```

在上面的代码中，从表单元素中得到的 post URL 和方法被用来创建 Ajax 请求。为了构建要提交的数据，又从表单中得到各个元素并取出它们的值。

5.4.2   构建通用函数

手动从表单中逐个拉取各元素的值的方式太过粗糙。实现起来很麻烦，特别是要设置的表单不止一个时。更糟的是，这样会让 JavaScript 跟 DOM 紧密地耦合在一起。

最好是构建一个可以通过 Ajax 提交任何表单的通用函数。从 form 元素中获取 post 方法和 URL 后，你已经知道如何用标记实现这一功能了。要进入下一级，就要把所有你需要的数据从表单中提取出来。

首先，确保表单中输入域的名称跟要传给服务器的 JSON 中的键相匹配。一旦匹配，剩下就只需要串行化表单数据并提交了。

```
// 劫持表单的提交事件
$('form').submit(function(e) {
  // 防止表单以老式的办法提交
  e.preventDefault();

  // 得到 post 方法和 URL
  var $form = $(this),
  postMethod = $form.attr('method') || 'GET',
  postURL = $form.attr('action');

  // 串行化表单数据
  var postData = $form.serialize();

  // 设置 Ajax 请求
  $.ajax({
    url: postURL,
    type: postMethod,
    data: postData,
    // 提交成功时
    success: function(data) {
      // 输出响应
      console.log(data);
    },
    // 提交出错时
    error: function(e) {
      // 输出错误消息
      console.log('Error submitting form - ' + e.status + ': ' + e.statusText);
    }
  });
});
```

这个例子利用了 jQuery 的 `serialize()` API，它会将表单中的所有数据转化成一个对象。`serialize()`很好用，如果没有它，我们只能循环遍历表单中的所有元素并逐个取出它们的值。

按照这一过程，可以确保程序中的所有表单都通过 Ajax 提交。

> 如果你不想让所有表单都通过 Ajax 提交，可以设置一个 post-viar-ajax 之类的类名，然后在设置`submit()`处理器时关联它。

5.5　Backbone 中的表单

如果你正在用 Backbone，可以通过设置让表单自动跟 REST API 同步。在 Backbone 中设置这个要比简单地设置一个 Ajax 脚本复杂得多。

但 Backbone 提供了很多其他的细节，可以用来提升表单的使用体验。我们在这个例子中创建的表单可以在用户输入无效数据时显示内联的错误消息。

5.5.1　设置表单模型

在 Backbone 中创建表单的第一步是定义模型。这要在编写任何 HTML 标记之前完成。因为 Backbone 中的一切都是围绕数据进行的。通常这就是我们的工作机制：创建一个由数据驱动的程序，而不是颠倒过来。所以从定义模型开始，存放用户注册时我们需要的各种值。注意，这一过程跟表单没有任何关系；只涉及程序所需的业务逻辑。

```
var User = Backbone.Model.extend({
  defaults: {
    name: '',
    email: '',
    username: '',
    password: '',
    passwordConf: ''
  }
});

var user = new User;
```

上面的代码中为表单域设置了一些默认值。用户想要注册的话，必须提供他们的姓名、email、用户名和密码。还必须确认密码。现在我们将其设置为空值，因为表单中的输入域一开始是空值。

一般应该在模型中用 `validate()` 构建校验规则，以检查 email、确认密码等信息的有效性。然而这个表单是个特例，并且 Backbone 原生的模型校验会出问题。

> 对于注册过程来说，用户的密码要作为模型的一部分。但在用户注册后，记得不要再把它传回前端。用会话变量或其他办法使用户保持已登录状态，以免暴露他或她的密码，这绝对是必要的安全措施。

5.5.2 设置表单视图

现在模型已经有了，该设置视图和模板了，但要先从页面上的标记开始：

```
<div id="signup-form-wrapper"></div>
```

这个元素只是一个包装器，用来将表单内容插入 DOM 中。为了使表单在没有 JavaScript 时也能访问，还应该在这个包装器中填入这个表单的静态版本。然而为了不把这个例子搞那么长，我就略过了。接下来为注册表单定义视图。

```
var SignupView = Backbone.View.extend({
  el: '#signup-form-wrapper',
  template: _.template( $('#form-template').text() ),

  initialize: function() {
    // 渲染表单
    this.render();
  },

  render: function() {
    // 将模型转换为一个对象
    var modelData = this.model.toJSON();

    // 插入到 DOM 中
    this.$el.html( this.template( modelData ) );
  }
});

// 创建视图的新实例
var signupView = new SignupView({
  model: user
});
```

到目前为止这个视图都很直白。先是把它绑定到已经放在页面上的包装器元素上。然后用了一个 Underscore 模板。最后在加载时用模板和来自模型中的数据渲染这个视图。接下来该创建模板了，为此要用到跟本章前面创建的注册表单类似的标记。

```
<script type="text/template" id="form-template">
<form method="post" action="my-api.php">
  <fieldset>
    <label for="name">Name:</label>
    <input type="text" name="name" id="name" value="<%= name %>">
  </fieldset>

  <fieldset>
    <label for="email">Email:</label>
    <input type="email" name="email" id="email" value="<%= email %>">
  </fieldset>

  <fieldset>
    <label for="username">Username:</label>
    <input type="text" name="username" id="username"
```

```
value="<%= username %>">
  </fieldset>

  <fieldset>
    <label for="password">Password:</label>
    <input type="password" name="password" id="password" value="<%= password
%>">
  </fieldset>

  <fieldset>
    <label for="password-conf">Confirm Password:</label>
    <input type="password" name="passwordConf" id="password-conf" value="<%=
passwordConf %>">
  </fieldset>

  <fieldset>
    <input type="submit">
  </fieldset>
</form>
</script>
```

上面的代码创建了一个可以提交到任何地址的表单。请特别注意模板的`<script>`元素的 ID。这个 ID 要跟视图中所用的选择器一致。

如图 5-15 所示，表单在页面上渲染出来了。

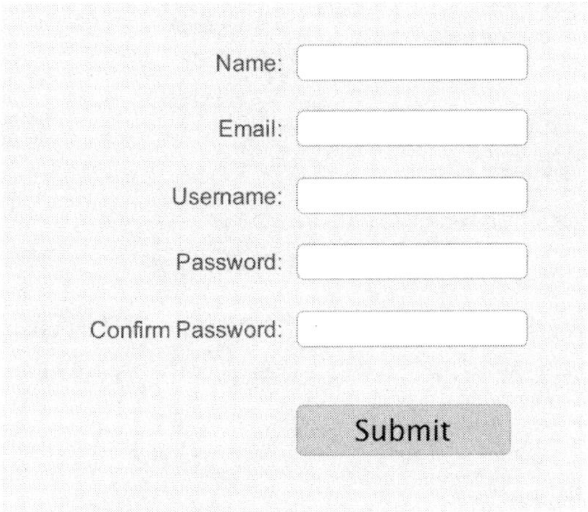

图 5-15　用 Underscore 模板从模型来渲染的注册表单

5.5.3　将表单域保存到模型中

视图构建好了，该想想如何把用户在表单中输入的数据回传给模型了。解决这个问题需要引入一个新概念：Backbone 视图事件。

前面介绍过如何用 Backbone 内部事件追踪模型、集合上的变化。现在我们要用视图事件将不同的处理器绑定到视图中的元素上。比如绑定一个处理器到表单任一输入域的变化事件上。

```
var SignupView = Backbone.View.extend({
  el: '#signup-form-wrapper',
  template: _.template( $('#form-template').text() ),

  events: {
    'change input': 'inputChange'
  },

  initialize: function() {
    // 绑定 this 上下文
    _.bindAll( this, 'inputChange' );

    // 渲染表单
    this.render();
  },

  render: function() {
    // 将模型转换为对象
    var modelData = this.model.toJSON();

    // 插入 DOM 中
    this.$el.html( this.template( modelData ) );
  },

  // 当表单中的输入域发生变化时
  inputChange: function(e) {
    var $input = $(e.target);

    // 得到模型中键的名称
    var inputName = $input.attr('name');

    // 在模型中设定新值
    this.model.set(inputName, $input.val());
  }
});
```

在上面的代码中，视图对象的 events 属性被绑定到输入控件的 change 处理器上。对那个对象的语法是：'eventType selector':callback。比如要绑定一个 click 处理器到所有的<a>元素上，应该写成：

```
myView.events = {
  'click a': clickHandler
}
```

change 事件的处理器相当直白：用输入控件的名称和值设置 user 模型中的对应值。

> 用 Backbone 来绑定视图事件很重要。这样做可以确保它们每次都会应用到视图渲染上。

5.5.4　添加校验

现在要为表单中的输入域设置校验规则。当然我们也可以用 HTML5 的校验，但在这里我们要做得更炫一点。我要告诉你如何通过视图渲染内联的校验消息。

> 校验规则通常都是在模型中设置，但在这个例子中这样做太繁琐了。因为每一步都要把数据保存到模型中，结果用户还在输入数据时脚本就可能会抛出错误。比如输入第一个密码时肯定不会跟密码确认相匹配，因此每次都会抛出错误。更何况密码确认根本不会保存到模型中，所以根本没办法成功完成表单。

首先添加一个用来保存所有错误的新模型。

```javascript
// 为无效输入域准备的模型
var Invalid = Backbone.Model.extend({});

var User = Backbone.Model.extend({
  defaults: {
    name: '',
    email: '',
    username: '',
    password: '',
    passwordConf: ''
  },

  initialize: function() {
    // 配一个子模型存放无效的输入域
    this.set('invalid', new Invalid);
  }
});
```

```javascript
var user = new User;
```

这段代码为无效的输入域创建了一个新模型，并作为子模型放到最初的 user 模型中。把它放在 user 模型的 initialize 函数中定义是有原因的：如果将它作为默认值的一部分，那这个模型的所有新实例都会绑定到相同的 Invalid 模型实例上。

接下来给视图添加一个定制的校验函数，将所有错误添加到 invalid 模型中。

```javascript
var SignupView = Backbone.View.extend({
  el: '#signup-form-wrapper',
  template: _.template( $('#form-template').text() ),

  events: {
    'change input': 'inputChange'
  },

  initialize: function() {
    // 绑定 this 上下文
    _.bindAll( this, 'validateForm', 'inputChange' );

    // 渲染表单
    this.render();
```

```
  },

  render: function() {
    // 将模型和子模型转换成对象
    var modelData = this.model.toJSON();
    modelData.invalid = modelData.invalid.toJSON();

    // 插入 DOM 中
    this.$el.html( this.template( modelData ) );
  },

  validateForm: function() {
    // 将模型数据转换成对象
    var data = this.model.toJSON();
    data.invalid = data.invalid.toJSON();

    // 检查 email 的有效性
    var emailRegex = /[a-z0-9!#$%&'*+/=?^_`{|}~-]+(?:\.[a-z0-
9!#$%&'*+/=?^_`{|}~-]+)*@(?:[a-z0-9](?:[a-z0-9-]*[a-z0-9])?\.)+[a-z0-
9](?:[a-z0-9-]*[a-z0-9])?/;

    if ( data.email.length && ! data.email.match(emailRegex) ) {
      // 将它添加到 invalid 模型中
      this.model.get('invalid').set('email', 'Must provide a valid email');
    }
    else {
      // 或者移除它
      this.model.get('invalid').unset('email');
    }

    // 检查密码是否匹配
    if ( data.password.length && data.passwordConf.length && data.password !=
data.passwordConf ) {
      // 将它添加到 invalid 模型中
      this.model.get('invalid').set('password', "Passwords don't match");
      this.model.get('invalid').set('passwordConf', "Passwords don't match");
    }
    else {
      // 或者移除它
      this.model.get('invalid').unset('password');
      this.model.get('invalid').unset('passwordConf');
    }

    // 如果有无效的输入域，返回 false，否则返回 true
    if ( _.size( this.model.get('invalid').toJSON() ) ) {
      return false;
    }
    else {
      return true;
    }
  },

  // 当表单的输入域发生变化时
  inputChange: function(e) {
```

```
    var $input = $(e.target);

    // 得到模型中键的名称
    var inputName = $input.attr('name');

    // 在模型中设定新值
    this.model.set(inputName, $input.val());

    // 检查表单是否有效，如果无效则重新渲染以显示错误
    if ( ! this.validateForm() ) this.render();
  }
});
```

下面是对这个视图的解释。

(1) 如果用户填了 email，则用 email 正则表达式检查它。如果不匹配，添加一个错误消息到 Invalid 子模型中。

(2) 如果 email 有效，则从 Invalid 子模型中移除所有消息。因此，如果用户之前输入了错误的数据，这段脚本会在数据有效之后移除那些消息。

(3) 如果两个密码域都填完了，检查它们两个是否匹配。如果不匹配，则在 Invalid 子模型中设定两个错误。

(4) 在校验函数的末尾，用 Underscore 的 `_.size()` 方法检查 Invalid 子模型的长度。根据表单是否有效返回 true 或 false。

(5) 在 inputChange() 函数的最后，调用 validateForm() 函数。如果返回 false，则重新渲染表单以显示所有错误消息。

因为输入域的每次变化都会调用校验函数，所以表单会在出现错误时就渲染它们；因此用户可以在提交表单之前看到潜在的问题。此外，可以查看渲染函数。它大体上是一样的，除了要将无效对象加到数据中传给模板之外，因为我们需要那些信息在表单中显示错误。

接下来要将错误消息加到模板中。我们给所有出错的输入域添加一个类，以及一个包含错误消息的 `<span>`。

```html
<script type="text/template" id="form-template">
<form method="post" action="my-api.php">
  <fieldset>
    <label for="name">Name:</label>
    <input type="text" name="name" id="name" value="<%= name %>" <%=
  invalid.name ? 'class="error"' : "" %>>
    <% if ( invalid.name ) { %>
      <span class="error-message"><%= invalid.name %></span>
    <% } %>
  </fieldset>

  <fieldset>
    <label for="email">Email:</label>
    <input type="email" name="email" id="email" value="<%= email %>" <%=
invalid.email ? 'class="error"' : "" %>>
    <% if ( invalid.email ) { %>
      <span class="error-message"><%= invalid.email %></span>
```

```
    <% } %>
  </fieldset>

  <fieldset>
    <label for="username">Username:</label>
    <input type="text" name="username" id="username" value="<%= username %>"
<%= invalid.username ? 'class="error"' : "" %>>
    <% if ( invalid.username ) { %>
      <span class="error-message"><%= invalid.username %></span>
    <% } %>
  </fieldset>

  <fieldset>
    <label for="password">Password:</label>
    <input type="password" name="password" id="password" value="<%= password
%>" <%= invalid.password ? 'class="error"' : "" %>>
    <% if ( invalid.password ) { %>
      <span class="error-message"><%= invalid.password %></span>
    <% } %>
  </fieldset>

  <fieldset>
    <label for="password-conf">Confirm Password:</label>
    <input type="password" name="passwordConf" id="password-conf" value="<%=
 passwordConf %>" <%= invalid.passwordConf ? 'class="error"' : "" %>>
    <% if ( invalid.passwordConf ) { %>
      <span class="error-message"><%= invalid.passwordConf %></span>
    <% } %>
  </fieldset>

  <fieldset>
    <input type="submit">
  </fieldset>
</form>
</script>
```

上面的代码中添加了恰当的错误消息。现在我们可以关联到输入域的 error 类上，并用 CSS 添加一个红色边框。错误消息提示也应该是红色的，如图 5-16 所示。

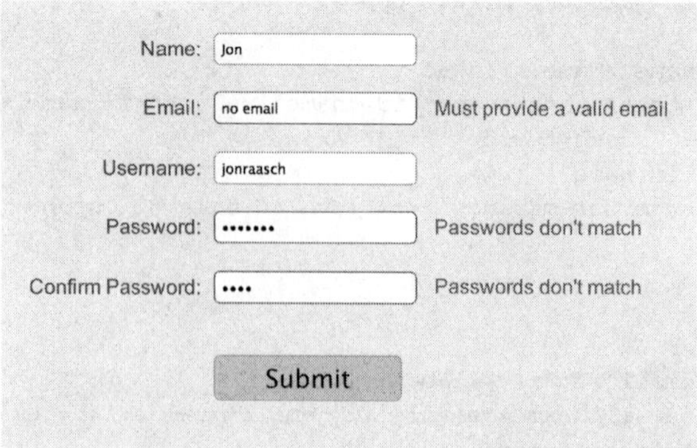

图 5-16　表单恰当地显示了错误消息

在重新渲染表单以显示错误消息时会把焦点从用户正在编辑的输入域中移开。我再交给你一个光荣的任务，想个办法在渲染之前得到焦点当前的位置，然后再把焦点放回去。

5.5.5　清理模板

表单模板加上校验消息之后看起来又臭又长。所以我们应该把它清理一下。有两个办法。一个是循环遍历模型中的域生成表单。然而这样我们必须往模型里添加更多的代码，用来处理表单该如何显示，所以这个办法不好。第二个办法是创建一个辅助函数，可以用在模板里，这要比第一个办法好。

```
<script type="text/template" id="form-template">
<%
var displayField = function(fieldKey, fieldValue, displayName, inputType) {
  if ( typeof( inputType ) === 'undefined' ) inputType = 'text'
  %>
  <fieldset>
    <label for="<%= fieldKey %>"><%= displayName %>:</label>
    <input type="<%= inputType %>" name="<%= fieldKey %>" id="<%= fieldKey
%>" value="<%= fieldValue %>" <%= invalid[fieldKey] ? 'class="error"' : ""
%>>
    <% if ( invalid[fieldKey] ) { %>
      <span class="error-message"><%= invalid[fieldKey] %></span>
    <% } %>
  </fieldset>
  <%
}
%>

<form method="post" action="my-api.php">
  <% displayField('name', name, 'Name'); %>

  <% displayField('email', email, 'Email', 'email'); %>

  <% displayField('username', username, 'Username'); %>

  <% displayField('password', password, 'Password', 'password'); %>

  <% displayField('passwordConf', passwordConf, 'Confirm Password',
  'password'); %>

  <fieldset>
    <input type="submit">
  </fieldset>
</form>
</script>
```

上面是我们创建的辅助函数 displayField()，它的参数为：

(1) 输入域的键；

(2) 已经输入到这个域中的值；

(3) 想要在<label>中显示的域名；

(4) 一个可选的 input 类型，默认为 text。

只要输入正确的数据，这个辅助函数就能输出正确的 HTML 标记。现在这个模板看起来更易于维护了。

> 这个辅助函数也可以放在 JavaScript 核心库中，毕竟模板可以使用程序中的所有 JavaScript。但因为这个功能是专为这个模板准备的，所以就把它放在这里也挺好。

5.5.6 必填项

现在的注册表单看起来相当完整了，但在提交表单之前，还要确保用户已经填写了所有的输入域。为此我们还要修改一下之前构建的 validateForm() 函数。

```
validateForm: function(checkRequired) {
  // 将模型数据转换成 JSON
  var data = this.model.toJSON();
  data.invalid = data.invalid.toJSON();

  // 为必填项保存一个消息，这个会被复用很多次
  var requiredMsg = 'Required field';

  // 检查 email 的有效性
  var emailRegex = /[a-z0-9!#$%&'*+/=?^_`{|}~-]+(?:\.[a-z0-
9!#$%&'*+/=?^_`{|}~-]+)*@(?:[a-z0-9](?:[a-z0-9-]*[a-z0-9])?\.)+[a-z0-
9](?:[a-z0-9-]*[a-z0-9])?/;

  if ( data.email.length && ! data.email.match(emailRegex) ) {
    // 将它添加到 invalid 模型中
    this.model.get('invalid').set('email', 'Must provide a valid email');
  }
  else {
    // 如果它不是必填项则移除它
    if ( data.invalid.email != requiredMsg ) {
      this.model.get('invalid').unset('email');
    }
  }

  // 检查密码是否匹配
  if ( data.password.length && data.passwordConf.length && data.password !=
data.passwordConf ) {
    // 将它添加到 invalid 模型中
    this.model.get('invalid').set('password', "Passwords don't match");
    this.model.get('invalid').set('passwordConf', "Passwords don't match");
  }
  else {
    // 如果不是必填项则将它移除
    if ( data.invalid.password != requiredMsg ) {
      this.model.get('invalid').unset('password');
```

```
    }

    if ( data.invalid.passwordConf != requiredMsg ) {
      this.model.get('invalid').unset('passwordConf');
    }
  }

  // 检查必填项
  if ( checkRequired ) {
    // 确保所有输入域都已经填写了
    _.each(data, function(value, key) {
      // 检查除 invalid 模型之外的所有东西
      if ( key == 'invalid' ) return false;

      // 如果输入域为空
      if ( ! value.length ) {
        // 将它添加到 invalid 模型中
        this.model.get('invalid').set(key, requiredMsg);
      }
      else {
        // 否则移除 invalid 标记，但只有当它为必填项的标记时才移除
        if ( data.invalid[key] == requiredMsg ) {
          this.model.get('invalid').unset(key);
        }
      }
    }, this);
  }

  // 如果有 invalid 的输入域，返回 false，否则返回 true
  if ( _.size( this.model.get('invalid').toJSON() ) ) {
    return false;
  }

  return true;

},
```

我们先给函数准备了一个 checkRequired 参数，以确定是否正在检查必填项。如果我们在用户往表单中输入数据时一直检查必填项，用户会感到不胜其烦。所以只有在真正提交表单时我们才会做这项检查。

如果 checkRequired 参数设定了，就用 Underscore 的_.each()方法循环遍历放在模型中的域（跳过 invalid 子模型）。如果该域为空，则把前面设定的 requiredMsg 传给 invalid 子模型；如果该域不是空值，则移除前面设定的所有 invalid 标记。然而我们要检查一下，确保只从 invalid 列表中移除必填项错误消息；否则可能会把无效的 email 或密码不匹配的错误消息移除。所以要让 invalid 子模型中的值跟 requiredMsg 字符串进行比较。最后，要把同样的故障保护机制应用到 email 和密码的检查上，以确保不会把必填项错误消息移除。

如图 5-17 所示，如果调用 signupView.validateForm(true)，为空的输入域就会抛出错误。

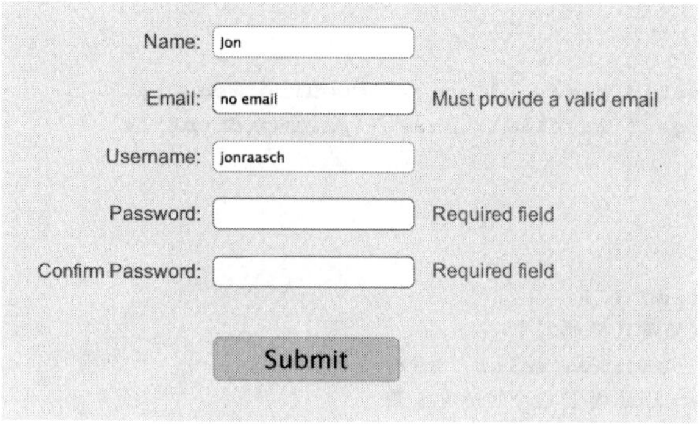

图 5-17   在提交表单时检查所有输入域都填上了

> 为了简单起见，我假定这个例子中所有输入域都是必填项。但你可以在一个新的子模型中单独
> 设置一个必填项列表，并循环这个列表做校验。

5.5.7   提交表单

最后要把这个表单提交给 REST API。好在用户输入的所有值都保存在模型中了。我们只需要设
置一个方法同步它就可以了。为此要在视图的 events 对象中设置一个 submit 处理器。

```
var SignupView = Backbone.View.extend({
  el: '#signup-form-wrapper',
  template: _.template( $('#form-template').text() ),

  events: {
    'change input': 'inputChange',
    'submit form': 'saveForm'
  },


...


  // 在提交表单时
  saveForm: function(e) {
    // 防止以老式的办法保存表单
    e.preventDefault();

    // 有效性检查
    if ( this.validateForm(true) ) {
      // 如果有效，保存模型
      this.model.save();
    }
    else {
      // 否则渲染错误消息
```

```
    this.render();
    }
  }
});
```

上面的代码将表单上的 submit 处理器设置为触发 saveForm() 回调函数。这个函数把表单的默认行为屏蔽掉了，防止它以老式的方式提交。然后调用 validateForm() 函数，传入 checkRequired 参数以检查必填项。如果表单通过有效性检查，它会被保存，然后 Backbone 会通过 Ajax 自动同步模型。否则它会重新渲染以显示所有错误消息。然而 Backbone 不知道把这个表单提交到哪里，所以我们还需要从表单的 action 属性中获取 URL。

```
// 在提交表单时
saveForm: function(e) {
  // 防止以老式的办法保存表单
  e.preventDefault();

  // 有效性检查
  if ( this.validateForm(true) ) {
    // 用表单上的 URL 设定 API 的地址
    this.model.url = this.$el.find('form').attr('action');

    // 如果有效，保存模型
    this.model.save();
  }
  else {
    // 否则渲染错误消息
    this.render();
  }
}
```

> 也可以在创建模型时声明 url，但我们还是把它交给表单的 HTML 标记吧！

现在 Backbone 会把表单数据提交给表单要提交的 URL，但还有一些工作要做。模型中有些多余的信息不应该发送给服务器，比如 invalid 子模型和密码确认。为了降低请求的大小，在调用 save() 方法时要把它们去掉。只需清理要保存的数据对象并传入就可以了。

```
// 在提交表单时
saveForm: function(e) {
  // 防止以老式的办法保存表单
  e.preventDefault();

  // 有效性检查
  if ( this.validateForm(true) ) {
    // 用表单上的 URL 设定 API 的地址
    this.model.url = this.$el.find('form').attr('action');

    // 为提交给 API 清理数据
    var data = this.model.toJSON();
    delete data.invalid;
    delete data.passwordConf;
```

```
    // 如果有效，保存模型
    this.model.save(data);
  }
  else {
    // 否则渲染错误消息
    this.render();
  }
}
```

这段代码从模型中去掉了不需要的数据，并把它传入到 save() 函数中。这样脚本就会只把相关数据传给 API。

5.5.8　合并代码

现在表单跟 Backbone 连起来了。在表单内有错误时它能显示内联的错误消息，还能通过 Ajax 提交表单数据。把所有代码合并到一起。

```
<div id="signup-form-wrapper"></div>

<script type="text/template" id="form-template">
<%
var displayField = function(fieldKey, fieldValue, displayName, inputType) {
  if ( typeof( inputType ) === 'undefined' ) inputType = 'text'
  %>
  <fieldset>
    <label for="<%= fieldKey %>"><%= displayName %>:</label>
    <input type="<%= inputType %>" name="<%= fieldKey %>" id="<%= fieldKey
%>" value="<%= fieldValue %>" <%= invalid[fieldKey] ? 'class="error"' : ""
%>>
    <% if ( invalid[fieldKey] ) { %>
      <span class="error-message"><%= invalid[fieldKey] %></span>
    <% } %>
  </fieldset>
  <%
}
%>

<form method="post" action="my-api.php">
  <% displayField('name', name, 'Name'); %>

  <% displayField('email', email, 'Email', 'email'); %>

  <% displayField('username', username, 'Username'); %>

  <% displayField('password', password, 'Password', 'password'); %>

  <% displayField('passwordConf', passwordConf, 'Confirm Password',
'password'); %>

  <fieldset>
    <input type="submit">
  </fieldset>
```

```
</form>
</script>

<script type="text/javascript">
var User = Backbone.Model.extend({
  defaults: {
    name: '',
    email: '',
    username: '',
    password: '',
    passwordConf: ''
  },

  initialize: function() {
    // 配一个子模型存放无效的输入域
    this.set('invalid', new Invalid);
  }
});

// 为无效输入域准备的模型
var Invalid = Backbone.Model.extend({});

var user = new User;

var SignupView = Backbone.View.extend({
  el: '#signup-form-wrapper',
  template: _.template( $('#form-template').text() ),

  events: {
    'change input': 'inputChange',
    'submit form': 'saveForm'
  },

  initialize: function() {
    // 绑定 this 上下文
    _.bindAll( this, 'validateForm', 'inputChange', 'saveForm' );

    // 渲染表单
    this.render();
  },

  render: function() {
    // 将模型和子模型转换成对象
    var modelData = this.model.toJSON();
    modelData.invalid = modelData.invalid.toJSON();

    // 插入 DOM 中
    this.$el.html( this.template( modelData ) );
  },

  validateForm: function(checkRequired) {
    // 将模型数据转换成 JSON
    var data = this.model.toJSON();
    data.invalid = data.invalid.toJSON();
```

```javascript
    // 为必填项保存一个消息，它会被复用很多次
    var requiredMsg = 'Required field';

    // 检查 email 的有效性
    var emailRegex = /[a-z0-9!#$%&'*+/=?^_`{|}~-]+(?:\.[a-z0-
9!#$%&'*+/=?^_`{|}~-]+)*@(?:[a-z0-9](?:[a-z0-9-]*[a-z0-9])?\.)+[a-z0-
9](?:[a-z0-9-]*[a-z0-9])?/;

    if ( data.email.length && ! data.email.match(emailRegex) ) {
      // 将它添加到 invalid 模型中
      this.model.get('invalid').set('email', 'Must provide a valid email');
    }
    else {
      // 如果不是必填项就将它移除
      if ( data.invalid.email != requiredMsg ) {
        this.model.get('invalid').unset('email');
      }
    }


    // 检查密码是否匹配
    if ( data.password.length && data.passwordConf.length && data.password !=
data.passwordConf ) {
      // 将它添加到 invalid 模型中
      this.model.get('invalid').set('password', "Passwords don't match");
      this.model.get('invalid').set('passwordConf', "Passwords don't match");
    }
    else {
      // 如果不是必填项就将它移除
      if ( data.invalid.password != requiredMsg ) {
        this.model.get('invalid').unset('password');
      }

      if ( data.invalid.passwordConf != requiredMsg ) {
        this.model.get('invalid').unset('passwordConf');
      }
    }

    // 检查必填项
    if ( checkRequired ) {
      // 确保所有输入域都已被填写
      _.each(data, function(value, key) {
        // 检查除 invalid 模型之外的所有东西
        if ( key == 'invalid' ) return false;

        // 如果输入域为空
        if ( ! value.length ) {
          // 将它添加到 invalid 模型中
          this.model.get('invalid').set(key, requiredMsg);
        }
        else {
          // 否则移除 invalid 标记，但只有当它为必填项的标记时才移除
          if ( data.invalid[key] == requiredMsg ) {
            this.model.get('invalid').unset(key);
```

```
        }
      }
    }, this);
  }

  // 如果有 invalid 的输入域, 返回 false, 否则返回 true
  if ( _.size( this.model.get('invalid').toJSON() ) ) {
    return false;
  }
  else {
    return true;
  }
},

// 当表单的输入域发生变化时
inputChange: function(e) {
  var $input = $(e.target);

  // 获取模型中键的名称
  var inputName = $input.attr('name');

  // 在模型中设定新值
  this.model.set(inputName, $input.val());

  // 检查表单是否有效,
  // 如果无效则重新渲染以显示错误
  if ( ! this.validateForm(false) ) this.render();
},

// 在提交表单时
saveForm: function(e) {
  // 防止以老式的办法保存表单
  e.preventDefault();

  // 有效性检查
  if ( this.validateForm(true) ) {
    // 用表单上的 URL 设定 API 的地址
    this.model.url = this.$el.find('form').attr('action');

    // 为提交给 API 清理数据
    var data = this.model.toJSON();
    delete data.invalid;
    delete data.passwordConf;

    // 如果有效, 保存模型
    this.model.save(data);
  }
  else {
    // 否则渲染错误消息
    this.render();
  }
}
});
```

```
// 创建视图的新实例
var signupView = new SignupView({
  model: user
});
```

```
</script>
```

下面我们来总结一下。

(1) 创建一个显示表单的模板。它用辅助函数显示表单中的每个输入域和可能出现的错误消息。

(2) 为表单数据创建一个模型,以及存放无效输入域的子模型。

(3) 创建一个视图,并附加事件追踪表单域中的变化,以及表单的提交。

(4) 当视图初始化时用模板渲染它。

(5) 每当有表单域发生变化时就检查它的有效性。用一个正则表达式检查 email 输入域,并确保密码匹配。

(6) 在表单提交时还要确保所有输入域都填上了。

(7) 当表单中的输入控件发生变化时,把变化保存在模型中并检查表单的有效性,如果有错误消息,重新渲染它。

(8) 劫持表单的提交事件。如果它通过校验,则从表单中取得 post URL,然后把经过清理的模型同步给服务器。否则重新渲染表单以显示错误消息。

5.6　小结

我们在本章中把程序中的表单提高了一个层次。你学到了如何使用渐进式增强,以及如何用原生的 HTML5 表单特性,不借助任何 JavaScript 来增强表单。

然后我们介绍了如何用第三方 polyfill 给老浏览器做 HTML5 特性的备份,以及如何编写自己的 polyfill。接着讲了如何劫持表单默认的提交行为,改用 Ajax 提交。最后是如何把表单集成到 Backbone 中,创建一个数据驱动的表单,在出现错误时显示内联的错误消息,并可以自动与服务器同步。

对任何程序来说,表单都是必不可少的组成部分。好的表单体验可以吸引用户并鼓励他们完成注册、结算以及其他与程序的业务逻辑密切相关的关键动作。因此,很多公司都发现他们的表单质量直接关系到他们的利润。

5.7　补充资源

HTML5 表单基础

The Current State of HTML5 Forms:http://www.wufoo.com/html5/

Making Forms Fabulous with HTML5:http://www.html5rocks.com/en/tutorials/forms/html5forms/

A Form of Madness(深入探讨 HTML5):http://diveintohtml5.info/forms.html

HTML5 表单教程

How to Build Cross-Browser HTML5 Forms：http://net.tutsplus.com/tutorials/html-css-techniques/how-to-build-cross-browser-html5-forms/

Constraint Validation: Native Client Side Validation for Web Forms：http://www.html5rocks.com/en/tutorials/forms/constraintvalidation/

Make Disaster-Proof HTML5 Forms：http://www.netmagazine.com/tutorials/make-disaster-proof-html5-forms

可用性

Web Form Design，作者 Luke Wroblewski（强烈推荐）：http:// amzn.to/ YFjZXq

An Extensive Guide to Web Form Usability：http://uxdesign.smashingmagazine.com/2011/11/08/extensive-guide-web-form-usability/

Forward Thinking Form Validation：http://alistapart.com/article/forward-thinking-form-validation

可访问性

W3C Recommendations for Form Accessibility：http://www.w3.org/TR/WCAG10-HTML-TECHS/#forms

Screen Reader Form Accessibility：http://webaim.org/techniques/forms/screen_reader

Accessible Forms：http://www.jimthatcher.com/webcourse8.htm

Polyfills：https://github.com/Modernizr/Modernizr/wiki/HTML5-Cross-Browser-Polyfills

小部件

HTML5 Forms：http://www.useragentman.com/blog/2010/07/27/creating-cross-browser-html5-forms-now-using-modernizr-webforms2-and-html5widgets-2/

jQuery UI：http://jqueryui.com/

Part 3

第三部分

编写服务器端 JavaScript

本部分内容

第 6 章

Node.js 简介

如果最近几年你看过任何与 Web 开发有关的东西，那肯定听说过 Node.js。为什么它会受到大家的如此热捧？就现在看来，Node 不是一阵转瞬即逝的热潮，但为什么有这么多开发人员对 Node 如此感兴趣呢？

本章会介绍 Node 有那些好处，这跟它的内部工作机制有直接关系。你还能了解到 Node 跟客户端 JavaScript 之间的差异，以及从前端转向 Node 开发的策略。接下来是安装 Node 并构建第一个 Node 应用，你将学会如何使用 Node REPL，了解 Node 的模块系统，以及用 NPM 安装第三方模块。最后是 Node 中的一些常用模式和最佳实践，包括：

- ❑ 全局变量和跨模块作用域；
- ❑ 异步和同步函数；
- ❑ 流；
- ❑ 定制事件和事件处理器；
- ❑ 子进程。

6.1 为什么是 Node

Node 的流行并非偶然。之所以有这么多人谈论 Node，是因为它是构建现代 Web 程序的优秀解决方案。Node 特别适合有大量输入/输出（I/O）而计算较少的程序。也就是说如果你的程序在服务器和客户端之间有大量通信，但在服务器端不需要做特别复杂的计算，那就应该考虑使用 Node。

6.1.1 在实时程序中使用Node

你可能已经听过 Node 跟"实时"程序的关系了，比如协作型文档编辑器。那是因为这种需要大量 I/O 的程序也能从 Node 天生的异步特性中受益。比如一个单用户的文档程序可能每几分钟就自动保存一次文档。但对于协作程序而言，保存的频率会更高，以确保每个用户都能相对实时地看到文档的变化。此外，还要频繁检查其他用户推送过来的所有变化。基于各种因素，实时协作程序产生的 I/O 可谓是堆积如山。

第 9 章会介绍如何构建实时程序。

别误会，几乎任何服务器都能同时处理大量用户的大量 I/O。问题是你的程序扩展能力如何。当然，有大量用户访问是大家都愿意面对的问题。但优化刻不容缓。在谈论可能压垮整个程序的问题时，传统的避免预优化的逻辑是行不通的。如果程序将要处理大量的 I/O 负载，那你从一开始就要预料到并为扩展做好准备。你应该采用 Node 或其他擅长处理 I/O 的服务器。

大多数服务器是如何工作的

大多数服务器端技术都在一个线程内处理多个请求。比如说，如果在 Apache 上构建 PHP 程序，每个请求都必须由一个单独的子进程处理。因此，服务器为了容纳更多的请求就要开更多的线程。

如果不是负载太大，服务器一般都能正常工作，但如果并行运行的线程超过两百个，你会看到明显的滞后。当客户端等着服务器抽出时间来处理这些额外的线程时，滞后就出现了。管理多线程系统上的负载是个力气活，通常就是靠购买更多的处理能力来解决，那可不便宜。

另外，因为程序必须是线程安全的，所以为多线程服务器编写程序也要复杂得多。

6.1.2　Node的工作机制

Node 能优雅地处理大量 I/O，还要归因于它的多并发连接请求的处理机制。

你可能已经猜到了，传统的多线程方式对很多现代 Web 程序来说扩展能力都不够好。但 Node 的处理方式不同。简而言之，Node 用一个带有事件循环[①]的非阻塞线程处理请求。多个请求排在队列中，用异步的回调函数按顺序处理。

Node 不是唯一使用单线程的服务器，像 Nginx 之类的高速服务器采用的也是这种方式。但 Node 做得尤其好，因为它运行的是 JavaScript。这些年来，Web 浏览器投入了很大力量优化它们的 JavaScript 引擎。因为这些引擎以单线程、非阻塞的方式运行代码，并带有一个异步的事件循环，它们已经变得非常擅长处理异步函数，既有 setTimeout 这样的计时事件，也有 onclick 这样的界面事件。这就引出了下面的 V8 引擎。

1. Node 使用 V8 JavaScript 引擎

Node 用的是闪电般的 V8 引擎，它是 Google 为 Chrome 编写的。V8 在运行 JavaScript 代码之前先将它编译为本地机器码。这样它的运行速度要比其他引擎快得多。

编译过的代码在运行时进一步优化，动态缓存部分代码，省略昂贵的运行时属性。当把这些综合到一起时，就造就了有史以来最快的 JavaScript 引擎。但不要光听我说，亲自去看看吧！到 http://v8.googlecode.com/svn/data/benchmarks/v7/run.html 看看 V8 的基准测试，将 Chrome 跟其他浏览器进行比对。

2. 从前端转入 Node 开发

尽管你可能对语法很熟悉，但用 JavaScript 编写 Node 程序跟做前端差别很大。当然，你仍能使用已经熟悉了的核心语言，但需要掌握全新的概念。用 Node 解决的问题跟客户端的那些问题在本质上是不同的。

[①] 用于等待和发送消息和事件的线程。负责程序主线程与其他进程（主要是各种 I/O 操作）的通信，被称为 "Event Loop" 线程。——译者注

Node 开发在某些方面要比其他后台语言好学。也就是说用过 JavaScript 的人都会非常熟悉事件循环，以及 Node 运行单线程做异步调用的方式。

跟前端中的 JavaScript 一样，Node 逐行执行代码，并可以设置回调函数来处理所有需要处理的事件。然后按顺序处理这些回调函数。然而对这些异步回调函数的处理方式并不完全相同：在客户端只有一个用户触发各种回调，而 Node 程序可能同时有很多用户。这就意味着执行顺序更加没有保证了，我们需要更加谨慎地避免因异步函数间的依赖而造成的竞态条件。

6.2   安装 Node

在开始使用 Node 之前，要先把它装上。下面是几种安装办法：

- ❏ 克隆 git 库然后编译；
- ❏ 下载压缩包，通过命令行安装；
- ❏ 根据你所用的平台下载自动安装包；
- ❏ 用 MacPorts 之类的包管理器。

除了包管理器，从 git 库上安装是最佳选择；这很容易，并且还可以快速更新到不同的版本。

如果你不喜欢用命令行，会觉得 Node 开发相当难。所以最好一开始就用命令行安装，而不是自动安装包。另外，因为 Node 这个技术还太新，所以最好用最新的稳定版。

如果你在看第 1 章时装了 Weinre，那就已经装过 Node 了。

6.2.1   在Mac/Linux上安装

在 Mac 和 Linux 上安装 Node 相当容易。只需下载 Node 的源码并进行编译就行了。

1. 获取并编译源码

首先要装过 git：https://help.github.com/articles/set-up-git，然后用命令行克隆源码库（在终端中）。

```
git clone https://github.com/joyent/node.git
cd node
git checkout
```

这些命令克隆了 Node 的源码库，并检出了最新版源码。

如果你不想用 git，也可以从 http://nodejs.org/dist/latest/ 上下载源码。

拿到源码之后就可以编译了。

```
./configure --prefix=/opt/node
make
sudo make install
```

这些命令对安装进行了配置，然后是 make 和安装。编译 Node 要花点时间，你可以冲杯咖啡，或者继续看下一节。

为了便于使用，可以把 Node 的可执行文件加到系统路径中。把下面这行代码加到你的 ~/.profile、~/.bash_profile、~/.bashrc 或~/.zshenv 文件中。

```
export PATH=$PATH:/opt/node/bin
```

2. 用安装包

另外也可以用安装包。到 http://nodejs.org/dist/latest/上下载最新的安装文件（.pkg 文件）。只要打开文件并按照安装向导的提示做就可以自动安装 Node 了。

3. 用包管理器

这里还有几个可以快速安装 Node 的包管理器。比如在 Mac 上可以用 MacPorts（http://www. macports. org/）安装 Node：

```
port install nodejs
```

或者用 Homebrew（http://mxcl.github.com/homebrew/）：

```
brew install node
```

这里还有一个支持 Node 的包管理器清单：https://github.com/joyent/node/wiki/Installing-Node.js-via-package-manager。

4. 用 Xcode 4.5 编译

如果你用的是 Mac，还可以通过配置在 Xcode 中使用 Node。先下载和安装 Xcode，它在 App 商店里是免费的：https://developer.apple.com/technologies/tools/。然后在 Xcode 中安装命令行工具：Preferences->Downloads->Install Command Line Tools。最后用 Xcode 的路径编译源码。

```
export CC=/Applications/Xcode.app/Contents/Developer/Toolchains/
XcodeDefault.xctoolchain/usr/bin/clang
export CXX=/Applications/Xcode.app/Contents/Developer/Toolchains/
XcodeDefault.xctoolchain/usr/bin/clang++
./configure
make
sudo make install
```

6.2.2 在Windows上安装

Node 跟 Linux/UNIX 类的环境真的很搭。但如果你用的是 Windows，并且也不想装 Ubuntu，你仍然可以装在 Windows 上。跟在 Mac/Linux 一样，有两种安装 Node 的办法。既可以自己构建安装以加强对这个过程的控制，也可以安装预先编译好的版本以尽快把环境搭建起来。

1. 构建 Windows 安装

开始前要先确保装了 Python 和 Visual Studio，然后在 cmd.exe 中执行下面这些命令。

```
C:\Users\ryan>tar -zxf node-v0.8.16.tar.gz
C:\Users\ryan>cd node-v0.8.16
C:\Users\ryan\node-v0.8.16>vcbuild.bat release
[Wait 20 minutes]
C:\Users\ryan\node-v0.8.16>Release\node.exe
> process.versions
```

```
{ node: '0.8.16',
  v8: '3.6.6.11',
  ares: '1.7.5-DEV',
  uv: '0.6',
  openssl: '0.9.8r' }
>
```

然后可执行文件 Release\node.exe 就出现了。

2. 无需构建的安装

也可以在 Windows 系统上安装预先编译好的 Node。先下载 http://nodejs.org/dist/latest/node.exe。把 node.exe 放在一个干净的目录下，然后把这个目录加到环境变量 PATH 中，以便可以在 cmd.exe 中直接执行它。

然后从 http://nodejs.org/dist/npm/中找一个版本较新的 NPM .zip 包。解压到 node.exe 文件的那个目录下，这样就可以了。现在应该可以在任何位置上运行 Node 和 NPM 了。

3. 用安装包

在 Windows 上也可以用自动安装包安装 Node。从 http://nodejs.org/dist/latest/上下载最新的 .msi 包然后运行安装向导就可以了。

6.2.3   检查安装情况

在 Mac、Linux 或 Windows 上装完 Node 后，可以在命令行中输入下面的命令验证一下。

```
node --version
```

如果一切顺利，应该能看到它输出了版本号，比如 0.8.16。现在我们可以继续深入构建第一个 Node 程序了。

> 如果想在同一个系统上管理多个版本的 Node，可以安装 NVM：https://github.com/creationix/nvm。

6.3   Node 入门

尽管 Node 乍看起来可能比较吓人，但实际上相当容易上手。没有一个包打天下的 "Hello World" 示例就不能算完整的 Node 简介，并且我跟你一样充满期待。

6.3.1   创建服务器

首先打开一个文本编辑器，引入 http 模块，我们要用它创建 HTTP 服务器。

```
//加载 http 模块
var http = require('http');
```

require()方法用来引入模块。http 模块是 Node 的核心模块之一。(本章后续还会介绍更多有关模块的知识，以及如何在程序中引入外部模块。)接下来，用 http 模块创建服务器。

```
// 加载 http 模块
```

```
var http = require('http');

// 创建 http 服务器
var server = http.createServer( function(request, response) {});
```

createServer()方法的参数是一个回调函数，这个函数的参数是代表 request 和 response 的对象。

使用 Node 时你会看到很多回调函数和闭包。它们是异步的事件循环赖以生存的条件。

6.3.2 添加内容

接下来用 response 创建页面内容。

```
// 创建 http 服务器
var server = http.createServer( function(request, response) {
  // 响应头
  response.writeHead(200, {
    'Content-type': 'text/plain'
  });
  // 写入内容
  response.write('Hello World! ');
  // 发送响应
  response.end();
});
```

这段代码做了下面几件事。

(1) writeHead()方法定义页面的 HTTP 响应头。在上例中是响应码 200（即 OK），以及 content-type 普通文本。

可能的响应码还有 404（即文件未找到），可能的响应头还有 'cache-control':'max-age= 3600, must-revalidate'（页面缓存一小时）。

(2) write()方法将消息 'Hello World' 写到页面中。

(3) end() 方法关闭响应，并把响应头和内容发送到客户端。

6.3.3 打包

Hello World 脚本创建了服务器和页面上的所有内容，但还有工作没做。我们还需要创建一个能够访问到该脚本的路径，这要用到 listen()方法。

```
// 监听端口 8000
server.listen(8000);
```

这样前面创建的服务器就开始监听端口 8000 了。listen()方法还可以接受第二个参数来指定主机名，但现在还不需要，因为我们只是在本地创建。最后，用日志记录这一过程并输出到控制台中是个好习惯。

```
// 输出到控制台
console.log('Server running on port 8000');
```

上面这段脚本用的就是前端开发中常用的 `console.log()` 方法。然而它不是把这个消息输出到浏览器中，而是在终端里输出。

现在的 Hello World 示例是完整的了，整合到一起就是。

```javascript
// 加载 http 模块
var http = require('http');
// 创建 http 服务器
var server = http.createServer( function(request, response) {
  // 响应头
  response.writeHead(200, {
    'Content-type': 'text/plain'
  });

  // 写入内容

  response.write('Hello World!');
  // 发送响应
  response.end();
});

// 监听端口 8000
server.listen(8000);

// 输出到控制台
console.log('Server running on port 8000');
```

6.3.4　运行脚本

最后一步是运行这段脚本。把它保存为 `helloworld.js` 文件，然后在命令行中输入：

`node  helloworld.js`

这样服务器就运行起来了，你应该能看到控制台输出的日志。

`Server running on port 8000`

打开浏览器进入 http://localhost:8000，应该能看到我们的第一个 Node 程序，如图 6-1 所示。

图 6-1　在浏览器中看到的 Hello World 脚本

6.3.5　简化脚本

Hello World 脚本完成它的本职工作，但它还可以更简短。首先，我们可以把任何想要写入到页面上的内容传给 response.end() 方法。也就是说可以去掉 response.write()，让这段脚本变短一些。

```
// 加载 http 模块
var http = require('http');

// 创建 http 服务器
var server = http.createServer( function(request, response) {
  // 响应头
  response.writeHead(200, {
    'Content-type': 'text/plain'
  });
  // 发送响应内容
  response.end('Hello World!');
});

// 监听端口 8000
server.listen(8000);

// 输出到控制台
console.log('Server running on port 8000');
```

另外 Node 中的大多数方法都是可连接的，就像 jQuery 和 Underscore 中的方法一样。接下来我们就把 listen() 方法和 createServer() 方法连起来看看。

```
// 加载 http 模块
var http = require('http');

// 在端口 8000 上创建 http 服务器
http.createServer( function(request, response) {
  // 响应头
  response.writeHead(200, {
    'Content-type': 'text/plain'
  });

  // 发送响应内容
  response.end('Hello World!');
}).listen(8000);

// 输出到控制台
console.log('Server running on port 8000');
```

如上所示，listener() 连接到了前一个方法上，脚本又变短了一点。现在在终端窗口中按下 Ctrl+C 结束前一个 Node 会话，然后用 node helloworld.js 重新打开它。访问 http://localhost:8000，结果跟前面一模一样。

6.3.6　使用Node REPL

在进一步深入 Node 之前，最好先熟练掌握读取–计算–输出循环（read-eval-print loop，REPL）。读作 "repple"，用它可以直接在终端中运行 Node 代码。要打开 REPL，只要在命令行中调用 Node 就可以了，不给它传入变量。

```
node
```

现在你应该能看到提示符（>），我们可以在其中输入即时执行的 Node 命令，如图 6-2 所示。

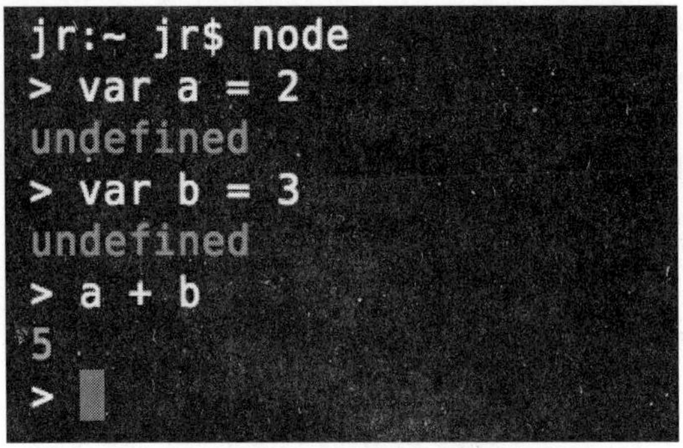

图 6-2　在 REPL 中可以即时执行 Node 命令

REPL 可以用来测试小段代码。在刚开始熟悉 Node 开发时尤其方便，因为你可以随时用代码检验所学的概念。

1. REPL 的特性

REPL 的功能大体上跟普通的命令行一样：可以用上下键访问前面的命令，用 tab 键补全命令。另外还可以用下划线（_）取得上一个表达式的结果，如图 6-3 所示。

图 6-3　在 REPL 中用 _ 取得前一个表达式的结果

REPL 甚至可以优雅地处理多行表达式。只要在开始时输入一个函数，或其他未闭合的标签，REPL 就会自动扩展到多行，如图 6-4 所示。

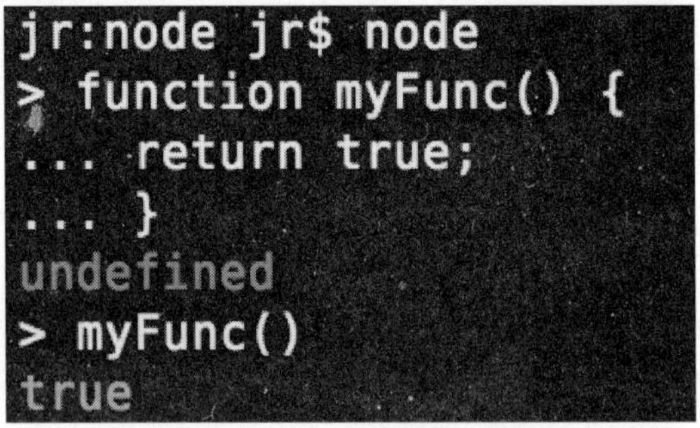

图 6-4　REPL 会自动处理多行表达式

2. 其他 REPL 命令

REPL 中还有几个命令，在 REPL 提示符中输入下面这个命令你就能看到了。

`.help`

如图 6-5 所示，这会输出 REPL 的命令清单。

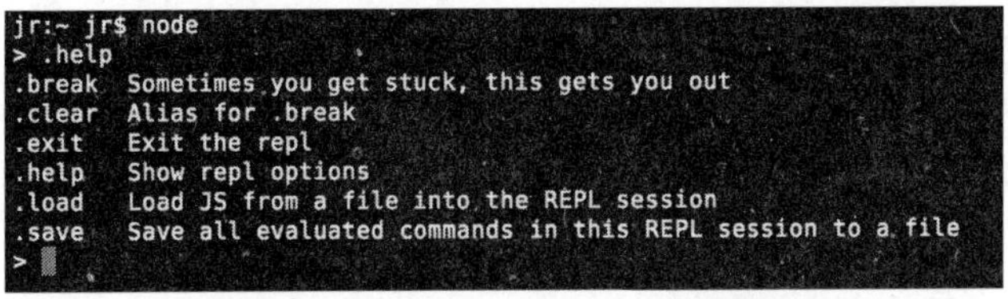

```
jr:~ jr$ node
> .help
.break   Sometimes you get stuck, this gets you out
.clear   Alias for .break
.exit    Exit the repl
.help    Show repl options
.load    Load JS from a file into the REPL session
.save    Save all evaluated commands in this REPL session to a file
>
```

图 6-5　REPL 还提供了几个实用的命令

● break

如果你在输入多行代码后感到迷惑，可以输入下面的命令从头开始。

`.break`

不过要记住，输入这个命令之后你前面输入的内容就都丢了。

● save 和 load

实际上，在 REPL 中开发整个程序都可以。但要注意：如果终端窗口崩溃了，你就会丢失所有的东西。所以在使用 REPL 时要记得及早保存，经常保存。用 .save 命令可以把当前的 REPL 会话保存到文件中，比如：

`.save ~/path-to/my-file.js`

同样，也可以把文件中的内容加载到 REPL 会话中。

`.load ~/path-to/my-file.js`

● exit

可以用 exit 命令终止 REPL 会话：

`.exit`

或者用 Ctrl+D。但如果有希望保留的东西，别忘了保存。

6.4　Node 模块

Node 没有把所有可能的特性都包含在其核心内，而是尽可能地精简和轻便。模块只是一些文件，用来保存一些封装好的 JavaScript。

Node 的模块系统是按照 CommonJS 构造的。

6.4.1　引入模块

实际上你已经见过模块了。比如在 Hello World 的例子中，我们就用了 http 模块。

```
var http= require('http');
```

从这行代码可以看出来，引入模块很简单，就是用 `require()` 方法。也可以引入模块中的特定对象，而不是所有对象。

```
var createServer = require('http').createServer;
```

> 一定要记住，`require` 是一个同步方法。跟 Node 中的大多数方法不同，`require` 会阻塞主线程。在 6.5 节我们会介绍更多与同步和异步方法有关的内容。

6.4.2　外部模块和NPM

除了核心模块，还有大量的外部模块可用。尽管这些模块都可以手工导入，但用 Node 包管理器（NPM）要容易得多。有了 NPM，各种模块的下载、安装和更新变得很容易，就跟 Ruby 的 gems 类似。在 Node 0.4 及以后的版本中，NPM 已经归入 Node 核心中了，无需再单独安装。但更新 NPM 仍是个好习惯。这可以在命令行中完成。

```
npm update -g npm
```

这个命令将 NPM 更新为你正在用的 Node 所支持的最新版本。

1. 用 NPM 安装模块

现在我们可以用 `npm install` 安装某个模块，比如用下面这个命令安装 Underscore。

```
npm install underscore
```

这会把 Underscore 安装到 `./node_modules` 文件夹中。但要注意执行这个命令时所在的目录，只有在准备使用这个模块的程序的根目录下，这个模块才会安装到那个程序的 `node_modules` 目录中。

然后就可以跟使用其他模块一样在程序中使用 Underscore 了。

```
var _ = require('underscore');

var myArray = [ 1, 5, 3, 8, 7, 1, 4 ];

_.without(myArray, 1);
```

也可以用 `npm uninstall` 卸载模块：

```
npm uninstall underscore
```

2. 安装全局模块

用 NPM 还可以安装全局模块。只要加一个 `-g` 选项就行了。比如说，如果你希望所有用 Node 构建的程序都能使用 Underscore，就可以写为：

```
npm install underscore -g
```

这样 underscore 会被安装到 `~/lib/node_modules` 目录下，而不是某个程序的 `node_modules` 目录中，这样所有 Node 构建都能使用这个模块。

3. 安装依赖项

用 NPM 有个最大的好处就是它会自动安装模块所需的所有依赖项。为了让你对 Node 处理依赖项的机制有更深入的了解，我们来装一下 express 模块。Express 是一个非常流行的模块，我们会在下一章专门介绍它。在安装之前，我们先用 `npm view` 看一下它有哪些依赖项。

```
npm view express dependencies
```

这个命令会以一个 JSON 对象的格式输出它的依赖项。

```
npm http GET https://registry.npmjs.org/express
npm http 304 https://registry.npmjs.org/express

{ connect: '2.7.1',
  commander: '0.6.1',
  'range-parser': '0.0.4',
  mkdirp: '0.3.3',
  cookie: '0.0.5',
  'buffer-crc32': '0.1.1',
  fresh: '0.1.0',
  methods: '0.0.1',
  send: '0.1.0',
  'cookie-signature': '0.0.1',
  debug: '*' }
```

> 在安装模块之前看一看它的依赖项是个好习惯，这样你就能知道把哪些东西放进来了。

接下来，用 `npm install` 安装 Express。

```
npm install express
```

我们知道 NPM 会把依赖项一同装上，不过为了保险起见，最好到 node_modules 中看一下。

```
ls node_modules
```

你应该能看到 express，以及已安装的其他模块，但看不到任何依赖项。不要担心，它们确实已经装上了。

不过依赖项不是直接装在程序根目录下的 node_modules 中，NPM 会把它们装在 express 模块的 node_modules 子目录下。看一下这个子目录。

```
ls node_modules/express/node_moudles/
```

然后你就会看到所有已经安装的依赖项。

Node 这样处理依赖项是为了避免冲突。不同的模块可能会依赖同一模块的不同版本。如果这些依赖项都被安装到顶层的 node_modules 目录下，恐怕就要出大问题了。

6.4.3 寻找模块

跟 jQuery 插件一样，搜寻 Node 模块也很有挑战性。首先，该到哪里去找？最重要的是怎样才能知道一个模块是不是好用？可以用 `npm search`，或者认真翻拣模块目录来寻找模块。如果你很清楚自己想要什么，那么用 `npm search` 命令是个不错的选择。比如搜寻所有跟 Grunt（我们在第 1 章介绍过它）相关的模块。

```
npm search grunt
```

npm search 一般会返回很多不同的模块，所以我们还需搜索一番才能找到所需的东西。这时可以用 npm view 看看各个候选模块。此外也可以到一些模块目录中去找找看，下面是一些值得推荐的地方。

- Node 模块百科（https://github.com/joyent/node/wiki/modules）
- NPM 注册中心（https://npmjs.org/）
- Nipster!（http://eirikb.github.com/nipster/）
- Node 工具箱（http://nodetoolbox.com/）

Node 虽然刚刚兴起，却已非常流行，因此已经有很多第三方贡献者了。虽然任何 Node 问题都有拿来就能用的解决方案，但很多方案的品质都不够好。所以当我们找到多个可供选择的模块时，该如何选择？

最简单的办法就是根据流行程度：用 Google 搜索一下就能看到人们在谈论哪个模块。Node 工具箱也会根据 GitHub 上的流行程度组织模块，并列出被依赖最多的模块。此外还可以看一下 Nipster 的评级。最后到 GitHub 上进行核实以确保这个模块是活跃的，并能跟上 Node 的当前版本。

> 有个模块是你一定要装的，那就是 Supervisor。Supervisor 会监测 Node 程序中的文件，当有 *.js 文件发生变化时它会重启服务器。它让开发变得更简单。详情请参考 https://github.com/isaacs/node-supervisor。

6.5 Node 模式

后面三章将讨论用 Node 构建程序的实战技术。而现在我会介绍一些常用的概念，以便你能以最佳实践为基础构建程序。

6.5.1 模块和全局变量

你已经对如何从第三方引入外部模块有一些了解了。但你是否知道可以创建自己的模块？就像我们会把一部分客户端代码拿出来放到自己的库中一样，也可以把一部分 Node 脚本放到模块中。编写自己的模块可以让你掌握程序的结构，提高协作开发效率。还让代码在多个项目中的重用变得更容易。

1. 创建自己的模块

自己创建的模块也要跟其他模块一样放到 node_modules 目录中。引用时也是用 require() 方法。比如说，如果 node_modules 目录中有个你自己的模块 my-module.js，可以用下面的语句引入它。

```
var myModule = require('my-module');
```

但如果你想用不同的结构，也可以把模块放到系统中的任何位置上。只要在引入时指向正确的路径就行。

```
var myModule = require('~/path-to/my-module.js');
```

如果你觉得其他开发人员能从你的模块中受益，请在 GitHub 或 Bitbucket 上把它分享出来。

2. 模块中的全局作用域

在编写自己的模块时有一点一定要注意，全局变量的工作方式可能和你想的不太一样。比如在客户端 JavaScript 中，定义时没有 var 关键字的变量就是全局变量。

```
globalVar = true;
var localVar = false;
```

在前端，这种办法可以确保程序中的所有函数都能访问 globalVar，不管在哪个文件中都行。然而 Node 对全局作用域的处理方式不一样。在 Node 中，全局定义的所有变量都只能在那个模块内访问。因为模块是直接对应到文件的，所以变量也只能用在既定文件中。

● 创建全局变量

用下面这种写法就可以解决这个作用域问题。

```
GLOBAL.globalVar = true; //尽量避免这种做法
```

这样定义的 globalVar 在程序中的所有模块里都可以访问。然而在 Node 中尽量不要定义全局变量，除非你有极其充分的理由。Node 这样设置全局上下文是有原因的：为了避免不同模块中的变量相互冲突。Node 中的全局是整个程序共用的，即 Node 服务器中所有模块和脚本共用的。因此发生冲突的可能性要比在客户端程序中发生冲突的可能性大得多。

● 全局对象

如果想看看全局作用域中都定义了什么，可以打开一个 REPL 会话，输入 global。这个命令会列出全局命名空间对象中的所有东西，图 6-6 截取了其中一部分。

global 对象中存储了所有这些信息，就像客户端 JavaScript 中的 window 一样。然而因为没有浏览器窗口，所以 Node 就把它存在 global 中了。如你所见，全局命名空间中定义了很多变量。但这并代表你也可以往里加东西。因为定义自己的全局变量可能会发生冲突，所以这是件很冒险的事情。

3. 使用导出

在 Node 中通常应该避免定义全局变量，并在需要时手工共享变量作用域。要共享作用域，必须在模块中用 exports 显式声明要共享什么。比如你的模块中可能有这样一个函数。

```
var sayHello = function() {
  console.log('Hello World!');
};
```

如果在同一个模块中调用 sayHello()，结果会跟你想的一样。但如果只是在 app.js 中 require 这个模块，就找不到这个函数。

```
var myModule = require('my-module');

sayHello(); // 这样不行
```

如果要共享这个函数，必须用 exports 显式导出。

```
exports.sayHello = function() {
  console.log('Hello World!');
};
```

然后就可以在 app.js 中调用这个函数了。

```
var myModule = require('say-hello');

myModule.sayHello(); // 这样可以
```

```
> global
{ ArrayBuffer: [Function: ArrayBuffer],
  Int8Array: { [Function: Int8Array] BYTES_PER_ELEMENT: 1 },
  Uint8Array: { [Function: Uint8Array] BYTES_PER_ELEMENT: 1 },
  Uint8ClampedArray: { [Function: Uint8ClampedArray] BYTES_PER_ELEMENT: 1 },
  Int16Array: { [Function: Int16Array] BYTES_PER_ELEMENT: 2 },
  Uint16Array: { [Function: Uint16Array] BYTES_PER_ELEMENT: 2 },
  Int32Array: { [Function: Int32Array] BYTES_PER_ELEMENT: 4 },
  Uint32Array: { [Function: Uint32Array] BYTES_PER_ELEMENT: 4 },
  Float32Array: { [Function: Float32Array] BYTES_PER_ELEMENT: 4 },
  Float64Array: { [Function: Float64Array] BYTES_PER_ELEMENT: 8 },
  DataView: [Function: DataView],
  global: [Circular],
  process:
   { title: 'node',
     version: 'v0.8.4',
     moduleLoadList:
      [ 'Binding evals',
        'Binding natives',
        'NativeModule events',
        'NativeModule buffer',
        'Binding buffer',
        'NativeModule assert',
        'NativeModule util',
        'NativeModule module',
        'NativeModule path',
        'NativeModule tty',
        'NativeModule net',
        'NativeModule stream',
        'NativeModule timers',
        'Binding timer_wrap',
        'NativeModule _linklist',
        'Binding tty_wrap',
        'NativeModule vm',
        'NativeModule fs',
        'Binding fs',
        'Binding constants',
        'NativeModule readline',
        'Binding signal_watcher' ],
     versions:
      { http_parser: '1.0',
        node: '0.8.4',
        v8: '3.11.10.17',
        ares: '1.7.5-DEV',
        uv: '0.8',
        zlib: '1.2.3',
        openssl: '1.0.0f' },
     arch: 'x64',
     platform: 'darwin',
     argv: [ 'node' ],
     execArgv: [],
     env:
      { TERM_PROGRAM: 'Apple_Terminal',
        TERM: 'xterm-256color',
        SHELL: '/bin/bash',
        TMPDIR: '/var/folders/l8/fztfkhb92m9f928xlh6w8ck00000gn/T/',
        Apple_PubSub_Socket_Render: '/tmp/launch-Ry4HH6/Render',
        TERM_PROGRAM_VERSION: '309',
        TERM_SESSION_ID: 'A2FF9E80-5093-469C-A4B5-6077581189D1',
        USER: 'jr',
        COMMAND_MODE: 'unix2003',
        SSH_AUTH_SOCK: '/tmp/launch-PFoVUz/Listeners',
```

图 6-6　在 REPL 会话中列出的全局作用域的一部分

● 导出整个作用域

如果模块功能单一，可以稍微调整一下导出方式。比如当这个模块只有一个 sayHello() 函数时，可以换成下面这种方式导出。

```
module.exports = function() {
  console.log('Hello World!');
};
```

这里唯一的差别是用 `module.exports` 代替了 `exports.sayHello`。这样定义的导出稍有不同，在 app.js 文件中引用模块时能看出来。

```
var sayHello = require('say-hello');

sayHello();
```

从上面的代码看，这个函数被定义成了整个模块。这种方法也可以用来一次导出整个对象，而不用一次次地调用 exports。比如：

```
// 将模块定义为一个对象
var myModule = {
  var1: true,
  var2: false,

  func1: function() {
    console.log('Function 1');
  },

  func2: function() {
    console.log('Function 2');
  }
};

// 导出整个对象
modules.exports = myModule;
```

这段脚本没有显式导出这个模块中的每个变量，而是一次性导出了整个对象。这样就可以在 app.js 中访问模块中的各个组件了。

```
var myModule = require('my-module');

if ( myModule.var1 ) {
  myModule.func1();
}
else {
  myModule.func2();
}
```

● 一个模块的多个实例

这个方法也可以用来导出同一模块的多个实例。比如为用户创建一个模块。

```
// 用户数据模型
modules.exports = function( name, age, gender ) {
  this.name = name;
  this.age = age;
  this.gender = gender;

  this.about = function() {
```

```
    return this.name + ' is a ' + this.age + ' year old ' + this.gender;
  }
}
```

现在，你可以用关键字 new 在 app.js 中创建 User 的新实例。

```
// 引入模块
var User = require('./user.js');

// 创建新的用户实例，传入恰当的参数
var user = new User( 'Jon', 30, 'man' );

// 使用模块的 about() 方法
console.log( user.about() );
```

这段脚本会取出你在模块中设定的上下文，所以 user.about() 会返回 "Jon is a 30 year old man"。同样，你也能访问到模块中定义的其他信息。比如说，只要写 user.name 就可以直接访问用户的名字。

6.5.2　异步模式

异步请求对于加快 Node 服务器的速度和提升程序性能有很大帮助。但它们也更难处理，特别是当你期望函数按照特定顺序执行时。由于其自身的特性，异步方法一有机会就会被调用，也就是说即便你在函数 b 之前调用 a，也不能保证它会先完成。由于不能保证执行顺序，所以在 Node 中编程可谓是一个挑战。特别是在结果需要函数按顺序执行时。

1. 异步调用

为了避免阻塞执行，大多数 Node 原生方法在默认情况下都是异步的。不过 Node 中的大多数方法也提供了同步的版本。比如我们可以用 fs（文件系统）模块中的 readFile() 方法读取文件内容。

```
// 引入 fs 模块
var fs = require('fs');

// 读入文件
fs.readFile('./path-to/my-file.txt', 'utf8', function(err, data) {
  if (err) throw err;

  console.log(data);
});
```

因为我们没有指明使用同步方法，所以 Node 会用默认的异步模式。不过读取文件要花费一些时间，如果你要等待这个函数的执行结果，可能和你预期的不一样。要解决这个问题，可以用 readFileSync() 方法。

```
// 引入 fs 模块
var fs = require('fs');

// 同步读取文件
var data = fs.readFileSync('./path-to/my-file.txt', 'utf8');

console.log(data);
```

这段脚本在读取文件时会阻塞主线程，所以在文件准备好之前所有的后续函数都不能执行。然而读取文件要花时间，这也是我们通常不采用这种方式的原因。记住，完成同步调用所用的时间越长，整个 Node 服务器被阻塞的时间也越长。所以尽管在有些情况下可以使用同步方法，但还是应该尽量避免使用。

> 大多数 Node 方法都有一个对应的同步方法，一般是在异步版本的方法名后追加一个 Sync，比如与 readFile() 对应的同步版本是 readFileSync()。

2. 嵌套回调

很幸运，不阻塞主线程我们也可以得到同步调用的所有好处。诀窍是用嵌套回调。比如用下面的脚本读取某个目录中的所有文件。

```
var fs = require('fs');

// 获取目录中的文件列表
fs.readdir('./my-dir', function(err, files) {
  var count = files.length,
      results = {};

  // 循环遍历并读取所有文件
  files.forEach(function(filename) {
    fs.readFile('./my-dir/' + filename, 'utf8', function(err, data) {
      results[filename] = data;

      count--;
      if ( count <= 0 ) {
        console.log(results);
      }
    });
  });
});
```

这段脚本首先用 fs 模块的 readdir() 获取目录中的文件列表。然后循环遍历目录中的所有文件，读取它们的内容。因为其中的每个调用都是异步的，所以文件的读取都是并行的，并且这段脚本不会阻塞主线程完成其他任务。但通过嵌套回调又可以保证其中的关键函数仍能顺序执行。

然而这种方式的缺点也很明显：回调混乱，即"死亡金字塔"。每个嵌套的回调函数都向里缩进了一点，人们很容易对这种代码感到迷惑。这个例子只有两个嵌套回调，所以看起来还不太糟糕，但它们真的会堆积起来。一旦回调函数多起来，就很难跟踪哪个闭包是在哪里结束的。

有几种方式可以用来降低嵌套的层级。其中一种简单的办法是把脚本中的一部分割出来，作为单独的回调传入。还有就是用模块处理执行顺序，比如 Async：https://github.com/caolan/async。

3. 流

你已经学过如何用 fs.readFile() 获取服务器上文件的内容了。然而那并不总是最好的办法，因为服务器要等着整个文件都被加载到内存中后才会执行回调函数。如果文件非常大，这种办法就会产生两个问题。第一，如果要把这个文件传到客户端，就会出现延迟问题，因为用户必须等整个文件都加载完之后才开始收到内容。第二，如果程序要处理这个文件的大量并发请求，就会出现内存问题。

更好的解决方案是在文件加载时用流处理其中的数据。

```
var http = require('http'),
    fs = require('fs');

var server = http.createServer(function(request, response) {
  // 创建流
  var stream = fs.createReadStream('my-file.txt');

  // 处理可能出现的错误
  stream.on('error', function(err) {
    response.statusCode = 500;
    response.end(String(err));
  });

  // 建立到客户端的响应管道
  stream.pipe(response);
});

server.listen(8000);
```

这段脚本先用 fs.createReadStream() 创建流，然后设置了基本的错误处理。接着用 pipe() 将流中的数据传递到客户端。如果你想测试一下，可以创建一个包含大段文本的 my-file.txt 文件，然后访问 http://localhost:8000。你应该能看到文件的内容流进了页面中。

在 Node 中，fs.createReadStream() 只是流处理的开始。Node 中还有很多其他的内置流，你甚至可以创建自己的流。了解详情请访问 https://github.com/substack/stream-handbook。

6.5.3   事件

就像 Node 官网上说的："Node.js 使用的是一个事件驱动、非阻塞的 I/O 模型。"很显然，事件在 Node 中占了很大一部分，并且这个平台还提供了很多用来设置自定义事件的实用技术。EventEmitter 是 Node 中事件的主要组件。只要见到用 on() 处理的事件，实际上那就是 EventEmitter。

用 EventEmitter 可以创建自定义的事件和处理器。首先引入 events 模块，它是 Node 的核心模块。

```
var events = require('events');
```

然后创建 EventEmitter 的新实例：

```
var em = new events.EventEmitter();
```

接下来用 EventEmitter 完成两个重要的任务：创建一个事件处理器和发出一个实际的事件。先用 on() 创建事件处理器。

```
em.on( 'my-event', function(data) {
  // 处理这个事件
});
```

然后激发实际的事件以触发这个处理器，这要用到 emit()。

```
em.emit('my-event');
```

使用这项技术可以设置自定义的事件和处理器。下面是如何创建一个定期激发的事件的例子。

```
// 引入 events 模块
var events = require('events');

// 创建 EventEmitter 的实例
var em = new events.EventEmitter();

var counter = 0;

// 每 5 秒钟发出一个事件
var timer = setInterval(function() {
  em.emit('tick');
}, 5000);

// 处理事件，输出'Tick'或'Tock'
em.on('tick', function() {
  counter++;
  console.log( counter % 2 ? 'Tick' : 'Tock');
});
```

在上面的代码中，由一个中断每 5 秒钟激发一个 tick 事件。每激发一次，tick 处理器就往计数器上加一，然后输出'Tick'或'Tock'。

启动 Node 服务器，你应该能看到与图 6-7 类似的输出。

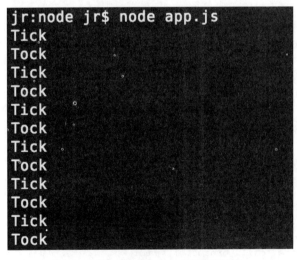

图 6-7 每 5 秒钟输出一次的定制事件

6.5.4 子进程

客户端 JavaScript 受限于浏览器的支持，而 Node 开发却完全相反。除了大量可用的 Node 插件之外，还可以获得 Node 所运行的操作系统的所有功能。也就是说我们可以用 Node 构建任何程序。

使用操作系统的命令非常简单，只要引入 Node 核心模块 chile_process。特别是其中的 spawn

方法，所以把它放在 require 语句中。

```
var spawn = require('child_process').spawn;
```

注意，本节中的例子只能用在 Linux 或 Unix 系统（比如 Mac）中。如果你用的是 Windows，那就需要使用 Windows 命令。

1. 使用子进程

现在你可以用它调用任何 OS 命令了。比如用 ls 取得当前目录的清单。第一步是为 ls 创建一个子进程。

```
// 引入 child_process 模块
var spawn = require('child_process').spawn;

// 为 ls 创建一个子进程
var ls = spawn('ls');
```

然后设置两个事件，第一个是标准输出（stdout）的处理器。

```
// 处理标准输出
ls.stdout.on('data', function(data) {
  console.log(data.toString());
});
```

这会把 ls 的结果输出到 Node 控制台中，然而那只限于不出现任何错误的情况下。所以还应该设置一个标准错误（stderr）处理器。

```
// 处理错误
ls.stderr.on('data', function(data) {
  console.log('Error: ' + data);
});
```

最后设置一个处理命令退出的处理器。那样我们就能根据它是否崩溃得到一个成功或失败的消息。

```
// 处理退出
ls.on('exit', function(code) {
  console.log('child process exited with code ' + code);
});
```

把这些脚本放到一起。

```
// 引入 child_process 模块
var spawn = require('child_process').spawn;

// 为 ls 创建一个子进程
var ls = spawn('ls');

// 处理标准输出
ls.stdout.on('data', function(data) {
  console.log(data.toString());
});
```

```
// 处理错误
ls.stderr.on('data', function(data) {
  console.log('Error: ' + data);
});

// 处理退出
ls.on('exit', function(code) {
  console.log('child process exited with code ' + code);
});
```

当你运行这段脚本时，它会在 Node 控制台中输出当前工作目录的清单，如图 6-8 所示。

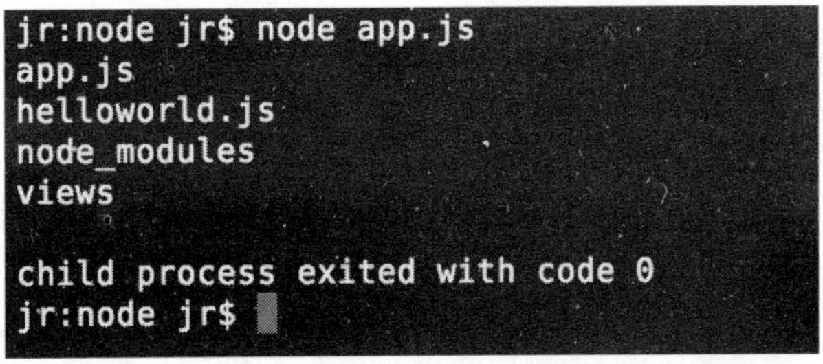

图 6-8　从 Node 中输出的这个目录清单是用 `child_process` 桥接到操作系统上得到的

2. 给子进程传入变量

我们也能给子进程传入变量。比如要得到某个目录中所有文件（包括隐藏文件）的清单，可以在命令行中输入如下命令。

```
ls -a
```

要在 Node 中执行相同的命令，可以传递第二个参数给 `spawn()`，该参数是包含任何要传递给这个命令的参数的数组。

```
var ls = spawn('ls',['-a']);
```

现在重启服务器后，你就能看到被扩编了的清单，如图 6-9 所示。

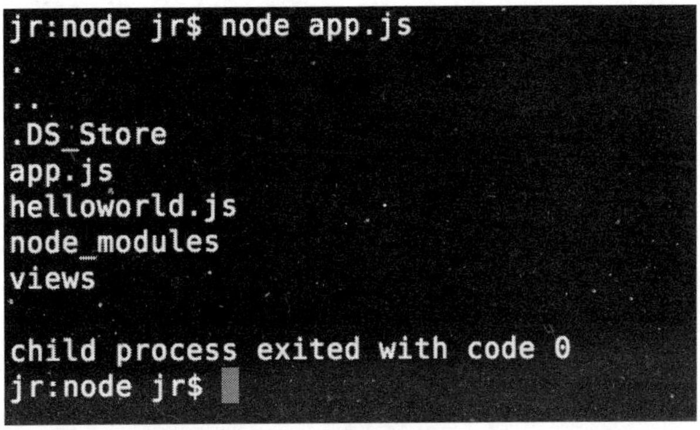

图 6-9　现在这个目录清单中还包含了隐藏文件，比如 Mac 缓存文件 `.DS_Store`

6.6　小结

在本章中你对 Node 开发有了初步的认识。了解到了什么类型的程序最适合 Node，以及为什么它们对 Node 如此适用。装上 Node 之后，你构建了你的第一个 Hello World 程序。然后学习了 Node 的模块系统，以及如何用 NPM 安装外部模块。最后你用 Node 最佳实践把自己武装起来。你了解了 Node 模块如何处理全局变量，以及如何在模块之间共享上下文。你还发现了如何在异步函数中设置顺序行为，以及如何利用流。随后学习了如何创建自定义事件，以及从如何 Node 中调用操作系统命令。

在后面的章节中，你将学到如何用 Express 框架为程序设置路由和视图。还会学到如何用 NoSQL 数据库 MongoDB，辅助你构建高速可扩展能力的 Node 程序。然后你会把这些结合起来，创建一个用 WebSockets 跟客户端通信的实时程序。

6.7　补充资源

Node 文档：http://nodejs.org/api/

书籍

Learning Node（O'Reilly, 2012），作者 Shelley Powers

开源电子书 *Mastering Node.js*，由 TJ Holowaychuk 创建：http://visionmedia.github.com/masteringnode/

Smashing Node.js（Wiley，2012），作者 Guillermo Rauch

Node.js in Action，作者 Mike Cantelon、TJ Holowaychuk（中文版《Node.js 实战》即将由人民邮电出版社出版，请参考 http://www.ituring.com.cn/book/1061）

教程

Node.js Step by Step：http://net.tutsplus.com/tutorials/javascript-ajax/this-time-youll-learn-node-js/

Let's Make a Web App: Nodepad：http://dailyjs.com/2010/11/01/node-tutorial/

A variety of good Node Tutorials：http://howtonode.org/

视频教程

Introduction to Node.js with Ryan Dahl：http://youtu.be/jo_B4LTHi3I

Node.js: JavaScript on the Server：http://youtu.be/F6k8lTrAE2g

Node.js First Look：http://www.lynda.com/Nodejs-tutorials/Nodejs-First-Look/101554-2.html

模块目录

The Node module wiki：https://github.com/joyent/node/wiki/modules

NPM registry：https://npmjs.org/

Nipster!：http://eirikb.github.com/nipster/

The Node Toolbox：http://nodetoolbox.com/

最佳实践

Node.js Style Guide：http://nodeguide.com/style.html

Stream Handbook：https://github.com/substack/stream-handbook

6

第 7 章

Express 框架

Express 是最流行的 Node 开发框架之一。它实现了一些通用的 Node 程序开发任务，精简了开发流程。本章将会介绍如何安装 Express，并教你创建你的第一个 Express 程序。然后讲解如何设置路由以创建程序所需的各种路径。

接下来会介绍如何为这些路由创建处理器，用 Underscore 模板显示视图。Express 默认使用 Jade 模板，但我们会把它换成 Underscore，这样你就不用学习新的模板语言了。最后是用一个特定的 POST 路由处理提交的表单数据。然后对表单数据进行校验，如果有错误就显示消息。如果表单通过校验，就给管理员发封邮件。读完本章后，你就能掌握 Express，可以用它构建自己的 Node 程序了。

7.1 Express 入门

Express 最大的优点就是它把困难的事情变容易了。也就是说 Express 并不难学，设置你的第一个程序简直是小菜一碟。

7.1.1 安装Express

要使用 Express，首先是通过 NPM 安装这个模块。既然你很可能会在多个不同的 Node 项目中使用 Express，在安装时最好加上 -g 选项，把它安装为全局模块。

```
npm install express -g
```

如果这条命令不行，加上 sudo。

```
sudo npm install express -g
```

尽管 Express 有些依赖项，但安装过程应该很快就能完成。

7.1.2 创建Express程序

接下来为 Express 程序创建一个新文件夹。在这个文件夹下调用下面这个命令：

```
express --css less
```

这个命令会创建一个新的 Express 程序，支持使用 CSS 预处理器 LESS，我们在本章的程序中会用到它。

在创建自己的 Express 程序时，你可以根据需要引入不同的功能。比如用 --sessions 引入对会话的支持。

我强烈建议你在所有程序中使用 CSS 预处理。我不会在本章中深入介绍 LESS，你可以从附录中了解这个预处理器的更多内容。此外，如果你想在 Express 中使用别的预处理器，也可以在这个命令中调出来：`--css sass` 或 `--css stylus`。

在运行这个程序之前还需要用下面的命令下载一些依赖项。

```
cd . && npm install
```

最后启动这个程序。

```
node app
```

如果一切顺利，你应该能看到它输出了 `Express server listening on port 3000`，如图 7-1 所示。

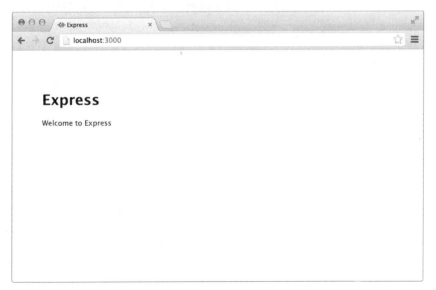

```
jr:express-app jr$ node app
Express server listening on port 3000
```

图 7-1　Express 服务器开始运行

访问 http://localhost:3000，你应该能看到图 7-2 中那样的欢迎消息。

图 7-2　Express 服务器运行在 localhost:3000 上

7.2　设置路由

在第 3 章中，我们在 Backbone 里设置路由以将不同的 URL 映射到程序不同的状态上。Express 中的路由本质上也是一样的，只不过它们是映射到服务器的真实路径上。

7.2.1   已有路由

学习路由最好的起点就是看看 Express 中已有的路由。打开 app.js 找到下面这两行。

```
app.get('/', routes.index);
app.get('/users', user.list);
```

这是两个基础路由，一个是根路径（http://localhost:3000/），另一个是 http://localhost:3000/users。

1. 路由目录

这两个基本路由都将路径绑定到程序 ./routes 目录下的某个回调函数上。比如第二个路由将 URL http://localhost:3000/users 绑定到 ./routes/user.js 中的一个函数上。打开这个文件你会看到：

```
/*
 * GET 用户列表
 */

exports.list = function(req, res){
  res.send('respond with a resource');
};
```

app.js 中的路由将路径/users 映射到 user.list 上，也就是说它会在 ./routes/user.js 中查找回调函数 exports.list。在上例中，list 函数向屏幕上输出了一条简单的消息，你把浏览器转到 http://localhost:3000/users 上就能看到，如图 7-3 所示。

图 7-3   显示在浏览器中的 user.list 路由

你可能还记得在第 6 章中学的 exports 对象。它是用来在 Node 的模块间传递变量的。在这个例子中它传递的是 list 函数，这样路由控制器就可以使用它了。

现在看一下第一个路由。

```
app.get('/', routes.index);
```

这个路由有点让人摸不着头脑,因为 routes.index 不是指向叫做 ./routes/routes.js 的文件。实际上它指向 ./routes/index.js 中的动作。

2. 渲染函数

你可以已经注意到了,首页路由中使用了渲染函数 render,Express 用它来编译视图。此例中的用法是:

```
res.render('index', { title: 'Express' });
```

第一个参数是模板文件的文件名。它对应的是 ./views 目录下的 index.jade 文件。Express 默认使用 Jade 模板,但请不要担心。本章后续会把它们换成 Underscore 模板,所以你不用再学一种新的模板语言。第二个参数是要传给模板的变量对象。

7.2.2 创建新的路由

现在你已经掌握了路由的工作机制,可以自行创建路由了。打开 app.js,加入下面这些路由。

```
app.get('/about', routes.about);
app.get('/contact', routes.contact);
```

然后打开 ./routes/index.js,为这些路由添加处理动作:

```
/*
 * GET about 页面
 */

exports.about = function(req, res){
  res.render('about', { title: 'About' });
};

/*
 * GET contact 页面
 */

exports.contact = function(req, res){
  res.render('contact', { title: 'Contact' });
};
```

后面还要对这些路由做进一步的定制,但现在就这样吧。

在修改完 app.js 文件后,记得重启 Express 服务器以体现这些变化。在重启之前这些路径不会生效。或者也可以用 Supervisor,它是第 6 章介绍过的一个模块:https://github.com/isaacs/node-supervisor。

7.2.3 POST、PUT和DELETE

到目前为止,我们只介绍过跟基本的 GET 请求对应的 app.get(),比如在浏览器中渲染页面。

但 Express 是围绕 REST 模式设计的，因此也提供了与其他请求类型相对应的方法。你可以像使用 `app.get()` 一样使用 `app.post()`、`app.put()` 和 `app.delete()`，以便为路由提供程序所需的任何请求。在本章后面讲解如何处理表单数据时，你会见到 `app.post()`。

7.3　渲染视图

你已经设置了一些路由，但如果你现在访问 http://localhos:3000/about 或 http://localhos:3000/contact，会得到 500 错误。那是因为你还没设置视图。

7.3.1　启用Underscore模板

Express 默认带有一个叫做 Jade 的模板引擎。Jade 是由 TJ Holowaychuk（Express 也是他创建的）创建的简单易懂的模板引擎。

1. Jade 模板

为了了解 Jade 的工作机制，我们打开 views 文件夹下的 `layout.jade`。你应该能见到下面这些代码。

```
doctype 5
html
  head
    title= title
    link(rel='stylesheet', href='/stylesheets/style.css')
  body
    block content
```

可见 Jade 的模板极其简洁。标签名周围没有尖括号，并且属性是定义在括号中的。

在 Jade 中还可以用 CSS 样式选择器定义 ID 和类，比如：

```
#my-id
  p.my-class Text content
```

这段代码会被编译成：

```
<div id="my-id">
  <p class="my-class">Text content</p>
</div>
```

尽管 Jade 模板能大量缩减模板中的字符数量，但它们很难读懂，并且学起来也比其他模板引擎更加困难。[①]

2. Underscore 模板和 uinexpress

看过第 4 章之后，你已经熟悉 Underscore 模板的用法了，为何不在 Express 中继续使用它们呢？有个叫做 uinexpress 的 Node 模块，有了它，在 Express 中使用 Underscore 模板就很容易了。我们先用

[①] Jade 模板和普通 HTML 的主要区别是标记没有尖括号，靠对缩进的严格要求判断标记的范围。对于需要手工输入标记的开发人员来说，可以节省大量工作，还有将 html 转换成 jade 的 html2jade 等工具。学起来并不像作者所说的那么困难。如果你对 jade 感兴趣，Github 上有它的中文文档：https://github.com/visionmedia/jade/blob/master/Readme_zh-cn.md。——译者注

NPM 安装 uinexpress 和 Underscore。

```
npm install uinexpress
npm install underscore
```

然后打开 app.js，修改 Express 的配置。将下面这两行代码加到//all environments 下面。

```
app.engine('html', require('uinexpress').__express);
app.set('view engine', 'html');
```

然后注释掉启用 Jade 视图引擎的代码。

```
// app.set('view engine', 'jade');
```

最后重启 Express 服务器，让这些改变生效。

3. 转换 Jade 模板

如果你再访问 http://localhost:3000，会发现页面出错了。那是因为 Jade 模板不再起作用了。不用担心，你可以轻松地修改已有的 Jade 模板，以实现程序视图的基本状态。先进入 views 目录，打开 layout.jade，代码如下所示。

```
doctype 5
html
  head
    title= title
    link(rel='stylesheet', href='/stylesheets/style.css')
  body
    block content
```

现在将这个模板转换成我们更熟悉的 Underscore 版本。

```
<!DOCTYPE html>
<html>
<head>
    <title><%=title %></title>
    <link rel="stylesheet" href="/stylesheets/style.css" />
</head>

<body>
<%=body %>
</body>
</html>
```

上面的代码中是我们熟悉的 Underscore 模式，比如用<% %>界定变量。把这个新的 Underscore 模板保存为 layout.html。

接着打开 index.jade，代码应该如下所示。

```
extends layout

block content
  h1= title
  p Welcome to #{title}
```

这个也能转换成 Underscore 模板。

```
<h1><%=title %></h1>
<p>Welcome to <%=title %></p>
```

把这个文件保存为 index.html 就搞定了。刷新 http://localhost:3000 上的页面，就能看到和之前一样的欢迎消息了。

你可能已经注意到，这些模板中的 extends layout 和 block content 被去掉了。但没关系，新的 Underscore 模板跟它们的前任 Jade 一样。

在渲染 index 视图时，它编译 index.html 中的内容并将其传入到 layout.html 中的 <%=body %> 变量中。

> 用 Node 的一个最大的好处就是可以重用客户端的模板。也就是说我们可以用 Node 创建一个静态版本的页面，并用 Ajax 加载相同的页面。
>
> 我们在第 3 章中介绍过用 pushState 加载 Backbone 视图。我解释过为什么要给每个页面准备一个静态备份。没有什么方法比用 Node 服务器利用跟前端一模一样的 Underscore 模板更容易实现这一要求了。

7.3.2　创建视图

一旦启用了 Underscore 模板，就可以开始为各个页面构建视图了。我会尽量让这些视图简单一些，但你可以尽情发挥自己的 Underscore 技能来美化它们。

1. 首页

先从首页的模板开始。将下面的代码加到 ./views 目录下的 index.html 中。

```
<h1><%=title %></h1>
<% if ( typeof subtitle !== 'undefined' ) { %>
<h2><%=subtitle %></h2>
<% } %>

<p><%=description %></p>
```

上面的模板中加入了几个新变量：一个可选的副标题和一个描述。

现在打开 ./routes 目录下的 index.js 文件。首页的路由已经指向这个模板了，你只需修改传入其中的变量。

```
/*
 * GET 首页
 */

exports.index = function(req, res){
  res.render('index', {
    title: 'My First Express App',
    description: 'This is my first Express app, so go easy on me'
  });
};
```

如果你现在刷新 http://localhost:3000 上的页面，会看到如图 7-4 所示的新首页。

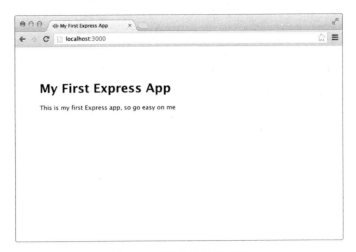

图 7-4　正确渲染的新首页

2. About 页面

接下来要为 about 页面创建一个视图。然而 about 页面的模板跟首页的模板非常相似。因为我们完全可以引用已有的模板并传入新的变量，所以完全没必要复制首页的模板。那就是说我们也不应该继续将其称为 index.html 模板。将这个模板重命名为 main.html，并修改首页的路由。

```
/*
 * GET 首页
 */

exports.index = function(req, res){
  res.render('main', {
    title: 'My First Express App',
    description: 'This is my first Express app, so go easy on me'
  });
};
```

然后在 about 页面的路由中设置它的视图。

```
/*
 * GET about 页面
 */

exports.about = function(req, res){
  res.render('main', {
    title: 'About',
    subtitle: 'All about my Express app',
    description: 'I built this app using Node and the Express framework'
  });
};
```

你看，这次模板中用上了可选的 subtitle 变量。

最后记得重启 Express 服务器，清空前一个模板的缓存。现在再访问 http://localhost:3000/about 时，你就能见到新的内容了，如图 7-5 所示。

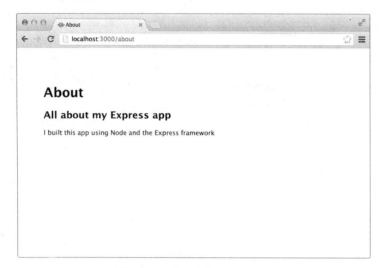

图 7-5　正确渲染的 about 页面

3. Contact 页面

最后还要设置 contact 页面的视图。这个视图稍有不同，所以我们要创建一个新模板。在 ./views 目录下创建一个名为 contact.html 的文件，并加入下面这些 HTML 标记。

```
<h1><%=title %></h1>

<p><%=description %></p>

<form method="post">
  <div class="form-item">
    <label for="name">Name:</label>
    <input type="text" name="name" id="name" required />
  </div>

  <div class="form-item">
    <label for="email">Email:</label>
    <input type="email" name="email" id="email" required />
  </div>

  <div class="form-item">
    <label for="message">Message:</label>
    <textarea name="message" id="message" required></textarea>
  </div>

  <div class="form-item">
    <input type="submit" value="Send" />
  </div>
</form>
```

然后调整路由处理器。

```
/*
 * GET contact 页面
```

```
  */
exports.contact = function(req, res){
  res.render('contact', {
    title: 'Contact Us',
    description: 'Send us a message and we\'ll get back to you'
  });
};
```

现在访问 http://localhost:3000/contact，你会发现这个页面看起来相当丑。所以我们要添加一些基本的 CSS 来改善页面的样式。进入 ./public/stylesheets 目录，打开 style.less，并添加下面的 LESS 样式。

```
.form-item {
  @labelWidth: 100px;
  @formPadding: 5px;

  padding: 5px 0;

  label {
    display: inline-block;
    width: @labelWidth - 10px;
    padding-right: 10px;
    text-align: right;
    vertical-align: top;
  }

  input[type=text], input[type=email] {
    width: 250px;
    padding: @formPadding;
  }

  textarea {
    width: 400px;
    height: 150px;
    padding: @formPadding;
  }

  input[type=submit] {
    margin-left: @labelWidth;
    font-size: 36px;
  }
}
```

保存 style.less 后，Express 会自动将它编译为 style.css。再次访问 http://localhost:3000/contact，你会看见渲染好的表单，如图 7-6 所示。

LESS 样式看起来和常规的 CSS 非常接近，只是额外加了一些东西，比如@labelWidth 和 @formPadding 变量。

此外，还要注意一下这些样式是如何嵌入到 .form-item 内的，这样更加有利于样式表的组织，但你无需担心，因为它最终还会编译成常规的 CSS。比如，嵌入的 label 会变成.form-item label。

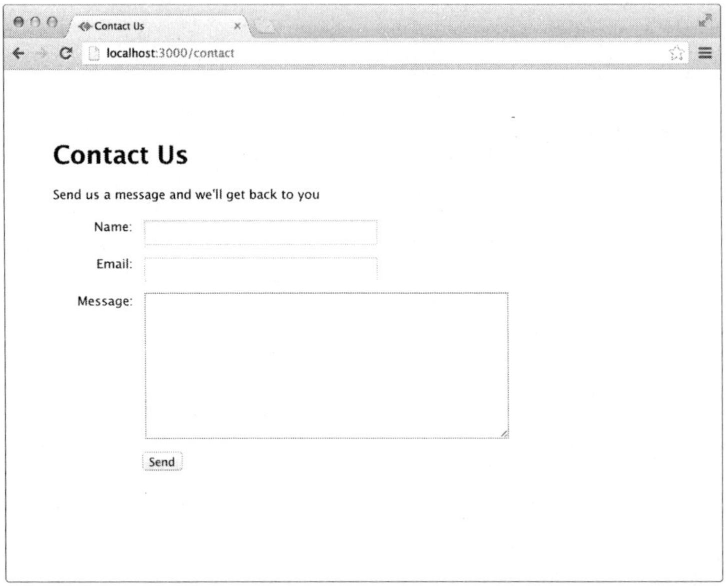

图 7-6　用其他样式很好地渲染了的 contact 视图

> 附录详细介绍了 LESS 和 CSS 预处理。

4. Layout 模板

为这些视图创建模板时，不要忘了 `layout.html`。用这个模板可以添加要出现在所有页面上的东西，比如 Google Analytics 追踪代码，或者网站的页脚。

比如说，你已经为程序的各个页面设置好了路由，但用户如何才能访问到这些页面呢？最好为 `layout.html` 增加一些导航链接。

```
<!DOCTYPE html>
<html>
<head>
  <title><%=title %></title>
  <link rel="stylesheet" href="/stylesheets/style.css" />
</head>

<body>

<nav>
  <ul>
    <li>
    <a href="/">Home</a>
    </li>
```

```
    <li>
    <a href="/about">About</a>
    </li>

    <li>
    <a href="/contact">Contact</a>
    </li>
  </ul>
</nav>

<%=body %>
</body>
</html>
```

然后再往 style.less 中添加一些样式：

```
nav {
  background-color: tomato;
  padding: 0 50px;
  position: absolute;
  top: 0;
  left: 0;
  right: 0;

  > ul {
    list-style: none;
    margin: 0;
    padding: 0;
  }

  li {
    > a {
      color: papayawhip;
      text-decoration: none;
      float: left;
      padding: 20px;

      &:hover {
        color: tomato;
        background-color: papayawhip;
      }
    }
  }
}
```

导航加好后，这个页面看起来漂亮多了，如图 7-7 所示。

不用对着 LESS 代码发愁，Express 会自动把它编译成常规的 CSS；想了解关于 LESS 的更多内容，可以参见附录。

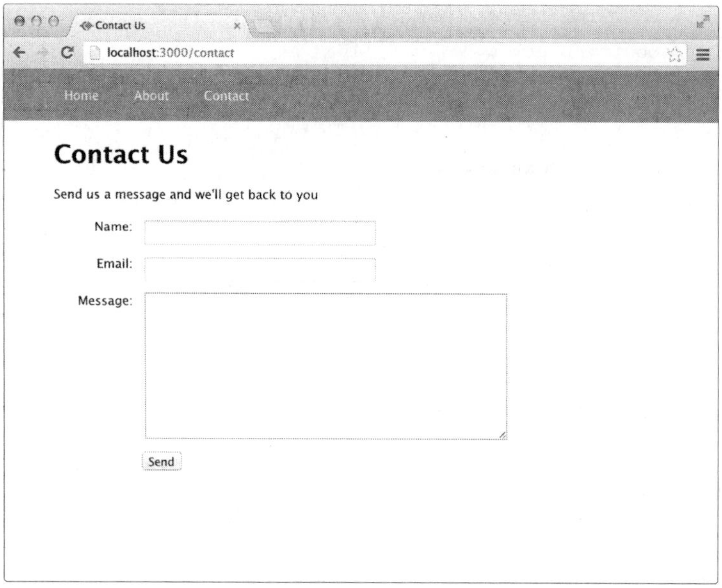

图 7-7 把导航添加到 `layout.html` 中，这样就把它加到了所有视图中

7.4 处理表单数据

我们已经在 Express 程序中设置了几个基本的路由和视图，但还需要处理表单数据。本节会先介绍如何设置 post 路由以处理表单提交的数据。然后在服务器端校验表单数据，并在客户端显示所有校验错误。

7.4.1 创建POST路由

先做个游戏，试试在现在这种状态下提交 contact 表单会发生什么。你应该会看到一个错误 `Cannot POST /contact`，如图 7-8 所示。

你可能会觉得奇怪，因为我们已经给/contact 设置过路由了。然而你还不能向那个路由提交表单数据，因为那是一个 GET 路由。

```
app.get('/contact', routes.contact);
```

要处理 POST 请求，需要在 `app.js` 中设置一个 POST 路由。

```
app.post('/contact', routes.contactPostHandler);
```

然后在 `./routes/index.js` 中添加处理器。

```
/*
 * POST contact 页面
 */

exports.contactPostHandler = function(req, res){
```

```
    console.log('Name: ' + req.body.name);
    console.log('Email: ' + req.body.email);
    console.log('Message: ' + req.body.message);

    res.send('Form posted successfully');
  };
```

localhost:3000/contact
localhost:3000/contact
Cannot POST /contact

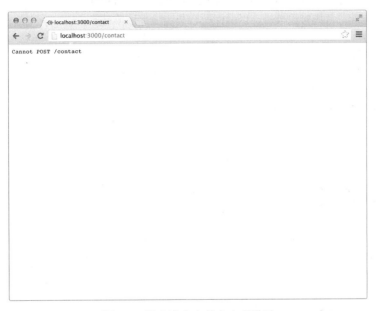

图 7-8 提交这个表单会出现错误

这个处理器非常简单，但其中有几个重要模式需要注意。主要是要注意这段脚本如何进入到请求对象 req 中获取提交上来的不同输入域。比如用 req.body.name 表示从输入域<input type="text" name="name"/>中提交上来的值。

重启 Express 服务器，提交表单。你应该能看到浏览器中显示出来的完成消息。此外，表单数据输出在 Node 控制台中，如图 7-9 所示。

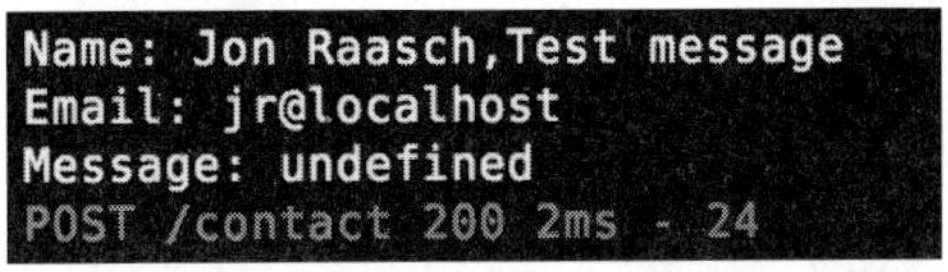

Name: Jon Raasch,Test message
Email: jr@localhost
Message: undefined
POST /contact 200 2ms - 24

图 7-9 表单数据被输出在控制台中

7.4.2 将反馈发给模板

这个表单已经输出了一条基本的成功消息，但还有很大的提升空间。如果表单出错了，应该告知用户，让他们有机会重新提交表单。

1. 校验

表单标记中已经包含了 HTML5 表单校验关联，比如 email 域和 required 属性。假设用户用的是支持 HTML5 的浏览器，在表单提交到 Express 服务器之前会对这些域进行校验。

然而尽管有这些检查，还是会有坏数据被提交到服务器端。比如，用户用的是比较老的浏览器，或者有黑客试图直接提交到服务器端。好在我们还可以在后台构建数据校验，净化表单数据，并为用户返回有意义的响应。首先构建校验，以确保所有必填项都被填写了。

```
// 校验必填项
function isFilled(field) {
  return field !== undefined && field !== '';
}

exports.contactPostHandler = function(req, res) {
  var response = 'Form posted successfully',
      required = [ 'name', 'email', 'message' ],
      missing = [];

  // 检查必填项
  missing = required.filter(function(prop) {
    return !isFilled(req.body[prop]);
  });

  if ( missing.length ) {
    response = 'Please fill out all required fields (' + missing.join(', ') +
')';
  }

  // 发送成功或错误消息
  res.send( response );
};
```

这段代码做了以下几件事。

- 定义了一个 isFilled() 函数，用来检查并保证输入域不为空或未定义。这两个检查一定要都做，以防有人不通过页面直接提交表单。
- isFilled() 对 required 数组中的元素进行测试。如果有遗漏，就创建一个对应的错误消息。
- 如果有错误，就将错误消息输出到屏幕上，否则输出成功消息。

这是一个相当简单的表单，所以其他需要校验的东西只有 email 地址了。可以用一个简单的 email 正则表达式来校验。

```
// 校验必填项
function isFilled(field) {
  return field !== undefined && field !== '';
}

// 校验 email 地址
var emailRegex = /^(([^<>()[\]\\.,;:\s@\"]+(\.[^<>()[\]\\.,;:\s@\"]+)*)|
(\".+\"))@((\[[0-9]{1,3}\.[0-9]{1,3}\.[0-9]{1,3}\.[0-9]{1,3}\])|
(([a-zA-Z\-0-9]+\.)+[a-zA-Z]{2,}))$/;

function isValidEmail(email) {
```

```
    return emailRegex.test(email);
}

exports.contactPostHandler = function(req, res) {
  var response = 'Form posted successfully',
      required = [ 'name', 'email', 'message' ],
      missing = [];

  // 检查必填项
  missing = required.filter(function(prop) {
    return !isFilled(req.body[prop]);
  });

  if ( missing.length ) {
    response = 'Please fill out all required fields (' + missing.join(', ') +
')';
  }

  // 检查 email
  else if ( !isValidEmail( req.body.email ) ) {
    response = 'Please enter a valid email address';
  }

  // 发送成功或错误消息
  res.send( response );
};
```

email 检查相当简单直接。注意代码中黑体部分的 `isValidEmail` 函数，它用一个简单的正则表达式校验 email 地址。

> 这个表单的数据校验非常简单。如果你要处理一个信息量更加密集的表单，可以考虑使用 Node Validator 模块：https://github.com/chriso/node-validator。

2. 在模板中渲染反馈

到目前为止，这些脚本只是在代码提交时显示一个简单的错误或成功消息。但如果能把这些反馈输出到模板中就更好了。那样不仅看起来更漂亮，如果出错了用户还能有机会修正。打开 ./views 目录下的 contact.html，按下面的代码进行修改。

```
<h1><%=title %></h1>

<% // 错误消息
if (typeof success != 'undefined' && !success) { %>
<p style="color: red"><%=description %></p>
<% }

else { %>
<p><%=description %></p>
<% } %>

<% // 只在表单未能提交或不成功时输出
```

```
if (typeof success == 'undefined' || !success) { %>

<form method="post">
  <div class="form-item">
    <label for="name">Name:</label>
    <input type="text" name="name" id="name" required <%= typeof name !=
'undefined' ? 'value="' + name + '"' : '' %>/>
  </div>

  <div class="form-item">
    <label for="email">Email:</label>
    <input type="email" name="email" id="email" required
<%= typeof email != 'undefined' ? 'value="' + email + '"' : '' %>/>
  </div>

  <div class="form-item">
    <label for="message">Message:</label>
    <textarea name="message" id="message" required><%= typeof message !=
'undefined' ? message : '' %></textarea>
  </div>

  <div class="form-item">
    <input type="submit" value="Send" />
  </div>
</form>
<%}%>
```

上面的模板中有几处简单的修改，已经用黑体标出来了。

❑ 如果表单提交不成功，加上错误样式。

❑ 表单只在提交不成功（或根本没提交）时才显示。

❑ 如果输入域有值，则把它加上。那样的话，一旦出错，用户已经输入的数据就不会丢失了。

这些变化简单直接，要注意的是 typeof 检查。如果我们引用根本不存在的变量，Underscore 模板就会抛出错误，所以一定要检查 undefined 的变量。

3. 向模板中传入新变量

最后修改视图控制器，在表单被提交时向模板中传入适当的参数。

```
// 校验必填项
function isFilled(field) {
  return field !== undefined && field !== '';
}

// 校验 email 地址
var emailRegex = /^(([^<>()[\]\\.,;:\s@\"]+(\.[^<>()[\]\\.,;:\s@\"]+)*)|
(\".+\"))@((\[[0-9]{1,3}\.[0-9]{1,3}\.[0-9]{1,3}\.[0-9]{1,3}\])|
(([a-zA-Z\-0-9]+\.)+[a-zA-Z]{2,}))$/;

function isValidEmail(email) {
  return emailRegex.test(email);
}

exports.contactPostHandler = function(req, res) {
  var response = 'Thank you for contacting us, we will get
```

```
back to you as soon as possible',
      required = [ 'name', 'email', 'message' ],
      missing = [],
      success = false;

  // 检查必填项
  missing = required.filter(function(prop) {
    return !isFilled(req.body[prop]);
  });

  if ( missing.length ) {
    response = 'Please fill out all required fields (' + missing.join(', ') + ')';
  }

  // 检查 email
  else if ( !isValidEmail( req.body.email ) ) {
    response = 'Please enter a valid email address';
  }

  else {
    success = true;
  }

  // 构建模板变量
  var templateVars = {
    description: response,
    success: success
  };

  // 输出错误消息
  if ( !success ) {
    console.log( response );

    templateVars.title = 'Contact Us';
    templateVars.name = req.body.name;
    templateVars.email = req.body.email;
    templateVars.message = req.body.message;
  }

  // 否则输出成功消息
  else {
    templateVars.title = 'Form posted successfully';
  }

  // 渲染视图
  res.render('contact', templateVars);
};
```

黑体部分是对脚本所做的修改。

❑ 加了一个成功标记，初始值为 false，如果没有错误则设为 true。该标记用来控制模板中信息的样式。

❑ 开始构建适用于所有情况的通用模板变量。

□ 出错时，脚本会把提交上来的输入值加到表单变量中，以便把它们传回表单。

□ 成功时，给成功页面添加不同的 title（变量 description 已经设置为变量 response 了）。

□ 用新的表单变量渲染视图。

如图 7-10 所示，现在 contact 表单可以显示错误了。

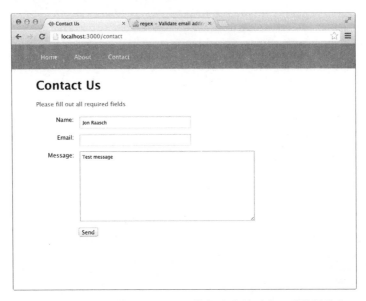

图 7-10　当用户未输入 email 地址就提交表单时会显示错误消息

现在的错误消息还很简单。但如果你愿意的话，完全可以构建内联的验证信息，或者其他表单所需的任何反馈信息。

7.5　发封邮件

最后我们准备用 contact 表单提交的这些数据来做些什么。我们可以只是把它存到服务器上的文件里，每隔一段时间检查一下。但把它们放到 email 里发给自己岂不更好，毕竟这是一个 contact 表单。

有几个现成的模块可以用来在 Node 服务器中发邮件，但最容易使用的是 EmailJS。先用 NPM 安装 EmailJS：

```
npm install emailjs
```

现在可以用这个模块把 contact 表单中的数据发到你的邮箱了。

7.5.1　连到SMTP服务器上

EmailJS 不会创建它自己的 SMTP 服务器。而是需要连到一个现有的服务器上，比如 Gmail。先引入这个模块，然后连接到 SMTP 服务器（本节中的所有代码都应该放在表单处理器成功处理的那部分）。

```
// 连接到 smtp 服务器
var emailjs = require('emailjs');
var server = emailjs.server.connect({
  user: 'username',
  password: 'password',
  host: 'smtp.gmail.com',
  ssl: true
});
```

EmailJS 建立到指定 SMTP 服务器的安全连接。别忘了填写你的用户名和密码，如果不是 Gmail，还要指明你想接入的主机。

> 在 Node 中也可以搭建自己的 SMTP 服务器，请参考 SimpleSMTP 模块：https://github.com/andris9/simplesmtp。

7.5.2　构建Email消息

接下来用表单数据构建消息。

```
// 构建带时间戳的 email 主体
var emailBody = 'From: ' + req.body.name + ' <' + req.body.email + '>' +
"\n";
emailBody += 'Message: ' + req.body.message + "\n\n";
emailBody += 'Sent automatically from Node server on ' + Date();
```

上面的脚本用表单中输入的 name、email 和 message 构建了邮件主体，还加上了时间戳。我没把这个例子做得那么复杂，不过你可以根据自己的喜好为邮件添加模板。

7.5.3　发送邮件

最后用 EmailJS 发送 email。

```
// 给服务器管理员发送邮件
server.send({
  from:     'Node Server <no-reply@localhost>',
  to:       'Server Admin <admin@localhost>',
  subject: 'Contact form submission',
  text: emailBody
}, function(err, message) {
  console.log(err || message);
});
```

上面的脚本将前面构建的邮件发给服务器管理员。别忘了修改 to 和 from 地址。

Gmail 不允许你使用其他人的 email 地址，所以不能将 from 设置为表单中输入的 email 地址。但如果你用的是别的 SMTP 服务器，可以考虑用用户的 email 地址发邮件，这样你就可以直接回复他们了。

要了解更多有关 EmailJS 的信息，请访问 https://github.com/eleith/emailjs 。或者如果你需要更强的 email 支持，可以查看 Node Email 模板：https://github.com/niftylettuce/node-email-templates。

7.5.4 在结束之前

最后，万一发送 email 失败了，可以把它传给用户。为此，你可以在 EmailJS 的回调函数中输出一个错误消息。然而既然回调函数是异步的，用户实际上可能看不到它，因为成功消息很可能已经输出在屏幕上了，所以这个脚本还要稍微修改一下。

```javascript
// 校验必填项
function isFilled(field) {
  return field !== undefined && field !== '';
}

// 校验 email 地址
var emailRegex = /^(([^<>()[\]\\.,;:\s@\"]+(\.[^<>()[\]\\.,;:\s@\"]+)*)|(\".+\"))@((\[[0-9]{1,3}\.[0-9]{1,3}\.[0-9]{1,3}\.[0-9]{1,3}\])|(([a-zA-Z\-0-9]+\.)+[a-zA-Z]{2,}))$/;

function isValidEmail(email) {
  return emailRegex.test(email);
}

exports.contactPostHandler = function(req, res) {
  var response = 'Thank you for contacting us, we will get back to you as soon as possible',
      required = [ 'name', 'email', 'message' ],
      missing = [],
      success = false;

  // 检查必填项
  missing = required.filter(function(prop) {
    return !isFilled(req.body[prop]);
  });

  if ( missing.length ) {
    response = 'Please fill out all required fields (' + missing.join(', ') + ')';
  }

  // 检查 email
  else if ( !isValidEmail( req.body.email ) ) {
    response = 'Please enter a valid email address';
  }

  else {
    success = true;
  }

  // 构建模板变量
```

```
var templateVars = {
  description: response,
  success: success
};

// 输出错误消息
if ( !success ) {
  console.log( response );

  templateVars.title = 'Contact Us';
  templateVars.name = req.body.name;
  templateVars.email = req.body.email;
  templateVars.message = req.body.message;

  // 渲染视图
  res.render('contact', templateVars);
}

// 否则输出成功消息
else {
  // 连接到smtp服务器
  var emailjs = require('emailjs');
  var server = emailjs.server.connect({
    user: 'username',
    password: 'password',
    host: 'smtp.gmail.com',
    ssl: true
  });

  // 构建带时间戳的email主体
  var emailBody = 'From: ' + req.body.name + ' <' + req.body.email + '>' +
  "\n";
  emailBody += 'Message: ' + req.body.message + "\n\n";
  emailBody += 'Sent automatically from Node server on ' + Date();

  // 给服务器管理员发送邮件
  server.send({
    from:    'Node Server <no-reply@localhost>',
    to:      'Server Admin <admin@localhost>',
    subject: 'Contact form submission',
    text: emailBody
  }, function(err, message) {
    console.log(err || message);

    // 如果有smtp错误
    if ( err ) {
      res.send('Sorry, there was an error sending your message, please try again
later');
    }
    // 否则显示成功消息
    else {
      templateVars.title = 'Message sent successfully'

      // 渲染模板
```

```
        res.render('contact', templateVars);
      }
    });
  }
};
```

这段代码做了如下几处修改。

- ❑ render 函数被放到了错误处理器中，以显示校验错误消息。
- ❑ 如果 SMTP 服务器发送邮件失败，会在屏幕上显示一个简单的错误消息。这时最好不显示表单，因为用户很可能会用不到。
- ❑ 如果 SMTP 服务器发送邮件成功，会在回调函数内显示成功消息。这样成功消息不会将错误消息覆盖。

7.6   小结

本章介绍了 Express 框架的基础知识。如何安装 Express，如何启动 Express 服务器，以及如何设置路由以定义程序中的路径。

接下来是设置这些路由的控制器，进而用 Underscore 模板渲染视图。然后是如何创建 POST 路由以处理表单数据。校验数据，并在出错时显示错误消息。在表单提交成功时，服务器给管理员发一封邮件，为此它通过 EmailJS 模块连接了一个外部的 SMTP 服务器。

现在你已经掌握了非常扎实的 Node 开发基础知识。我们将在下一章学习如何使用 NoSQL 数据库 MongoDB，用以支持 Node 程序中的数据组件。在第 9 章中我们将学习如何用 WebSockets 创建更快的 I/O 通信，并将这些都拼到一起构建一个实时程序。

7.7   补充资源

Express Documentation：http://expressjs.com/api.html

教程

- ❑ Getting Started with Express：http://howtonode.org/getting-started-with-express
- ❑ Express.js Tutorial：http://www.hacksparrow.com/express-js-tutorial.html

模板资源

- ❑ uinexpress Documentation：https://github.com/haraldrudell/uinexpress
- ❑ Underscore Template Documentation：http://underscorejs.org/#template
- ❑ Jade Documentation：https://github.com/visionmedia/jade#readme

表单资源

Node Form Validation Module：https://github.com/chriso/node-validator

Email资源

- ❏ EmailJS Documentation：https://github.com/eleith/emailjs
- ❏ Node Email Templates：https://github.com/niftylettuce/node-email-templates
- ❏ Node SMTP Server：https://github.com/andris9/simplesmtp

其他值得称道的框架

- ❏ Geddy：http://geddyjs.org/
- ❏ Ember：http://emberjs.com/
- ❏ Flatiron：http://flatironjs.org/

7

第 8 章

MongoDB

本章先介绍 NoSQL 数据库的优点，以及为什么有那么多新项目都在使用它们。然后讲如何安装 MongoDB，以及一个为 Node 准备的原生 MongoDB 驱动。

接下来我们学习如何使用 MongoDB 驱动器创建数据库。还有如何用 MongoDB 强壮的查询选项（比如正则表达式和操作符）从数据库中读取记录。此外，我们还会了解到如何更新和删除数据库记录，以完成 CRUD 系统。

在了解了如何使用原生的 MongoDB 驱动器后，我们会学习 Mongoose，一个为 Node 和 MongoDB 做的对象建模包。Mongoose 可以将数据保存在模型中，并将这些模型同步到 MongoDB 服务器上，这跟我们在第 3 章用 Backbone 做的事情很像。最后我们会看一看 Node 中其他的数据库模块，比如 MySQL 模块以及另一个叫做 Redis 的 NoSQL 数据库。

8.1　NoSQL 数据库有什么好处

在将近 30 年的时间里，数据库设计的主流模型一直是 MySQL 这样的关系型数据库。不过最近有一种逐渐远离传统的关系型数据库模型的趋势。这一趋势被称为 NoSQL（即不仅是 SQL，Not Only SQL）。非关系型 NoSQL 数据库之所以吸引人有很多种原因，主要是其扩展能力和简单性。考虑到 Node.js 项目的目标通常都一样，也就不难理解为什么其中大多数都用 NoSQL 数据库了。

8.1.1　扩展能力

使用 MongoDB 这种 NoSQL 数据库的主要原因之一，是它内置的分片能力。分片是指将一个数据库分散到一个机器集群上，也就是说它可以横向扩展（分散负载）而不是向上扩展（买更大的服务器）。水平扩展对云模型做了补充，因为 NoSQL 云可以根据需要逐步增加资源来处理负载，而不是弄一台极其强大的服务器坐等负载增加。

除了负载，分片还可以帮服务器处理大数据。存在数据库中的数据量呈现爆炸性增长，以至于单独一台服务器难以承载那么大的数据库。对于这些数据库而言，有必要将它们分散到一个集群上。而传统的关系型数据库是在我们还不需要处理大规模数据之前构建的。分散 MySQL 这样的数据库也不是不可能，但要比分散一个按分片设计的数据库困难得多。

8.1.2　简单性

NoSQL 有这么好的扩展能力可以部分归功于它们从底层开始建立起来的简单性。除了分片，这种简单性还带来了其他优点。主要是 NoSQL 数据库要容易管理得多，这多亏了管理工具，它们解决了我们如今面临的很多管理问题。有了这些管理工具，很多 NoSQL 实现就可以放弃关系型数据库通常必须配备的数据库管理员（DBA）大军。当然，这种简单性是以牺牲功能性为代价的。但如果你需要功能简单的数据库软件，非关系型数据库无疑是你的最佳选择。

8.2 MongoDB 入门

在 Node 开发中，MongoDB 是非常流行的 NoSQL 数据库。入门非常容易。我们在本节将学习如何安装 MongoDB，连同两个 Node 驱动。然后运行这个数据库服务器并创建你的第一个数据库。

8.2.1 安装MongoDB

在使用 MongoDB 之前，必须先装好它。跟其他 Node 模块不同，MongoDB 模块只是一个驱动。也就是说在使用它之前，要先在你的系统里安装 MongoDB。

1. Mac 安装

在 Mac 上安装 MongoDB 最容易的办法是用 MacPorts 或 Homebrew 之类的包管理器。如果你用的是 MacPorts（http://www.macports.org/install.php），只需输入下面这条命令。

```
sudo port install mongodb
```

同样，如果你用 Homebrew（http://mxcl.github.com/homebrew/），输入：

```
sudo brew install mongodb
```

此外你也可以自己安装 MongoDB。首先从 http://downloads.mongodb.org/osx/mongodb-osx-x86_64-2.2.2.tgz 下载压缩包并解压。然后设置 PATH 变量，指向 MongoDB 核心文件被解压的位置，以便可以更容易调用它的命令。将 MongoDB 目录添加到~/.bash_profile 声明的 PATH 变量中。

不管你通过哪种方式在 Mac 中安装 MongoDB，都需要设置数据目录：

```
sudo mkdir -p /data/db
sudo chown 'id -u' /data/db
```

这两个命令设置了数据目录，并设定了合适的许可权限。

在 Mac 上还有个不错的 GUI 工具，叫 MongoHub，可以从 http://mongohub.todayclose.com 上下载。这个工具可以帮我们管理数据库，如图 8-1 所示。

MongoHub 在管理数据库的复杂性方面特别棒，免去了你学习用 API 做这些工作的麻烦。它还有一个监视器，可以实时监控数据库上的活动。

2. Ubuntu 安装

首先要对 apt-get 包进行认证，从 MongoDB 的创建者那里安装 GPG 公钥。

```
sudo apt-key adv --keyserver keyserver.ubuntu.com --recv 7F0CEB10
```

然后创建/etc/apt/sources.list.d/10gen.list 文件，输入下面的内容。

```
deb http://downloads-distro.mongodb.org/repo/ubuntu-upstart dist 10gen
```

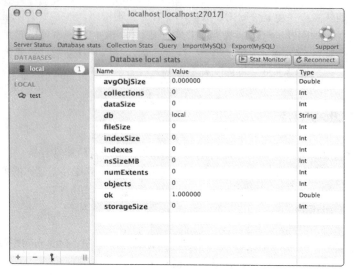

图 8-1   Mac 上的 MongoHub GUI 工具

然后回到终端窗口，重新加载存储库并安装 MongoDB 的最新稳定版。

```
sudo apt-get update
sudo apt-get install mongodb-10gen
```

3. Windows 安装

先从 http://www.mongodb.org/downloads 下载最新的稳定版，要下载跟你的 Windows 系统对应的版本（64 位或 32 位）。将文件解压后移到 C:\mongodb。你可以在 Windows 的命令行里完成这个操作。

```
cd \
move C:\mongodb-win32-* C:\mongodb
```

最后为 MongoDB 创建数据目录。

```
md data
md data\db
```

　　MongoDB 的文档中还有其他操作系统下的安装指南。可以访问 http://docs.mongodb.org/manual/installation/ 了解更多信息。

8.2.2　运行MongoDB

MongoDB 安装好以后就可以运行了。在 Mac 中可以用下面的命令：

```
mongod
```

或者在 Ubuntu 中用

```
sudo service mongodb start
```

或者在 Windows 中，在命令行窗口运行 .exe 文件：

```
C:\mongodb\bin\mongod.exe
```

如果终端窗口中有输出，并且命令还在运行状态，就表示一切正常，如图 8-2 所示。

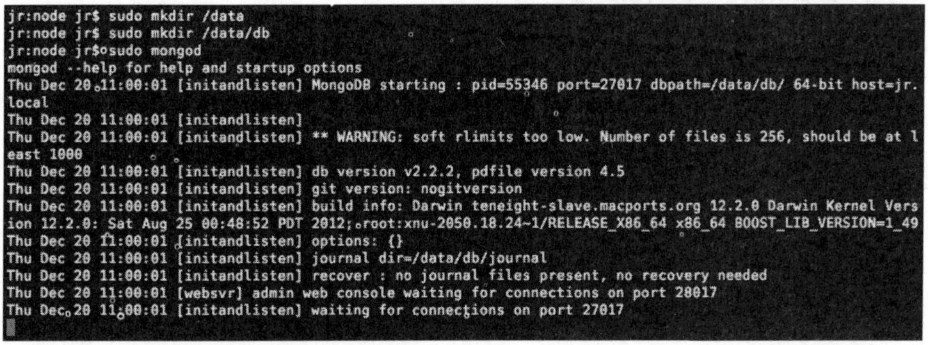

图 8-2　如果你的终端窗口看起来是这样的，那就表示 MongoDB 正在运行

如果你在运行 mongod 命令时遇到了问题，首先检查一下 MongoDB 有没有加到环境变量 PATH 中。包管理器会自动处理这个问题，但如果你是自己安装的 MongoDB，那就要手动设置它。

8.2.3　安装MongoDB模块

MongoDB 在系统上跑起来之后，我们还需要安装一个模块以便跟数据库通信。本章会介绍两个不同的模块。

❑ MongoDB 原生的 Node.js 驱动：使用 JavaScript 语言的基础 MongoDB 支持。
❑ Mongoose：提供对象关系映射（ORM）的对象建模工具。

不过现在先用 NPM 装上原生驱动：

```
npm install mongodb
```

8.2.4　创建数据库

MongoDB 运行起来了，Node.js 驱动也装好了，接下来该创建数据库了。首先要在 Node 中 requireMongoDB模块。

```
var mongodb = require('mongodb');
```

然后创建一个新的数据库。

```
var dbServer = new mongodb.Server('localhost', 27017, {auto_reconnect:
  true}),
var db = new mongodb.Db('mydb', dbServer, {w: 1});
```

对上面代码的解释如下。

(1) new mongodb.Server('localhost', 27017, {auto_reconnect:true})，连接到 MongoDB 服务器。用的是默认的主机（localhost）和默认的端口（27017）。auto_reconnect 设置为 true 表示在连接中断后会自动重连。

(2) new mongodb.Db()创建一个新的数据库，在上面的代码中就是 mydb。如果这个数据库已经存在了，就直接引用原来的。

(3) 第三个参数 mongodb.Db(),{w:1}，是与写入相关的设置，表明这是主 mongod 实例。只要你的服务器上不超过一个 MongoDB 实例，就可以这样写。但如果你还想了解其他选项，请访问 http://docs.mongodb.org/manual/core/write-operations/#write-concern。

> 如果你访问数据库时需要做认证，可以用 db.authenticate(user, password, function() { /* callback */ })。

8.3　MongoDB 中的 CRUD

本节将介绍在 MongoDB 中如何做 CRUD，创建、读取、更新和删除文档。这四个操作是所有持久化存储系统（比如数据库）的基本功能。

现在我们已经引入了 MongoDB 模块，并创建了一个新的数据库。然而如果你到 MongoHub 或其他 GUI 工具上去查看服务器，会发现这个数据库根本不存在。那是因为还要往数据库里添加集合，它才会被创建。

> MongoDB 是文档型数据库，所以它的记录叫做文档。

8.3.1　创建集合

在其他数据库中，比如 MySQL，数据用表格表示。MongoDB 用集合，具体的表现形式为简单的 JSON 对象。作为一名 JavaScript 开发人员，那应该是你喜闻乐见的东西。但在添加集合前，需要先用前面定义的 db 变量连接到数据库上。

```
db.open( function(err, conn) {

});
```

上面又是我们熟悉的 Node 模式：一个异步回调函数，第一个参数是个错误对象。

1. 添加集合

接下来，在回调函数中往数据库里添加一个集合。

```
db.open( function(err, conn) {
    // 添加一个集合到数据库中
```

```
db.collection('myCollection', function(err, collection) {
  // 插入一个文档到集合中
  collection.insert({
    a: 'my item'
  }, function(err, result) {
    // 输出结果
    console.log(result);

    // 关闭连接
    db.close();
  });
});
});
```

对这段代码的解释如下。

(1) db.collection() 创建了一个新集合 myCollection。

(2) 在下一个回调函数中，用 collection.insert() 往集合里添加了一个文档。用的是传入回调函数中的 collection 对象。如你所见，插入的是一个简单的 JSON 对象：{a: 'my-item'}。

(3) 最后，在插入的回调函数中将结果输出到控制台，并用 db.close() 关闭连接。用完之后不要忘了关掉 MongoDB 连接。

在 Node 中运行这段脚本。这个数据库和新创建的集合如图 8-3 所示。

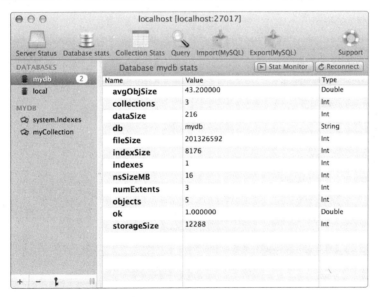

图 8-3　MongoHub 中显示的新数据库和集合

为了让示例简短一些，我没做任何错误处理。但如果你在运行这段脚本时出了问题，应该能用 console.log() 找出错误。

2. 唯一标识符

在运行这段脚本时，输出到 Node 控制台中的数据库记录并不是简单的{a: 'my item'}（见图 8-4）。那是因为 MongoDB 给文档加了一个标识符_id。MongoDB 需要给存储在数据库中的所有东西设定一个唯一标识符，所以它会默认在创建新的文档时自动添加这些标识符。

```
jr:node jr$ node db.js
[ { a: 'my item', _id: 50dc7a36435e8a0000000001 } ]
```

图 8-4　控制台中输出的数据库记录结果

但这个标识符又长又不灵便。尽管它们在 MongoDB 内部非常适用，但你一般应该不会用它们引用数据库中的文档。跟其他数据库一样，在你需要引用一个标识符时，最好加一个键，比如{id: 1}。

8.3.2　读取数据

将文档加到数据库中之后，可以用 find() 读取它们。这个 API 提供了几个实用的选择功能，可以用来选择特定的文档、利用查询选择器，并对返回的数据排序。

但在使用 find() 之前，我们先创建一个集合。

```
// 打开数据库连接
db.open( function(err, conn) {
  // 选择集合
  db.collection('myNewCollection', function(err, collection) {
    // 缓存一个计数器变量
    var count = 0;

    // 将数字插入到集合中
    for ( var i = 0; i < 5; i++ ) {
      collection.insert({
        num: i
      }, function(err, result) {
        // 输出结果
        console.log(result);

        // 增加计数器的值
        count++;

        // 如果计数器的值足够大，关闭连接
        if ( count > 4 ) {
          db.close();
        }
      });
    }
  });
});
```

这段脚本创建了一个新集合 myNewCollection，并在循环中向其中添加了 5 个新文档。

上面的代码中有一个重要的 Node 开发模式。尽管其中有一个带增量的 for 循环，但不能用这个增量确定什么时候关闭数据库连接。因为 Node 中的所有调用都是异步的。这在控制台的输出中就可以看出来，不同 collection.insert() 语句激发的顺序完全是随机的。

```
[ { num: 0, _id: 50dc93c946f8df0000000001 } ]
[ { num: 4, _id: 50dc93c946f8df0000000005 } ]
[ { num: 3, _id: 50dc93c946f8df0000000004 } ]
[ { num: 2, _id: 50dc93c946f8df0000000003 } ]
[ { num: 1, _id: 50dc93c946f8df0000000002 } ]
```

　　然而我们仍然要在恰当的时机关闭数据库连接。如果使用 for 循环中的增量，很可能会过早地关闭连接（然后就会在下一个 insert() 时重新打开连接，结果它就处于打开状态了）。为了解决这个问题，我们又用了一个 count 值，在每个异步回调结束时给它加一。当这个值足够高时，我们就可以安全地关闭数据库连接。

1. 选择集合中的所有记录

　　集合创建好了，现在我们可以选择数据库中的所有数据了。

```
db.open( function(err, conn) {
  // 选择集合
  db.collection('myNewCollection', function(err, collection) {
    // 选择集合中的所有文档
    collection.find().toArray(function(err, result) {
      // 输出数据
      console.log(result);

      // 关闭连接
      db.close();
    });
  });
});
```

　　这段脚本选择了前面创建的集合，然后用 collection.find() 选择集合中的所有文档。所有记录都输出到了控制台中。

```
[ { num: 0, _id: 50dc93c946f8df0000000001 },
  { num: 1, _id: 50dc93c946f8df0000000002 },
  { num: 2, _id: 50dc93c946f8df0000000003 },
  { num: 3, _id: 50dc93c946f8df0000000004 },
  { num: 4, _id: 50dc93c946f8df0000000005 } ]
```

8

　　从上面的输出来看，尽管刚才插入的时候顺序是乱的，但现在集合中的文档是按顺序排列的。尽管异步插入调用完成的时间是无序的，但 MongoDB ID 的顺序仍然是有序的。

2. 选择特定记录

　　因为 collection.find() 中没有任何参数，所以它选出了数据库中的所有文档。但我们也可以用它选择特定的文档。比如：

```
db.collection('myNewCollection', function(err, collection) {
  // 选择所有 num 为 2 的文档
  collection.find({num: 2}).toArray(function(err, result) {
    // 输出数据
    console.log(result);
```

```
  // 关闭连接
  db.close();
  });
});
```

这段代码选择了 num 值为 2 的文档，输出如下所示。

```
[ { num: 2, _id: 50dc93c946f8df0000000003 } ]
```

> 因为只有一个文档的 num 是 2，所有前面的查询只返回了一条记录。如果匹配项不止一条，它返回的数组中会包含所有匹配的文档。

3. 更高级的查询选择器

还有更高级的选择器可用。比如要选择所有值大于 1 的文档，可使用 $gt 操作符。

```
// 选择集合
db.collection('myNewCollection', function(err, collection) {
  // 选择大于 1 的数
  collection.find({num: {$gt: 1}}).toArray(function(err, result) {
    // 输出数据
    console.log(result);

    // 关闭连接
    db.close();
  });
});
```

这段脚本传入了一个查询对象{$gt : 1}，用来匹配 num 的值，它会选择所有大于 1 的值，输出如下所示。

```
[ { num: 2, _id: 50dc93c946f8df0000000003 },
  { num: 3, _id: 50dc93c946f8df0000000004 },
  { num: 4, _id: 50dc93c946f8df0000000005 } ]
```

查询对象中还可以组合更多的参数，比如匹配所有大于 1 但小于 4 的值。

```
db.collection('myNewCollection', function(err, collection) {
  // 选择大于 1 但小于 4 的数
  collection.find({num: {$gt: 1, $lt: 4}}).toArray(function(err, result) {
    // 据输出数
    console.log(result);

    // 关闭连接
    db.close();
  });
});
```

这段脚本中加了一个 $lt 操作符，取出所有还小于 4 的值，如下所示。

```
[ { num: 2, _id: 50dc93c946f8df0000000003 },
  { num: 3, _id: 50dc93c946f8df0000000004 } ]
```

http://docs.mongodb.org/manual/reference/operators/中有完整的查询对象操作符清单。

在 MongoDB 中甚至可以用正则表达式选择特定的字符串。只要把正则表达式放到选择器中就行了；比如要选择所有以 a 开头的名称可以用 collection.find({name: /^a/})。

4. 限制记录条数

我们还可以限制查询结果中的文档数量。

```
db.collection('myNewCollection', function(err, collection) {
    // 选择集合中的所有数据，但不超过 3 条记录
    collection.find({}, {limit: 3}).toArray(function(err, result) {
        // 输出数据
        console.log(result);

        // 关闭连接
        db.close();
    });
});
```

这里的 collection.find() 中加入了第二个参数，给出了额外的查询条件。在此例中，用 {limit : 3}限定该查询最多返回 3 个文档，输出如下所示。

```
[ { num: 0, _id: 50dc93c946f8df0000000001 },
  { num: 1, _id: 50dc93c946f8df0000000002 },
  { num: 2, _id: 50dc93c946f8df0000000003 } ]
```

在只需要返回一个文档时，可以用快捷的 findOne()代替 find()。

5. 记录排序

选择集合中的文档时还可以对它们排序。

```
db.collection('myNewCollection', function(err, collection) {
    // 按降序对集合排序
    collection.find({}, {sort:[['num', 'desc']]}).toArray(function(err, result) {
        // 输出数据
        console.log(result);

        // 关闭连接
        db.close();
    });
});
```

上面的脚本中定义了一个 sort 参数，按 num 域降序排序。sort 参数接受一个数组，也就是说可以根据需要按多个域排序。它还可以跟 limit 值组合。结果如下所示。

```
[ { num: 4, _id: 50dc93c946f8df0000000005 },
  { num: 3, _id: 50dc93c946f8df0000000004 },
  { num: 2, _id: 50dc93c946f8df0000000003 },
  { num: 1, _id: 50dc93c946f8df0000000002 },
  { num: 0, _id: 50dc93c946f8df0000000001 } ]
```

8

8.3.3 更新数据

CRUD 中的 C 和 R 已经讲过了，接下来我们聊聊 U。本节将介绍各种修改数据库中已有文档的技术。你会学到如何选择特定文档进行更新，以及如何使用特殊的更新方法，比如 `upsert` 和 `findAndModify`。

1. 更新整条记录

只更新一个值可以使用 `update()` 方法。

```
db.collection('myNewCollection', function(err, collection) {
  // 更新其中一个文档
  collection.update({num: 2}, {num: 10}, {safe: true}, function(err) {
    if (err) {
      console.log(err);
    }
    else {
      console.log('Successfully updated');
    }

    db.close({});
  });
});
```

可以看出，`collection.update()` 接受以下 4 个参数。

- **更新条件，表示要更新哪个文档的查询**——在本例中是更新 num 值为 2 的所有记录。这里可以用 `find()` 中学过的所有高级查询操作符。比如要更新所有 num 值小于 2 的文档，可以用 `{num : { $lt : 2} }`。
- **要做的修改**——在本例中是将 num 值改成 10。
- **一个更新选项对象**——其中 `{safe : true}` 设定了安全模式，这个应该总用。还有一个实用的选项是 `{multi: true}`，允许更新多个文档。
- **一个可选的回调函数**——可以用它输出所有错误。

2. 更新或插入

可以将值 upsert 到集合中，如果文档存在，就会进行更新；否则将要更新的值作为新的文档插入。要使用 upsert，只需在选项对象中设定 `{upsert : true}`。

```
db.collection('myNewCollection', function(err, collection) {
  // upsert 一个文档
  collection.update({num: 8}, {num: 7}, {safe: true, upsert: true}, function(err) {
    if (err) {
      console.log(err);
    }
    else {
      console.log('Successfully updated');
    }

    db.close({});
  });
});
```

在上面的代码中，即便在集合中找不到{num : 8 }的文档，也会插入一个{num : 7 }的新文档。如果有{num : 8 }的记录，MongoDB 就会将它更新为{num : 7 }。

3. 设定特定域

前面的例子都是更新整个文档，我们也可以用$set 修饰符修改一个域。

```
db.collection('myNewCollection', function(err, collection) {
  // 设定一个域
  collection.update({num: 3}, {$set: {desc: 'favorite number'}}, {safe: true},
function(err) {
    if (err) {
      console.log(err);
    }
    else {
      console.log('Successfully updated');
    }

    db.close({});
  });
});
```

在上面的代码中，update 的第二个参数不是对象，而是使用了$set 修饰符。设定文档的 desc 域，其他域保持不变。

> http://docs.mongodb.org/manual/applications/update 上有 MongoDB 中的其他更新修饰符。

4. 查找并修改

最后，如果我们还要对所更新的文档做其他操作，可以使用一个特殊的 API，那就是 findAndModify()，它会在回调函数中返回受影响的文档。但在使用这个 API 时要小心，因为它的方法签名稍微有点特别；它在第一个参数后插入了一个额外的参数。

```
db.collection('myNewCollection', function(err, collection) {
  // 查找并修改
  collection.findAndModify({num: 4}, [['_id', 'asc']], {num: 25}, {safe: true},
function(err, result) {
    if (err) {
      console.log(err);
    }

    // 输出受影响的文档
    else {
      console.log(result);
    }

    db.close({});
  });
});
```

从上面的代码来看，findAndModify()接受 5 个参数：

❑ 查询条件，{num : 4 };

❑ 排序（update()中没有这个参数），[['_id', 'asc']];

❑ 要做的修改，{num : 25 };

❑ 选项对象，{safe: true };

❑ 回调函数，向其中传入查询结果，function() { ... }。

　　使用 findAndModify()时还有一个需要注意的地方，回调函数返回的文档是修改之前的。比如在这个例子中，findAndModify()返回的是{num: 4 }，而不是新的{num: 25}，所以输出是：

```
{ _id: 50dc93c946f8df0000000005, num: 4 }
```

8.3.4　删除数据

　　最后你还需要了解 CRUD 中的 D，这样对 MongoDB 的认识才算完整。本节会教你如何从数据库中移除文档和集合。

1. 移除文档

　　用 remove()可以从集合中删除文档。remove()很简单，只要传入要删除的文档的查询条件，以及一个回调函数：

```
db.collection('myNewCollection', function(err, collection) {
  // 移除一个文档
  collection.remove({num: 1}, function(err) {
    if (err) {
      console.log(err);
    }
    else {
      console.log('Successfully removed');
    }

    db.close({});
  });
});
```

　　如果还需要对移除的记录做什么操作，可以用 findAndRemove()。然而和使用 findAndModify()一样，也要小心，这个 API 加了一个排序参数：

```
db.collection('myNewCollection', function(err, collection) {
  // 找到并移除
  collection.findAndRemove({num: 0}, [['_id', 'asc']], function(err, result) {
    if (err) {
      console.log(err);
    }

    // 输出受影响的文档
    else {
      console.log (result);
    }

    db.close({});
  });
});
```

这跟 remove() 的作用一样，只是加了用于排序的第二个参数。此外，查询结果也被传给了回调函数，所以我们才可能将之前删除的文档输出。

2. 删除集合

你也可以用 db.dropCollection() 删除整个集合：

```
// 打开数据库连接
db.open( function(err, conn) {
  // 删除集合
  db.dropCollection('myNewCollection', function(err, result) {
    if (err) {
      console.log(err);
    }
    else {
      console.log(result);
    }

    db.close();
  });
});
```

这段代码把我们刚才用的集合删除了。但一定要慎重，跟本章所做的所有数据库修改一样，我们没有神奇的按钮可以撤销所做修改。

8.4 Mongoose

Mongoose 是 Node 用来连接 MongoDB 的对象—建模工具。你已经熟悉 Backbone 了，所以使用 Mongoose 对你来说应该是小菜一碟，因为 Mongoose 对数据的建模跟 Backbone 很像，都是用模型和集合。Mongoose 会将这些模型跟 MongoDB 数据库建立映射，从而帮你省掉很多额外的工作。

本节会讲解如何安装 Mongoose 并创建存储数据的模型。随后你会学到读取数据的技术，以及如何选择特定的文档和这些文档中特定的域。

8.4.1 Mongoose入门

用 NPM 安装 Mongoose 很简单：

```
npm install mongoose
```

装好 Mongoose 和它的依赖项后，在 Node 中引入它：

```
var mongoose = require('mongoose');
```

然后连接 MongoDB 数据库：

```
mongoose.connect('localhost', 'mydb');
```

这样 Mongoose 会连接到 localhost 上的数据库 mydb。

你可能已经注意到了，connect() 的参数中并没有回调函数。这是因为我们必须手动设置这些回调函数：

```
// 连接 MongoDB 数据库
mongoose.connect('localhost', 'test');
```

```
// 数据库连接
var db = mongoose.connection;

// 错误回调
db.on('error', function(msg) {
  console.log(
    'Connection Error: %s', msg
  );
});

// 成功回调
db.once('open', function callback () {
  // 成功时
  console.log('Database opened succesfully');
});
```

这段脚本先创建了一个 connection 对象，然后绑定了两个回调函数：一个在连接出现错误时激发，另一个在连接成功打开时激发。

跟 Mongoose 相关的所有工作都放在成功回调中。为了保持简洁，我在后面的代码中把它省略了，当可以假定所有代码都放在了这个回调函数中。

8.4.2　创建模型

Mongoose 中的模型用来定义文档。模型将数据库系统隐藏起来，让我们可以专注于真正想要的东西：数据。在本节中我们将学习如何创建一个 Schema 来定义模型的结构，然后根据这个结构创建并保存模型。

1. 创建 Schema

创建模型的第一步是为模型创建定义数据类型和结构的 Schema。比如为不同种类的水果创建一个 Schema：

```
// 定义 schema
var fruitSchema = mongoose.Schema({
  name: String,
  color: String,
  quantity: Number,
  ripe: Boolean
});
```

上面是一个定义了多个域的 schema，每个域的类型都是原始数据。

我们还可以传入一个对象而不是原始类型，通过 schema 设定更丰富的信息，比如：

```
// 定义 schema
var fruitSchema = mongoose.Schema({
  name: {type: String, require: true, trim: true, unique: true},
  color: {type: String, require: true},
  quantity: Number,
  ripe: Boolean
});
```

在 schema 的 name 域中有一些额外的属性。现在它是一个必填域，并且会通过修剪去掉额外的空格。此外，name 的值必须是唯一的。

2. 创建模型

接下来用这个 schema 定义模型。

```
// 定义模型
var Fruit = mongoose.model('fruit', fruitSchema);
```

这个模型是用前面定义的那个 fruitSchema 创建的。第一个参数 fruit 设定了模型的名称。该值和用来保存数据集合的名称相对应，在这里就是 fruits。

> 要特别注意这里的 API：mongoose.Schema 中的 Schema 是首字母大写的，而 mongoose.model 中的 model 不是。

在结构创建好之后，给该模型创建一个新实例。

```
// 创建该模型的新实例
var apple = new Fruit({
  name: 'apple',
  color: 'red',
  quantity: 3,
  ripe: true
});
```

这段代码创建了一种符合之前定义的 schema 的新水果。

3. 保存模型

在 Mongoose 中只创建模型是不够的，还要把它存到 MongoDB 中去。为此需要使用 save() 方法。

```
// 保存模型
apple.save(function (err, apple) {
  if (err) {
    console.log(err);
  }
  else {
    console.log(apple);
  }
});
```

这段代码将模型存为 MongoDB 中的文档。在你创建或修改模型中的数据时，可以随时用 save() 方法把变化同步到数据库中。

合并前面的代码。

```
// 引入 Mongoose 模块
var mongoose = require('mongoose');

// 连接 MongoDB 数据库
mongoose.connect('localhost', 'mydb');

// 连接
var db = mongoose.connection;
db.on('error', console.error.bind(console, 'Connection error:'));
```

8

```
db.once('open', function callback () {
  // 定义 schema
  var fruitSchema = mongoose.Schema({
    name: String,
    color: String,
    quantity: Number,
    ripe: Boolean
  });

  // 定义模型
  var Fruit = mongoose.model('fruit', fruitSchema);

  // 创建模型的新实例
  var apple = new Fruit({
    name: 'apple',
    color: 'red',
    quantity: 3,
    ripe: true
  });

  // 保存模型
  apple.save( function(err, apple) {
    if (err) {
      console.log(err);
    }
    else {
      console.log(apple);
    }
  });
});
```

简单回顾一下这段代码都做了什么。

(1) 这段脚本一开始先引入了 Mongoose 模块。

(2) 然后创建了到数据库的连接，以一个带有错误和成功参数的回调函数为参数。

(3) 在 open 的回调中定义了一个 schema。

(4) 用 schema 定义了一个模型，并创建了这个模型的新实例。

(5) 把模型保存到 MongoDB 集合中。

8.4.3   读取数据

从 Mongoose 集合中读取数据很容易。不过我们先向集合中添加一些数据，以便后面的例子中有数据可用。

```
var orange = new Fruit({
  name: 'orange',
  color: 'orange',
  quantity: 5,
  ripe: true
});
```

```
var banana = new Fruit({
  name: 'banana',
  color: 'green',
  quantity: 1,
  ripe: false
});

orange.save( function(err, orange) {
  if (err) {
    console.log(err);
  }
  else {
    console.log(orange);
  }
});

banana.save( function(err, banana) {
  if (err) {
    console.log(err);
  }
  else {
    console.log(banana);
  }
});
```

1. 查询所有模型

要读取已经保存到集合中的数据，需在对应的模型上使用 find() 方法。

```
// 定义模型
var Fruit = mongoose.model('fruit', fruitSchema);

// 选择所有 fruit
Fruit.find( function(err, fruit) {
  if (err) {
    console.log(err);
  }
  else {
    console.log(fruit);
  }
});
```

这段代码选择集合中的所有模型，输出如下所示。

```
[ { name: 'apple',
    color: 'red',
    quantity: 3,
    ripe: true,
    _id: 50dcd5b8e890ee50000000001,
    __v: 0 },
  { name: 'orange',
    color: 'orange',
    quantity: 5,
```

```
    ripe: true,
    _id: 50dcd5b8e890ee0000000001,
    __v: 0 },
  { name: 'banana',
    color: 'green',
    quantity: 1,
    ripe: false,
    _id: 50dcd5b8e890ee0000000002,
    __v: 0 } ]
```

2. 查询特定模型

我们也可以往 `find()` 方法中传入参数以缩小要选择模型的范围。

```
// 只选择 orange
Fruit.find({name: 'orange'}, function(err, fruit) {
  if (err) {
    console.log(err);
  }
  else {
    console.log(fruit);
  }
});
```

这段代码只选择那些 `name` 的值为 `'Orange'` 的模型，输出如下所示。

```
[ { name: 'orange',
    color: 'orange',
    quantity: 5,
    ripe: true,
    _id: 50dcd5b8e890ee0000000001,
    __v: 0 } ]
```

Mongoose 支持 MongoDB 中所有强大的查询选项。比如可以用正则表达式选择模型。

```
// 选择 name 以`e`结尾的 fruit
Fruit.find({name: /e$/}, function(err, fruit) {
  if (err) {
    console.log(err);
  }
  else {
    console.log(fruit);
  }
});
```

这个例子用正则表达式 `/e$` 选择 `name` 以字母 e 结尾的水果，输出如下所示。

```
[ { name: 'apple',
    color: 'red',
    quantity: 3,
    ripe: true,
    _id: 50dcd5b8e890ee50000000001,
    __v: 0 },
  { name: 'orange',
    color: 'orange',
    quantity: 5,
    ripe: true,
```

```
    _id: 50dcd5b8e890ee0000000001,
    __v: 0 } ]
```

也可以用 MongoDB 的操作符，比如：

```
// 选择数量少于 4 的
Fruit.find({quantity: {$lt: 4}}, function(err, fruit) {
  if (err) {
    console.log(err);
  }
  else {
    console.log(fruit);
  }
});
```

这段代码选择 quantity 小于 4 的水果，输出如下所示。

```
[ { name: 'apple',
    color: 'red',
    quantity: 3,
    ripe: true,
    _id: 50dcd5b8e890ee50000000001,
    __v: 0 },
  { name: 'banana',
    color: 'green',
    quantity: 1,
    ripe: false,
    _id: 50dcd5b8e890ee0000000002,
    __v: 0 } ]
```

3. 访问模型中的域

选中集合中的模型后，深入到单个域上就很简单了。你可能已经注意到了，前面的例子中返回的都是 JSON 对象。我们可以用这些对象中的键获取所需的任何域数据。比如：

```
  // 选择所有水果
  Fruit.find(function(err, fruits) {
  // 循环遍历结果
  fruits.forEach(function(fruit) {
    // 输出水果的名称
    console.log( fruit.name );
  }
});
```

这段脚本循环遍历所有的查询结果，输出每种水果的名称：

```
apple
orange
banana
```

用这种办法可以创建所有需要的输出，比如：

```
// 循环遍历结果
fruits.forEach(function(fruit) {
  // 输出水果的相关信息
  console.log( 'I have ' + fruit.quantity + ' '
    + fruit.color + ' ' + fruit.name
```

```
    + ( fruit.quantity != 1 ? 's' : '' ) );
}
```

这段脚本输出可读性更强的信息:

```
I have 3 red apples
I have 5 orange oranges
I have 1 green banana
```

8.5 数据库上的其他选择

如果你在用 Node,你可能也想使用 MongoDB。但 MongoDB 不是万能的,有时像 MySQL 这样的关系型数据库反而更合适。Node 中也有 MySQL 模块可用,详情请见 https://github.com/felixge/node-mysql。

此外,除了 MongoDB,还有一个 Node 可用的 NoSQL 数据库很流行,那就是 Redis。Redis 将所有东西都表示为键值对,对于要经常更新的简单数据来说是非常理想的存储系统。要了解 Redis,请访问:https://github.com/mranney/node_redis。

8.6 小结

本章介绍了如何创建快如闪电、扩展能力超强的数据库以满足 Node 开发的需要。我们学到了如何安装 NoSQL 数据库 MongoDB,以及如何使用 Node 的原生 MongoDB 驱动。我们用这个驱动实现了令关系型数据库都会羡慕嫉妒妒恨的 CRUD 技术。接着又介绍了一个对象建模工具 Mongoose,它可以用来将数据保存在模型中,然后将这些模型同步到 MongoDB 中。最后介绍了除 MongoDB 之外的选择,比如 MySQL 的 Node 模块,以及 NoSQL 数据库 Redis。在下一章,我们会将 Node 和 MongoDB 技术与 WebSockets 结合起来构建一个实时程序。

8.7 补充资源

文档

❑ MongoDB Documentation:http://docs.mongodb.org/manual
❑ MongoDB Native NodeJS Driver Documentation:https://github.com/mongodb/node-mongodb-native
❑ Mongoose Documentation:http://mongoosejs.com/docs/guide.html

GUI工具

❑ MongoHub (Mac OS X):http://mongohub.todayclose.com
❑ UMongo (Linux, Windows & Mac):http://edgytech.com/umongo
❑ 其他工具:http://www.mongodb.org/display/DOCS/Admin+UIs

书籍

《MongoDB 权威指南（第 2 版）》（人民邮电出版社，2013）：http://www.ituring.com.cn/book/1172

《MongoDB 实战》（人民邮电出版社，2012）：http://www.ituring.com.cn/book/929

通用NoSQL信息

❑ NoSQL Databases：http://nosql-database.org

❑ 《NoSQL 精粹》（机械工业出版社，2013）

8

Part 4

第四部分

挑战极限

本部分内容

第 9 章

用 WebSockets 构建实时程序

使用 Node 的主要原因是为了构建实时的 Web 程序，因为它能优雅地处理大量的 I/O 操作。但如果消息不能在客户端与服务器之间来回传递，服务器端的 I/O 处理能力再强也无益。所以 WebSockets 应运而生，它在服务器端和客户端之间创建了一个开放的连接，消息可以在其中双向流动。

本章会介绍为什么要创建 WebSockets 协议，以及它要取代的传统方式。然后我们会深入其中创建一个简单的 WebSockets 程序。用 Socket.IO 在 Node 中创建 socket 服务器并从浏览器中连到这个服务器上。然后我们用 Socket.IO 创建一个聊天室程序。你会了解如何在服务器上来回传递消息并将这些信息传递给用户。随后，我们用 Backbone.js 把结构添加到这个程序中，在聊天室中增加对多个用户名和时间戳的支持。最后将程序中的数据保存到 MongoDB 中。

本章将书中第三部分中的所有概念都整合到一起：Node.js、Express 框架和 MongoDB。看完本章后，你完全有能力用 Node 创建自己的实时程序。

9.1 WebSockets 的工作机制

要理解 WebSockets 是如何工作的，首先要理解它所要取代的传统方式。设计 WebSockets 是为了取代有着悠久历史的轮询方式，因为它对实时数据的响应力度不够。

9.1.1 轮询的问题

假设你正在为一个股票行情的 Web 程序构建前端。当用户点击页面时，你先通过一个 Ajax 请求取得股价，然后轮询服务器，比如每 5 秒钟一次，看股价是否发生了变化。然而，与其你每隔一段时间检查一次服务器，还不如当有变化时让服务器来通知你。这正是 WebSockets 的本质：在服务器和客户端之间创建一个双向的通信通道。

1. 寻找平衡点

没有 WebSockets 时，使用轮询方式的开发人员必须在以下两个问题之间寻找平衡点。

❑ 如果轮询服务器的频度不够，在变化发生的时间和该变化真正传递给用户的时间两者之间会有延迟。比如说，如果股价不到 5 秒就变了，那用户必须等到下一个时间间隔才能看到变化。

❑ 另一方面，如果对服务器的轮询过于频繁，又会在服务器和客户端产生不必要的负载。如果过去 5 秒什么变化也没有，为什么要用额外的 Ajax 请求拖慢浏览器呢？并且为什么要让服务器因为处理毫无意义的请求而变慢呢？

最糟的是这两个问题还相互作用。数据更新得不够快，就会更频繁地刷新，从而导致不必要的请求，然后又要减少刷新频率（结果就又回到了原点）。结果这个问题就很难取得平衡。另外，即便服务器能够承受这些负载，也仍然会有 HTTP 延迟的问题。对于要求实时的解决方案，我们可以把轮询间隔设定为 100ms 之类的，但数据包通过 HTTP 完成一个来回至少要 200ms。

2. 进入长轮询

为了解决基本轮询方法的问题，人们先创造出了长轮询技术（通常被称作 Comet 应用）。长轮询的典型方式还是在固定的时间间隔请求服务器，但跟传统的轮询不同，它的连接会保持打开状态，同时只有当新数据出现时服务器才会做出响应。长轮询去掉了不必要的负载，但仍然没能从根本上解决 HTTP 请求的延迟问题。Comet 应用的另一个主要缺点是它们经常会违反 HTTP 1.1 规范，该规范指出客户端跟服务器之间同时维持的连接不应该超过两个（http://www.w3.org/Protocols/rfc2616/rfc2616-sec8.html#sec8.1.4）。

> 长轮询要靠 iframe 和 MIME 破解来实现，所以应该尽量避免采用这种技术。

9.1.2   WebSockets方案

WebSockets 给轮询的两难境地提供了一个优雅的解决方案。WebSockets 在服务器和客户端之间创建了一个开放的连接，这样服务器不用等着浏览器发起请求就能给它发送内容。这个开放的连接允许内容双向流动，比通过传统的 HTTP 连接更快。

浏览器支持

尽管你可能已经迫不及待地想要开始尝试 WebSockets 了，但别忘了它还是一项比较新的技术。因此浏览器的支持是个问题。好在现在 WebSockets 已经得到了所有桌面浏览器的全面支持。然而微软的 IE9 及之前的版本不支持 socket。移动端的支持也良莠不齐。尽管大多数移动端浏览器都支持 WebSockets，比如 iOS Safari，但 Android 浏览器或 Opera Mini 还不支持。图 9-1 是 WebSockets 的支持表。

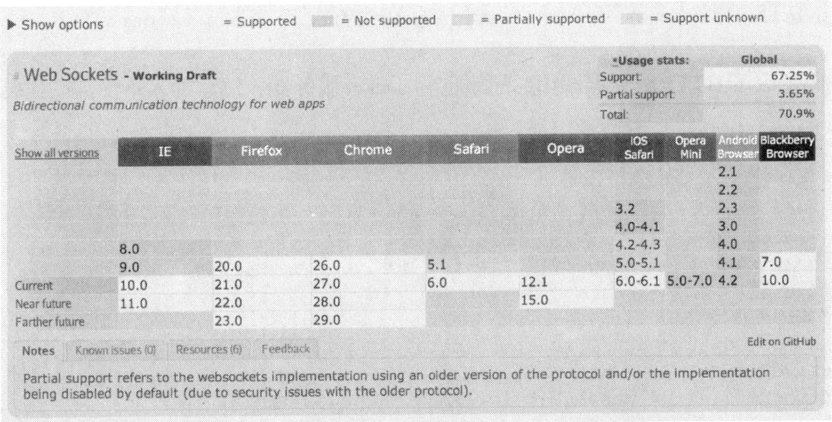

图 9-1   WebSockets 支持表（出自 caniuse.com）

不过如果你要支持老版本的 IE 或 Android 浏览器，就只能混合着轮询的方式。但不要泄气，我们在下一节中将介绍一种强大的 sockets API，可以作为支持所有浏览器的备选方案。

9.2   Socket.IO 入门

Socket.IO 是一个实现 WebSocket 通信的 JavaScript 类库，服务器和客户端都可以用。它提供了用 WebSockets 发送和接收数据的实用方法。最棒的是 Socke.IO 还用 Adobe、Flash、Socket 和各种长轮询技术为比较老的浏览器提供了后备支持。它会在运行时自动选择最优传输方法，在客户端使用恰当的协议，同时在服务器上也提供了恰当的 API。这些后备支持组合起来可以确保在任何浏览器（甚至老到 IE 5.5）上都能得到最优的传输方式。要详细了解 Socket.IO 的浏览器支持，请访问 http://socket.io/#browser-support。

> 本章介绍的内容基于你将 WebSockets 用于 Express 框架和 Underscore 模板的假设，就像我在第 7 章解释的一样。

9.2.1   服务器上的Socket.IO

本小节会将 Express 和 Socket.IO 整合在一起，创建我们的第一个 Socket 服务器。我们将学习如何追踪 socket 上的连接数，以及如何向客户端发送消息。首先，用 NPM 安装 Socket.IO。

```
npm install socket.io
```

然后确保程序中已经装上了 Express，并打开由 Express 生成的 app.js 文件。在文件的最后，用下面的代码换掉 http.createServer()。

```
var server = http.createServer(app),
io = require('socket.io').listen(server);
server.listen(app.get('port'), function(){
  console.log("Express server listening on port" + app.get('port'));
});
```

这段代码修改了 HTTP 服务器调用，用来创建 socket 服务器。然后加入下面这些代码。

```
var activeClients = 0;

// 在连上时
io.sockets.on('connection', function(socket) {
  activeClients++;
  io.sockets.emit('message', {clients: activeClients});

  // 在断开连接时
  socket.on('disconnect', function(data) {
    activeClients--;
    io.sockets.emit('message', {clients: activeClients});
  });
});
```

　　这段脚本非常简单，它追踪连接到 socket 服务器的用户数。首先，用 io.sockets.on ('connection') 设置一个事件，当有新用户连接上来时触发。该事件的回调函数会往 activeClients 上加一，并用 socket 连接发送一条消息。同样，也设置了一个该用户从 socket 上断开时的事件，该事件的回调函数会从 activeClients 上减一，并通过 socket 发送相关数据。

9.2.2　客户端的Socket.IO

　　现在我们已经设置了一些非常基本的事件，来传递有多少用户连接到 socket 上的数据。但我们还需要连接到客户端 socket 上并处理那个数据。我们将在本节中学习如何在客户端设置一个 socket 监听器，以便可以实时更新视图。

　　在处理 socket 连接的客户端之前，需要在页面中加一些 HTML 标记来设置一个快速视图。首先打开 ./routes/index.js，并确保为程序的根路径设置好了路由。

```
exports.index = function(req, res){
  res.render('index', { title: 'Socket.IO' });
};
```

然后打开 ./views/index.html，添加下面的 Underscore 模板。

```
<p>
Connected clients: <span id="client-count">0</span>
</p>
```

最后打开 ./views/layout.html 并在结束标签</body>前面添加必要的 script 标签。

```
<!DOCTYPE html>
<html>
<head>
  <title><%=title %></title>
  <link rel="stylesheet" href="/stylesheets/style.css" />
</head>

<body>
<%=body %>

<script src="/socket.io/socket.io.js"></script>
<script src="/javascripts/main.js"></script>
</body>
</html>
```

现在的视图引用了两个脚本：Socket.IO 的核心文件和用来存放你的客户端代码的 main.js。在服务器端没必要添加 socket.io.js，因为 Socket.IO 模块会帮你处理它。

　　　记得一定要按第 7 章描述的方式设置 Express 和 Underscore 模板。否则把本章的模板转换成默认的 Jade 模板就行了。

　　现在可以从浏览器中连接 socket 了。创建文件 ./public/javascripts/main.js，放入下面的代码。

```
// 连接到端口 3000 上的 socket
var socket = new io.connect(null, {port: 3000});

// 收到数据后在页面上更新数量
socket.on('message', function(data) {
    document.getElementById('client-count').innerHTML = data.clients;
});
```

这段脚本先用 http://localhost:3000 连接 WebSocket，因为 Node 服务器就在这里。一旦有用户连上来，就会激发服务器端的 io.socket.on('connection') 事件。当从 socket 接收到数据时，就会激发回调函数。该数据可用来更新页面上的已连接用户数。

现在服务器端和客户端上的 WebSocket 功能都创建好了，可以准备测试了。启动 Express 服务器，打开浏览器访问 http://localhost:3000；你应该能看到 Connected clients:1，如图 9-2 所示。

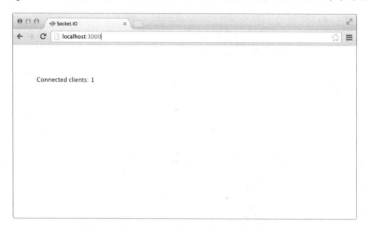

图 9-2　在 WebSocket 上建立了一个连接

在另一个标签页中再次打开这个页面，这时数量应该变成 2 了。因为它们都是用 WebSocket 连接的，所以这一变化会实时反映在两个页面上。接下来关掉一个页面，然后你会看到数量又跳回到 1 了。恭喜你，第一个 WebSocket 程序已经做好了。

9.3　构建实时的聊天室

WebSocket 试水成功，但这个连接计数程序没什么意思。不过再更进一步并不太难。我会在本节中讲解如何将这个程序扩展成实时的聊天室程序。

9.3.1　创建聊天室视图

首先我们要为聊天室创建一个新视图。像下面这样修改 ./views/index.html。

```
<div id="chatroom"></div>

<form method="post" class="chatbox">
<input type="text" name="message" />
```

```
<input type="submit" value="Send" />
</form>

<p class="connected">
Connected users: <span id="client-count">0</span>
</p>
```

上面的代码中有个`<div id="chatroom"></div>`，是用来显示消息的，还有一个用来提交新的聊天消息的表单。

接下来向`./public/stylesheets/style.less`中添加一些样式。

```
#chatroom {
  background: #DDD;
  width: 800px;
  height: 300px;
  margin-bottom: 10px;
  overflow-y: scroll;

  p {
    padding: 0 15px;
  }
}

.chatbox {
  input[type=text] {
    font-size: 14px;
    width: 700px;
    padding: 5px;
    float: left;
    margin-right: 10px;
  }

  input[type=submit] {
    -webkit-appearance: none;
    font-size: 14px;
    border: 1px solid rgba(0,0,0,0.3);
    background-color: tomato;
    color: papayawhip;
    text-shadow: 1px 1px 1px rgba(0,0,0,0.8);
    padding: 5px;
    width: 76px;
  }
}

.connected {
  font-size: 12px;
  color: gray;
}
```

这些是基本的 LESS 样式。

我认为你对 LESS 已经很熟悉了，但如果不是，请参阅附录，或者干脆把这些样式转换成普通的 CSS。

后面编写脚本的工作强度会有点大，请先把 jQuery 下载到 ./public/javascripts/ 目录下。然后在 ./views/layout.html 中引入它。

```
<!DOCTYPE html>
<html>
<head>
  <title><%=title %></title>
  <link rel="stylesheet" href="/stylesheets/style.css" />
</head>

<body>
<%=body %>

<script src="/javascripts/jquery-1.8.3.min.js"></script>
<script src="/socket.io/socket.io.js"></script>
<script src="/javascripts/main.js"></script>
</body>
</html>
```

如果你现在刷新 http://localhost:3000，就能看到聊天室视图了，如图 9-3 所示。

图 9-3　聊天室的 HTML 标记和样式已经在视图中渲染出来了

9.3.2　将消息提交给服务器

聊天室的视图已经设置好了，下面该实现功能了。从客户端入手，打开 ./public/javascripts/main.js。第一步是传递表单中提交的消息。

```
var socket,
    Chat = {};

Chat.init = function(setup) {
  // 连接到 socket
  socket = new io.connect(setup.host);
```

```
  // 收到数据后，更新用户数
  socket.on('message', function(data) {
    setup.dom.count.text(data.clients);
  });

  // 绑定对话框的
  setup.dom.form.submit(Chat.submit);
};

// 提交新的对话到服务器上
Chat.submit = function(e) {
  e.preventDefault();

  // 获取输入控件中的文本并清空它
  var $message = $(e.target.message),
  text = $message.val();

  $message.val('');

  // 通过 socket 发送消息
  socket.emit('newchat', {text: text});
};

$(function() {
  // 初始化聊天程序
  Chat.init({
    host: 'http://localhost:3000',
    dom: {
      count: $('#client-count'),
      form: $('.chatbox')
    }
  });
});
```

上面的代码构建了一个 Chat.init() 函数，它的参数是主机和对各种 DOM 元素的引用。这个初始化函数首先连接到 socket 服务器，然后绑定一个处理器 Chat.submit()，为聊天室提交事件。Chat.submit() 一开始先防止表单通过 HTTP 提交，然后取出消息文本，并清空文本输入框。接下来它触发一个新的 newchat 事件，将文本发送给 socket。

9.3.3 在服务器端处理消息

接下来设置服务器，处理 newchat 消息。像下面这样修改 app.js。

```
var activeClients = 0;

// 在连接建立时
io.sockets.on('connection', function(socket) {
  activeClients++;
  io.sockets.emit('message', {clients: activeClients});

  // 在连接断开时
```

```
socket.on('disconnect', function(data) {
  activeClients--;
  io.sockets.emit('message', {clients: activeClients});
});

// 收到新的聊天消息
socket.on('newchat', function(data) {
  io.sockets.emit('chat', data);
});
});
```

服务器端的变化相当简单，即代码中的黑体部分。首先给 newchat 事件注册一个处理器。这个处理器只是把那个事件中的数据通过 socket 发到客户端去，这样所有连上来的客户端都能收到新消息。

9.3.4　在客户端显示新消息

现在当有用户提交新消息时，它会通过 socket 发送到服务器上，然后又通过 socket 发送给所有连接上来的客户端。我们要捕获这个新事件然后把消息显示在客户端上，回到 main.js 中。

```
var socket,
    Chat = {};

Chat.init = function(setup) {
  // 连接到 socket
  socket = new io.connect(setup.host);

  // 收到数据后，更新用户数
  socket.on('message', function(data) {
    setup.dom.count.text(data.clients);
  });

  // 绑定对话框的 submit
  setup.dom.form.submit(Chat.submit);

  // 处理新的 chat 事件
  Chat.$chatroom = setup.dom.room;
  socket.on('chat', Chat.printChat);
};

// 提交新的对话到服务器上
Chat.submit = function(e) {
  e.preventDefault();

  // 获取输入控件中的文本并清空它
  var $message = $(e.target.message),
  text = $message.val();

  $message.val('');

  // 通过 socket 发送消息
  socket.emit('newchat', {text: text});
};
// 将新的聊天内容显示在聊天室里
Chat.printChat = function(data) {
```

```
    var $newChat = $('<p>' + data.text + '</p>');

    $newChat.appendTo(Chat.$chatroom);

    // 滚动到底部
    Chat.$chatroom.animate({ scrollTop: Chat.$chatroom.height() }, 100);
};

$(function() {
  // 初始化聊天程序
  Chat.init({
    host: 'http://localhost:3000',
    dom: {
      count: $('#client-count'),
      form: $('.chatbox'),
      room: $('#chatroom')
    }
  });
});
```

脚本中的黑体部分定义了一个 chat 事件处理器 Chat.printChat。这个事件处理器只是创建一个包含消息文本的<p>并追加到聊天室的<div>中。然后滚动到<div>的底部，这样就总能显示最新的消息了。

现在用两个浏览器标签打开 http://localhost:3000。当你从其中任何一个标签中发送消息时，两个标签中都会显示，如图 9-4 所示。

图 9-4 聊天程序正在运行，消息会被传递给所有已连接的用户

9.3.5 添加Backbone.js结构

现在的聊天室程序基本能用了，但还有很多工作要做。然而在添加更多功能之前，我们最好先做点 Backbone 上的工作。

1. 向 Layout.html 中添加脚本

首先,把最新的 Backbone.js 和 Underscore.js 放到 ./public/javascripts 目录下。然后在 layout.html 中引入它们。

```
<!DOCTYPE html>
<html>
<head>
  <title><%=title %></title>
  <link rel="stylesheet" href="/stylesheets/style.css" />
</head>

<body>
<%=body %>

<script src="/javascripts/jquery-1.8.3.min.js"></script>
<script src="/javascripts/underscore.min.js"></script>
<script src="/javascripts/backbone.min.js"></script>
<script src="/socket.io/socket.io.js"></script>
<script src="/javascripts/main.js"></script>
</body>
</html>
```

2. 模型和集合

用 Backbone 构建程序时,总是要从模型和集合着手,所以我们把下面这些代码加到 main.js 中。

```
// 模型和集合

Chat.Message = Backbone.Model.extend({
  defaults: {
    text: ''
  }
});

Chat.Messages = Backbone.Collection.extend({
  model: Chat.Message
});
```

正如你所看到的,这个程序的模型真的非常简单。

3. 视图

尽管模型简单,但视图却有点复杂。你应该还记得我们在第 3 章中用 Backbone 创建过嵌套视图。本章采用的方式和那个差不多,因为我们需要给聊天室一个主视图,然后把包含每个消息的子视图填充进去。

> 本节的进度很快,但这里的脚本几乎和第 3 章嵌套视图的例子一样。你可以随时回到第 3 章中重温任何相关内容。

先从子视图开始,这个特别简单。首先给每个消息定义一个包装器<p>。接下来定义一个 render() 函数,把消息的文本取出来,然后追加到父视图上。

```
Chat.MessageView = Backbone.View.extend({
  tagName: 'p',

  render: function() {
    // 添加消息文本
    this.$el.text(this.model.get('text'));

    // 追加新消息到父视图中
    this.parentView.$el.append(this.$el);

    return this;
  }
});
```

接下来创建父视图。

```
Chat.MessagesView = Backbone.View.extend({
  el: '#chatroom',

  initialize: function() {
    // 将"this"上下文绑定到 render 函数上
    _.bindAll( this, 'render' );

    // 在集合上注册事件处理器
    this.collection.on('change', this.render);
    this.collection.on('add', this.render);
    this.collection.on('remove', this.render);

    // 渲染初始状态
    this.render();
  },

  render: function() {
    // 清空包装器
    this.$el.empty();

    // 循环遍历集合中的消息
    this.collection.each(function(message) {
      var messageView = new Chat.MessageView({
        model: message
      });

      // 在子视图中保存对这个视图的引用
      messageView.parentView = this;

      // 渲染它
      messageView.render();
    }, this);

    // 滚动到底部
    this.$el.animate({ scrollTop: this.$el.height() }, 100);

    return this;
  }
});
```

这个视图中做了很多事情。

(1) 首先，它把自己绑定到 HTML 标记 `<div id="chatroot">` 上。

(2) 然后，`initialize()` 函数将 `render()` 函数绑到集合上的所有变化事件上。这样当有消息加入、删除或被修改时，都会反映到视图上。

(3) 接下来，`render()` 函数先清空 `#chatroom` 包装器；然后循环遍历集合中的所有条目，用其中的模型创建子视图的新实例。最后滚动到包装器的底部。

4. 将 Backbone 附加到程序上

现在 Backbone 中的模型、集合和视图都已经设置好了，但还需要关联到程序上。

```
Chat.init = function(setup) {
  // 连接到 socket
  socket = new io.connect(setup.host);

  // 收到数据后，更新用户数
  socket.on('message', function(data) {
    setup.dom.count.text(data.clients);
  });

  // 初始化集合和视图
  Chat.messages = new Chat.Messages();

  Chat.messagesView = new Chat.MessagesView({
    collection: Chat.messages
  });

  // 绑定对话框的 submit
  setup.dom.form.submit(Chat.submit);

  // 处理新的 chat 事件
  Chat.$chatroom = setup.dom.room;
  socket.on('chat', Chat.addMessage);
};

// 将新消息添加到聊天室
Chat.addMessage = function(data) {
  Chat.messages.add(data);
};
```

这里有两处变化。

❑ `Chat.init()` 函数创建了集合和父视图的新实例。

❑ `Chat.addMessage()` 取代了 `Chat.printChat()` 函数。新的函数只是往集合中添加新消息。它不用处理消息的渲染，因为 Backbone 会自动处理。

如果你现在刷新页面，看到的效果和之前一样，只是现在的结构变得更合理了。

把所有代码整合到一起。

```
var socket,
    Chat = {};

// 模型和集合
```

```
Chat.Message = Backbone.Model.extend({
  defaults: {
    text: ''
  }
});

Chat.Messages = Backbone.Collection.extend({
  model: Chat.Message
});

// 视图

Chat.MessageView = Backbone.View.extend({
  tagName: 'p',

  render: function() {
    // 添加消息文本
    this.$el.text(this.model.get('text'));

    // 追加新消息到父视图中
    this.parentView.$el.append(this.$el);

    return this;
  }
});

Chat.MessagesView = Backbone.View.extend({
  el: '#chatroom',

  initialize: function() {
    // 将"this"上下文绑定到 render 函数上
    _.bindAll(this, 'render');

    // 在集合中添加各种事件
    this.collection.on('change', this.render);
    this.collection.on('add', this.render);
    this.collection.on('remove', this.render);

    // 渲染初始状态
    this.render();
  },

  render: function() {
    // 清空包装器
    this.$el.empty();

    // 循环遍历集合中的消息
    this.collection.each(function(message) {
      var messageView = new Chat.MessageView({
        model: message
      });

      // 在子视图中保存对这个视图的引用
      messageView.parentView = this;
```

```
    // 渲染它
    messageView.render();
  }, this);

  // 滚动到底部
  this.$el.animate({ scrollTop: this.$el.height() }, 100);

  return this;
  }
});

// 初始化函数
Chat.init = function(setup) {
  // 连接到 socket
  socket = new io.connect(setup.host);

  // 收到数据后，更新用户数
  socket.on('message', function(data) {
    setup.dom.count.text(data.clients);
  });

  // 初始化集合和视图
  Chat.messages = new Chat.Messages();

  Chat.messagesView = new Chat.MessagesView({
    collection: Chat.messages
  });

  // 绑定对话框的 submit
  setup.dom.form.submit(Chat.submit);

  // 处理新的 chat 事件
  Chat.$chatroom = setup.dom.room;
  socket.on('chat', Chat.addMessage);
};

// 提交新的对话到服务器上
Chat.submit = function(e) {
  e.preventDefault();

  // 获取输入控件中的文本并清空它
  var $message = $(e.target.message),
  text = $message.val();

  $message.val('');

  // 通过 socket 发送消息
  socket.emit('newchat', {text: text});
};

// 将新消息添加到聊天室
Chat.addMessage = function(data) {
  Chat.messages.add(data);
};
```

```
$(function() {
  // 初始化聊天程序
  Chat.init({
    host: 'http://localhost:3000',
    dom: {
      count: $('#client-count'),
      form: $('.chatbox'),
      room: $('#chatroom')
    }
  });
});
```

9.3.6 添加用户

现在构建的聊天室有了更多的结构，下面该添加一些功能了。首先按它当前的状态而言，这个聊天室对沟通的帮助并不大，因为用户分不清那些消息都是谁说的。所以我们先创建一个提示框，让用户输入自己的名字。

```
Chat.init = function(setup) {
  // 连接到 socket
  socket = new io.connect(setup.host);

  // 收到数据后，更新用户数
  socket.on('message', function(data) {
    setup.dom.count.text(data.clients);
  });

  // 取得用户名
  Chat.username = Chat.getUsername();

  // 初始化集合和视图
  Chat.messages = new Chat.Messages();

  Chat.messagesView = new Chat.MessagesView({
    collection: Chat.messages
  });

  // 绑定对话框的 submit
  setup.dom.form.submit(Chat.submit);

  // 处理新的 chat 事件
  Chat.$chatroom = setup.dom.room;
  socket.on('chat', Chat.addMessage);
};

// 取得用户名
Chat.getUsername = function() {
  return prompt("What's your name?", '') || 'Anonymous';
};
```

上面的 `Chat.getUsername()` 函数用一个基本的 DOM 提示框获取用户名，如图 9-5 所示。

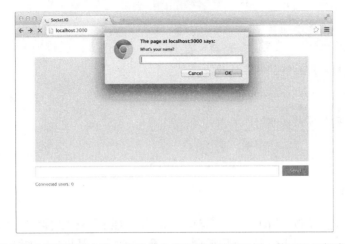

图 9-5 这个提示框获取用户名；这就是个非常基本的提示框，你可以根据自己的喜好使用模态对话框或其他实现方式

`Chat.getUsername()`返回用户输入的内容，如果用户取消了提示框，就返回 `Anonymous`。接下来修改 `Chat.submit()`函数，通过 WebSocket 传送用户名。

```
// 提交新的对话到服务器上
Chat.submit = function(e) {
  e.preventDefault();

  // 获取输入控件中的文本并清空它
  var $message = $(e.target.message),
  text = $message.val();

  $message.val('');

  // 通过 socket 发送消息
  socket.emit('newchat', {
    name: Chat.username,
    text: text
  });
};
```

因为服务器只是把收到的所有内容通过 socket 转发给所有用户，所以我们在服务器端什么也不用做。最后一步是修改消息视图以显示用户名。

```
Chat.MessageView = Backbone.View.extend({
  tagName: 'p',

  template: _.template('<strong><%=name %>:</strong> <%=text %>'),

  render: function() {
    // 添加消息 html
    this.$el.html(this.template(this.model.toJSON()));

    // 将新消息追加到父视图上
    this.parentView.$el.append(this.$el);
```

```
      return this;
   }
});
```

正如你所看到的，视图用了一个 Underscore 模板渲染消息。我们需要模型中的所有数据，所以模型被转换成 JSON 并在模板编译时传进去。现在打开两个不同的客户端。如图 9-6 所示，聊天室里出现名字了。

图 9-6　有了用户名，聊天室的用户体验好多了

> 建议你把 username 保存在本地存储中，这样用户就不用重新输入了。我在示例中没这么做，是因为我们还要在不同标签中用不同的用户名做测试。

9.3.7　添加时间戳

给消息加上时间戳也是个好主意，这样用户能看到每个消息的发送时间。先安装 Moment.js 模块，以简化时间戳的格式化工作。

```
npm install moment
```

有了 Moment.js，我们就可以给每个聊天消息创建时间戳，比如：

```
moment().format('h:mm');
```

这个方法会返回一个经过格式化的时间，比如下午 2 点 10 分会表示为 14:10。尽管我们也可以在客户端引入它，但毕竟不是最佳方案。因为聊天室中不同的用户可能在不同的时区，他们机器上的时间设置也可能不正确。如果把这个函数放在客户端，它的可靠性会大打折扣。所以我们把这个函数放在了服务器端，当通过 socket 收到消息时再添加时间戳。

```
var moment = require('moment'),
    activeClients = 0;
```

```
// 在连接建立时
io.sockets.on('connection', function(socket) {
  activeClients++;
  io.sockets.emit('message', {clients: activeClients});

  // 在连接断开时
  socket.on('disconnect', function(data) {
    activeClients--;
    io.sockets.emit('message', {clients: activeClients});
  });
  // 收到新的聊天消息
  socket.on('newchat', function(data) {
    data.timestamp = moment().format('h:mm');
    io.sockets.emit('chat', data);
  });
});
```

最后只要在 main.js 的消息模板中加上时间戳就可以了。

```
Chat.MessageView = Backbone.View.extend({
  tagName: 'p',

  template: _.template('<strong><%=name %> [<%=timestamp %>]:</strong> <%=text %>'),

  render: function() {
    // 添加消息 html
    this.$el.html(this.template(this.model.toJSON()));

    // 将新消息追加到父视图上
    this.parentView.$el.append(this.$el);

    return this;
  }
});
```

现在聊天室的消息里有时间戳了，如图 9-7 所示。

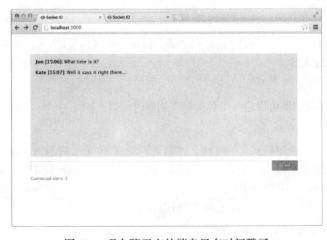

图 9-7　现在聊天室的消息里有时间戳了

9.3.8　保存到MongoDB中

就程序目前的状态而言，聊天消息会实时显示并发送给所有连接的用户。但如果能把消息保存到持久层中，用户进入聊天室时能看到以前的消息就更好了。

1. 连接 MongoDB

先确认 MongoDB 已经安装并正在运行，然后安装原生的 MongoDB 驱动模块。

```
npm install mongodb
```

然后在 Express 的 **app.js** 文件顶部加一个 `require()` 语句。

```
var express = require('express')
  , routes = require('./routes')
  , user = require('./routes/user')
  , http = require('http')
  , path = require('path')
  , mongodb = require('mongodb');
```

接下来连接 MongoDB 服务器，并在数据库中为消息创建一个集合。

```
// 连接 mongodb
var db = new mongodb.Db('mydb', new mongodb.Server('localhost', 27017,
 {auto_reconnect: true}), {w: 1});

db.open( function(err, conn) {
  db.collection('chatroomMessages', function(err, collection) {
    // 初始化聊天室
    chatroomInit(collection);
  });
});
```

`chatroomInit()` 函数只是一个为了确保 socket 功能不会在连到 MongoDB 之前初始化的回调函数，所以我们要把聊天室的代码塞到这个回调函数中。

```
var chatroomInit = function(messageCollection) {
  var moment = require('moment'),
      activeClients = 0;

  // 在连接建立时
  io.sockets.on('connection', function(socket) {
    activeClients++;
    io.sockets.emit('message', {clients: activeClients});

    // 在连接断开时
    socket.on('disconnect', function(data) {
      activeClients--;
      io.sockets.emit('message', {clients: activeClients});
    });

    // 收到新的聊天消息
    socket.on('newchat', function(data) {
      data.timestamp = moment().format('h:mm');
```

9

```
        io.sockets.emit('chat', data);
    });
  });
};
```

2. 把消息保存到 MongoDB

接下来修改 newchat 回调函数，把所有新收到的聊天消息保存到数据库里。

```
// 收到新的聊天消息
socket.on('newchat', function(data) {
  data.timestamp = moment().format('h:mm');
  io.sockets.emit('chat', data);

  // 将新消息保存到 mongodb
  messageCollection.insert(data, function(err, result) {
    console.log(result);
  });
});
```

上面的脚本用传入到 chatroomInit() 中的 messageCollection 向数据库中插入新数据。如果你重启 Node 服务器并提交新消息，会看到控制台中输出的数据库插入日志，输出如下所示。

```
[ { name: 'Anonymous',
    text: 'Test message',
    timestamp: '16:01',
    _id: 50e2274ded94e40000000001 } ]
```

3. 从 MongoDB 中加载消息

现在消息被保存到 MongoDB 中，我们只需在有新用户连接到 socket 上时加载这些文档。在 io.sockets.on('connection') 中加入下列代码。

```
// 从 mongodb 中取出最新的 10 条消息
messageCollection.find({}, {sort:[['_id', 'desc']], limit: 10}).toArray(function(err,
results) {
  // 逆序循环遍历结果
  var i = results.length;
  while(i--) {
    // 在这个 socket 连接上逐一发送
    socket.emit('chat', results[i]);
  }
});
```

这段脚本用 messageCollection 从 MongoDB 中得到最新的 10 条消息。为此它按 _id 的降序对消息排序，并加了 10 条文档的限制。然而还有两点需要特别说明。

(1) 因为这些文档是按降序请求的，所以脚本中必须用 while(i--) 逆序循环遍历它们。那样我们既能得到最新的 10 条记录，又能按正确的顺序显示它们。

(2) 然后通过 socket 发出数据，几乎就跟聊天室中收到新消息一样。然而它用的不是公共 socket io.sockets.emit()，而是私有 socket socket.emit()。

这个非常重要，因为被保存的消息只能发给新连接上来的用户。如果我们通过公共 socket 发送这些消息，那每当有新用户连上来时，所有用户都会收到一组最近发送的消息。

这段脚本通过 socket 发送的 chat 事件跟之前一样，所以我们不用修改客户端的任何东西。

main.js 中的脚本已经对通过 socket 发送过来的数据做了处理。然而这种方式可能会产生瓶颈，因为它通过 socket 发送的消息多达 10 条。如果你想对此做些优化，可以修改客户端脚本让它接受一个消息数组。

4. 关闭连接

如果聊天室没人用，那我们最好把数据库连接关上，所以要在 disconnect 处理器中加一个关闭连接的调用。

```
// 连接断开时
socket.on('disconnect', function(data) {
  activeClients--;
  io.sockets.emit('message', {clients: activeClients});

  // 如果没有用户了，则关闭数据库连接
  if ( !activeClients ) db.close();
});
```

现在当有用户断开连接时，这段脚本会检查连接的用户数。如果没有 activeClients，它会关闭 MongoDB 连接以节省资源。但请不要担心；当有新用户连上来并查询数据库时，这个连接会自动重新打开。

9.3.9 合并代码

聊天室的脚本完整了，但我还想最后过一遍所有代码。把 main.js 中的所有客户端代码放到一起。

```
var socket,
    Chat = {};

// 模型和集合

Chat.Message = Backbone.Model.extend({
  defaults: {
    text: ''
  }
});

Chat.Messages = Backbone.Collection.extend({
  model: Chat.Message
});

// 视图

Chat.MessageView = Backbone.View.extend({
  tagName: 'p',

  template: _.template('<strong><%=name %> [<%=timestamp %>]:</strong> <%=text %>'),

  render: function() {
    // 添加消息文本
    this.$el.html(this.template(this.model.toJSON()));
```

9

```
      // 追加新消息到父视图中
      this.parentView.$el.append(this.$el);

      return this;
    }
});

Chat.MessagesView = Backbone.View.extend({
  el: '#chatroom',

  initialize: function() {
    // 将"this"上下文绑定到 render 函数上
    _.bindAll(this, 'render');

    // 在集合上添加各种事件
    this.collection.on('change', this.render);
    this.collection.on('add', this.render);
    this.collection.on('remove', this.render);

    // 渲染初始状态
    this.render();
  },

  render: function() {
    // 清空包装器
    this.$el.empty();

    // 循环遍历集合中的消息
    this.collection.each(function(message) {
      var messageView = new Chat.MessageView({
        model: message
      });

      // 在子视图中保存对这个视图的引用
      messageView.parentView = this;

      // 渲染它
      messageView.render();
    }, this);

    // 滚动到底部
    this.$el.animate({ scrollTop: this.$el.height() }, 100);

    return this;
  }
});

// 初始化函数
Chat.init = function(setup) {
  // 连接到 socket
  socket = new io.connect(setup.host);

  // 收到数据后，更新用户数
```

```
  socket.on('message', function(data) {
    setup.dom.count.text(data.clients);
  });

  // 获取用户名
  Chat.username = Chat.getUsername();

  // 初始化集合和视图
  Chat.messages = new Chat.Messages();

  Chat.messagesView = new Chat.MessagesView({
    collection: Chat.messages
  });

  // 绑定对话框的 submit
  setup.dom.form.submit(Chat.submit);

  // 处理新的 chat 事件
  Chat.$chatroom = setup.dom.room;
  socket.on('chat', Chat.addMessage);
};

// 提交新的对话到服务器上
Chat.submit = function(e) {
  e.preventDefault();

  // 获取输入控件中的文本并清空它
  var $message = $(e.target.message),
  text = $message.val();

  $message.val('');

  // 通过 socket 发送消息
  socket.emit('newchat', {
    name: Chat.username,
    text: text
  });
};

// 将新消息添加到聊天室
Chat.addMessage = function(data) {
  Chat.messages.add(data);
};

// 获取用户的姓名
Chat.getUsername = function() {
  return prompt("What's your name?", '') || 'Anonymous';
};

$(function() {
  // 初始化聊天程序
  Chat.init({
    host: 'http://localhost:3000',
    dom: {
```

```
        count: $('#client-count'),
        form: $('.chatbox'),
        room: $('#chatroom')
      }
    });
  });
```

我们来回顾一下这段脚本所做的工作。

(1) 首先在 Backbone 中为消息创建了模型和集合。

(2) 然后为每个消息创建了视图,以及显示消息列表的父视图。这些都是绑定到集合的变化事件上的,所以以数据上的任何变化都会自动渲染到页面上。

(3) Chat.init()一开始先连接到 socket 上,然后调用 Chat.getUsername(),让用户在一个简单的 DOM prompt()中输入名字。

(4) 然后 Chat.init()初始化 Backbone 中的集合与视图。

(5) 接下来是 Chat.submit()函数,处理聊天消息表单的提交,通过 WebSocket 发送文本和用户名。

(6) Chat.init()的最后一部分是处理通过 WebSocket 收到的新聊天消息。把它们添加到 Chat.messages 集合中,然后 Backbone 在视图中渲染这些变化。

(7) 最后,一切都是从$(function)初始化中开始的,它启动了 socket 连接并触发了 Chat.init()。

下面是 app.js 中的相关部分,借此我们来回顾一下服务器端。

```
var server = http.createServer(app),
io = require('socket.io').listen(server);

server.listen(app.get('port'), function(){
  console.log("Express server listening on port " + app.get('port'));
});

// 连接到 mongodb
var db = new mongodb.Db('mydb', new mongodb.Server('localhost', 27017, {auto_reconnect:
true}), {w: 1});

db.open( function(err, conn) {
  db.collection('chatroomMessages', function(err, collection) {
    // 初始化聊天室
    chatroomInit(collection);
  });
});

var chatroomInit = function(messageCollection) {
  var moment = require('moment'),
      activeClients = 0;

  // 在连接建立时
  io.sockets.on('connection', function(socket) {
    activeClients++;
    io.sockets.emit('message', {clients: activeClients});
```

```
// 在连接断开时
socket.on('disconnect', function(data) {
  activeClients--;
  io.sockets.emit('message', {clients: activeClients});

  // 如果没有用户了，则关闭数据库连接
  if ( !activeClients ) db.close();
});

// 从 mongodb 中取出最新的 10 条消息
messageCollection.find({}, {sort:[['_id', 'desc']], limit:
10}).toArray(function(err, results) {
  // 逆序循环遍历结果
  var i = results.length;
  while(i--) {
    // 在这个 socket 连接上逐一发送
    socket.emit('chat', results[i]);
  }
});

// 收到新的聊天消息
socket.on('newchat', function(data) {
  data.timestamp = moment().format('h:mm');
  io.sockets.emit('chat', data);

  // 将新消息保存到 mongodb
  messageCollection.insert(data, function(err, result) {
    console.log(result);
  });
});
  });
};
```

重温一下关键点。

(1) 服务器端代码从创建 HTTP 和 socket 服务器开始。

(2) 然后连接到 MongoDB 的集合上，激发 `chatroomInit()` 回调函数。

(3) 在 `chatroomInit()` 中，它连到 socket 服务器上，通过 socket 发送一个连接消息，并给 `disconnect` 事件附加一个处理器。

(4) 然后从存储层 MongoDB 中取出最新的 10 条消息，用私有连接传给刚刚连接上来的用户 socket。

(5) 最后为客户端发来的新消息设置一个处理器。给这些消息都加上时间戳后通过 socket 转给所有用户；然后把消息存到 MongoDB 文档中。

9.4 小结

我们在本章中用 Node 和 WebSocket 构建了一个快速、实时的程序。本章开篇介绍了传统的轮询技术，以及为什么要创建 WebSocket 来取代它们。然后讲了 WebSocket API Socket.IO。我们用 Socket.IO 在 Node 上创建了第一个 socket 服务器，并通过客户端与它通信。

接下来，我们扩展这个简单的 socket 程序，创建了一个实时的聊天室应用。我们在服务器和客户端之间传送数据，并把信息显示在前端上。然后将聊天室程序挂到 Backbone 上，给数据加上了结构，然后用那个结构在浏览器中渲染变化。然后又给程序添了几个功能，最后加上了存储层 MongoDB。

本章把第三部分涉及的所有服务器端 JavaScript 概念都汇总到了一起。现在你应该有足够的能力用 Node 创建自己的服务器端程序了。你知道如何用 Express 框架精简 Node 开发，如何将 Node 中的数据保存到 MongoDB 上，最后又学会了如何用 WebSocket 连接 Node 服务器。

在后面几章中，你将继续提升自己的 JavaScript 技能，创建移动程序，在 HTML5 画布上作图，并发布你的程序。

9.5   补充资源

文档

❑ Socket.IO Wiki：https://github.com/learnboost/Socket.Io/wiki
❑ Moment.js Docs：http://momentjs.com/docs/

教程

❑ Getting Your Feet Wet with Node.js and Socket.IO：http://thecoffman.com/2011/02/21/getting-your-feet-wet-with-node.js-and-Socket.Io
❑ Node.js & WebSocket. Simple Chat Tutorial：http://martinsikora.com/nodejs-and-websocket-simple-chat-tutorial
❑ Nodechat.js. Using Node.js, Backbone.js, Socket.IO and Redis to Make a Real-Time Chat App：http://fzysqr.com/2011/02/28/nodechat-js-using-node-js-backbone-js-socket-io-and-redis-to-make-a-real-time-chat-app/

常用的WebSocket信息

❑ Introducing WebSockets:Bringing Sockets to the Web：http://www.html5rocks.com/en/tutorials/websockets/basics/
❑ WebSockets Everywhere with Socket.IO：http://howtonode.org/websockets-socketio
❑ WebSocket(MDN)：https://developer.mozilla.org/en-US/docs/WebSockets

第 10 章

进入移动领域 *10*

近年来，越来越多的用户离开台式机，转到移动设备上浏览网站。移动终端的增长速度十分惊人，特别是在北美以外的地区。在很多发展中国家，用户直接跳过了台式机，第一次上网就是用的移动设备。

比如按照 Pingdom 的统计（http://royal.pingdom.com/2012/05/08/mobile-web-traffic-asia-tripled），亚洲的移动流量份额从 2010 年到 2012 年增长了 192%。这并不是亚洲独有的现象，那段时期全世界的增长率超过了 162%。

尽管桌面端浏览还是比移动端浏览多，但预计在 2014 年初将会发生改观。这个机会非常诱人，并且有很多公司都在调整自己的位置，准备收获移动流量带来的回报。移动先行已经变成了很多开发人员的口头禅，他们正将目标瞄准移动设备，至于支不支持桌面端，以后再说了。与前两年相比，这是个巨大的转变，以前移动端程序往往是桌面端 Web 程序的附属品。

本章将介绍如何在移动的世界中调整你的 Web 程序。首先是如何检测移动设备，并创建响应式布局以适应不同的屏幕尺寸和设备方向。然后介绍几个可以用来处理移动设备视口（viewport）并提供响应式内容的脚本库，以及几个可以用来精简移动开发的移动端框架。

为移动端开发奠定坚实的基础之后，你可以继续深入，学会用 Hammer.js 库处理多点触控事件和复杂的手势。这个库可以让我们在程序中使用触屏接口，来响应用户的敲击、轻拍以及更多的交互动作。

然后我们会看一看如何借用用户设备上的 GPS，用地理位置 API 向用户发送本地化的内容。还会学习如何用 JavaScript 拨打电话号码和发短消息。最后学习如何用 PhoneGap 和 JavaScript 构建设备的本地程序。PhoneGap 可以在你的 JavaScript 程序和各种浏览器层面无法得到的 API 之间架起桥梁。看完本章后，你会对各种移动开发技能有初步的了解。

10.1　搭建移动 App

移动终端如此流行，构建一个只有桌面浏览器才能用的 Web 程序实在没多大意义。除非确实没办法让你的程序在移动终端上使用，否则你肯定应该做一个给智能手机和平板用的版本。但那也不是说你只能从头开始，构建一个完全独立的程序。实际上最好是别把桌面端和移动端的代码分割开，进而创建一个更加通用的代码库。

10.1.1　检测移动终端

要搭建一个移动版的网站或程序，首先要检测用户是不是在使用移动设备，这是我们面临的第一个挑战。通常来说，最好是在服务器端进行判断，这样我们就可以给比较慢的移动连接发送经过缩减的内容，并降低 HTML 标记的大小。然后可以发送专门针对移动端的 JavaScript，并避免在前端做任何检测。

　　然而有时还是需要用 JavaScript 做这种检测。不过这意味着要用 user agents 做浏览器嗅探。除了 user agent，没有其他检测移动端的可靠途径，因为设备制造商已经跟所有倡议脱节了。

> 设备制造商故意避开移动设备检测，这样他们就可以显示全幅的桌面端网站，让他们的设备看起来更棒。

1. 找到 user agent

用 user agent 检测移动设备也有自己的困难之处。因为随着新设备和移动浏览器不断地推陈出新，维护一个能与时俱进的移动端 user agent 清单会比较困难。不过有些服务可以帮我们代劳。

- 最简单的办法是从 http://detectmobilebrowsers.com 下载它的 JavaScript 实现。然而它的脚本只是做了一个简单的转发，所以你还需要修改它，创建一个挂钩让它能用在你的 JavaScript 中，比如设定一个 `isMobile` 变量。另外还要记得当 user agent 清单发生变化时更新这个脚本。
- 如果你需要更精细的检测，应该用 WURFL：http://wurfl.sourceforge.net。WURFL（无线通用资源文件）是一个经常更新的 XML 文件，它不仅列出了移动浏览器，还列出了它们在各种设备上的功能。因此，尽管它是靠 user-agent 嗅探工作的，但仍是一种合理可靠的功能检测手段。唯一的不足是必须在我们自己的 JavaScript 中设置一个 API 才能用它。不过好在已经有人做了几个，比如 PHP 的 Tera-WURFL 远程客户端：http://dbapi.scientiamobile.com/wiki/index.php/Remote_Webservice。

2. 找出方向

确定用户正在使用移动设备后，我们还可以用 JavaScript 检测设备的方向。窍门是用 `window.orientation`，它会输出用角度表示的方向。我们可以用它设置一个简单的竖版和横版模式开关。

```
switch( window.orientation ) {
  case 0:
  case 180:
    // 竖版模式
  break;

  case 90:
  case -90:
    // 横版模式
  break;
}
```

横版模式即有可能是 90 度，也有可能是 -90 度，这取决于设备往哪边转。此外，当设备的方向发生变化时，我们也可以用 `window.onorientationchange` 进行追踪。

```
window.onorientationchange = function() {
  alert('new orientation: ' + window.orientation + ' degrees');
};
```

在 iOS 中，用 window.ondeviceorientation 可以得到更精确的设备信息。它可以从设备的陀螺仪中给出准确的旋转角度，甚至是加速度。要了解更详细的信息，请访问 http://www.peterfriese.de/how-to-use-the-gyroscope-of-your-iphone-in-a-mobile-web-app。

3. 用媒体查询解决布局问题

最后，如果要检测跟布局有关的问题，可以用 JavaScript 的媒体查询。比如下面这段代码，它会基于窗口大小设置一个开关。

```
if (window.matchMedia('(max-device-width: 480px)').matches) {
  // 480px 或更小的设备
}
```

然而这段脚本会检测出所有相匹配的设备，不管它是不是移动终端。

10.1.2 设置移动端网站的样式

在过去，移动端的样式就是 HTML/CSS。用媒体查询或后台的移动端检测选择不同的样式表，以及用 HTML 技术在移动终端视口内显示经过修改的网站。然而最近有种趋势，要在 JavaScript 里处理这些问题。并不是传统的方式不行了，而是因为各种设备特定的问题太多，传统方式做得不够好了。

1. 视口脚本

其中一个例子就是处理移动端的视口，也就是页面显示在移动端屏幕上的范围。在过去，我们用一个普通的 HTML meta 标签来处理。

```
<meta name="viewport" content="width=device-width, initial-scale=1.0,
maximum-scale=1.0" />
```

理论上，这种方式应该能在一定的缩放水平上很好地显示页面。然而实际上还有很多不完善的地方。主要问题就是旋转。你可能已经注意到了，当你把设备转到横版模式下时，屏幕会缩放，以便跟竖版模式下的范围相匹配。如果我们正在读一段文章，这样没什么问题，但对于大多数网站来说，这未必是最好的用户体验。

不过 Zynga 的伙计们发布了一个开源的 JavaScript 库，可以更好地处理视口。下载地址是：https://github.com/zynga/viewporter。

这个脚本对旋转的处理更优雅，此外还有一些其他的细微差别，比如去掉浏览器的顶栏。

2. 另一个视口脚本

视口的另一个问题是它会让内容变得看起来相当随意。为什么要由用户的屏幕尺寸确定页面的分割点，那可能会截断图片和段落，将其推到下一屏去。

对响应式设计和视口而言，传统的方式设定了固定的分割点。如果只需支持几种设备，那种方式很好，但倘若有大量不同的移动端屏幕尺寸时就行不通了。不过有一个脚本可以根据页面上的内容设置视口，下载地址是：https://github.com/bradfrost/ish。有了这个脚本，我们就可以定义几种大小，然后让它自动处理其他的事情了。

3. 响应式图片脚本

在提供网站的移动版时还有一个常见的问题，即如何处理图片。我们一方面希望给移动端显示的图片要小；另一方面又希望给桌面浏览器显示的图片分辨率要高。我们可以让服务器发送完全不同的 HTML 标记来实现这一目标，但那样会很难构建和维护。这里有一种更简单的方案，它在图片路径上做了一点有趣的处理，下载地址是 https://github.com/filamentgroup/Responsive-Images。

其基本原理是定义两种情况下要用的图片，然后由脚本确定哪个最适用。然而这些路径只能用在 Apache 服务器上，所以如果你用的不是 Apache，就得另寻他法了。还好有些脚本可选，你可以参阅 http://css-tricks.com/which-responsive-images-solution-should-you-use。

10.1.3 移动端框架

移动设备如此大行其道，因此大量的移动端库和框架应运而生。这些资源为我们的移动开发做好了大量的铺垫工作。然而跟所有第三方工具一样，选出最适合我们的那些至关重要。

- Sencha Touch：Sencha Touch 可能是最强大的移动端框架。它有很多实用的移动端组件，还有 MVC 和样式处理。它特别适合需要大量移动端功能的交互性程序。所以如果你正在构建一个功能完备的移动端程序，可以考虑 Sencha Touch。但如果只是给一个简单的介绍性网站披上移动端的外衣，用 Sencha Touch 就有点小题大作了。在所有的移动端框架中，它是学习起来最难的，并且文件最大。要深入了解 Sencha Touch，请访问 http://www.sencha.com/products/touch。
- jQuery Mobile：jQuery Mobile 是另一个提供了大量移动端组件和主题的框架。它构建在 jQuery 和 jQuery UI 之上，所以大多数开发人员都会觉得它很容易掌握和上手。jQuery Mobile 提供了很多样式，还有一个跟 jQuery UI 类似的主题处理器，所以它真的很适合用来快速做出移动端 UI，基本上不需要你自己设计组件。但如果你确实有设计方面的要求，用它会比较有挑战性。如果不需要 SenchaTouch 的全部功能，jQuery Mobile 是 Web 程序的不二之选。要深入了解 jQuery Mobile，请访问 http://jquerymobile.com。
- 移动端库：如果只是要给一个简单的网站披上移动端的外衣，千万别用移动端框架。用移动端库给网站注入少量的移动端功能会让人更开心。我们在第 2 章提到过 Zepto.js，Zepto 是一个轻量的 JavaScript 库，包含了一些移动端上使用的基本触屏手势。http://zeptojs.com/#touch 上有关于 Zepto 触摸事件的详细介绍。此外，在下一节中，我们还会学习如何用 Hammer.js 给程序添加更强大的触摸手势支持。

10.2 集成触屏

移动端开发的一个特殊挑战就在于要处理一个不同的界面：触屏。但我们不应该把它当作一个挑战，而是应该当作一个提供更高品质的用户体验的契机。

撰写本书时，触屏还主要是出现在移动端设备上。但也出现了一些适用于台式机的触屏显示器，并且这一趋势仍将继续，桌面端和移动端的界限将渐渐变得模糊起来。

10.2.1　基本触摸事件

要跟触屏交互，我们必须为一种新的事件类型创建处理器：触摸事件。但你可能还在想为什么要为触摸事件设置处理器。毕竟当用户触碰屏幕时，移动端浏览器仍然会注册点击事件。然而鼠标只能点击屏幕上的一个点，而触屏能同时触发多个触摸事件，跟用户的手指一样多。

1. 创建单触摸事件

创建单触摸事件的处理器很简单。

```
var el = document.getElementById('my-element');

el.addEventListener('touchstart', function(e) {
  // 触摸时要做的事
});
```

这里的脚本使用了标准的 JavaScript adeEventListener()方法来附着 touchstart 事件。和 mousedown 类似，当用户的手指触摸到屏幕时就会激发这个事件。

同样，还可以绑定 touchend，这会在用户移开手指时激发（跟 mouseup 类似）。这里还有第三个事件 touchmove，当用户把手指放在设备上并移动它们时激发。

2. 创建多触摸事件

使用触摸事件时，我们可以从事件对象中得到触摸点的坐标。

```
el.addEventListener('touchstart', function(e) {
  var x = e.touch.pageX;
  var y = e.touch.pageY;
});
```

在上面的代码中，touch.pageX 和 touch.pageY 给出了用户在屏幕上触摸点的坐标(x,y)。如果用户同时用多个手指触摸屏幕，我们也可以得到多个触点的信息，为此我们需要 touches 数组。

```
el.addEventListener('touchstart', function(e) {
  // 第一个手指
  var x1 = e.touches[0].pageX;
  var y1 = e.touches[0].pageY;

  // 第二个手指
  var x2 = e.touches[1].pageX;
  var y2 = e.touches[1].pageY;
});
```

上面的事件将第一个手指在屏幕上的坐标放在 touches[0]中，第二个手指在 touches[1]中。更多的触点也将被添加到这个数组中（第三个手指是 touches[2]，以此类推）。

10.2.2　复杂的触摸手势

可能为触屏写代码最棒的地方就是有机会使用触摸手势，比如滑动、缩放和旋转。这些手势改善了移动程序的 UI，提供了更多的交互体验。

尽管我们可以编写自己的手势，但这么做可能会相当复杂。不过好在有些手势库可以用，其中最著名的就是 Hammer.js（http://eightmedia.github.io/hammer.js）。有了 Hammer.js，我们就很容易引入大量支持 iOS、Android 和黑莓等不同移动端平台的触摸手势。

> 　　iOS 包含了一些原生手势的支持。但你很可能最终要为其他设备做个后备手段，所以最好还是坚持使用 Hammer.js 手势。

1. Hammer.js 基础

Hammer.js 用起来真的非常容易。先下载代码，然后把它引入到页面中；接着绑定到一个元素上。

```
var hammer = new Hammer( document.getElementById('my-element') );
```

最后在那个对象上定义一个触摸事件。

```
hammer.ondoubletap = function(e) {
  console.log('Whoah the element has been double tapped');
}
```

只要用户在这个元素上轻拍两下，就会激发这个事件。但 ondoubletap 仅仅是个开始。Hammer.js 包含很多不同的手势，比如 ondrag、onhold 和 ontransform。

2. 用 Hammer.js 实现轮播

图片轮播是网站中最常见的元素之一。为了创建更好的移动端用户体验，我们可以用手势控制增强基本的轮播。那样用户就可以通过左右滑动来切换图片了。

● 创建轮播

先写标记。

```
<section class="slideshow">
  <div class="slides">
      <img src="images/my-image.jpg" alt="" class="slide" />
      <img src="images/my-image-2.jpg" alt="" class="slide" />
      <img src="images/my-image-3.jpg" alt="" class="slide" />
      <img src="images/my-image-4.jpg" alt="" class="slide" />
  </div>
</section>
```

轮播的标记依然非常简单。

接下来添加一些样式。

```
.slideshow {
  width: 500px;
  height: 300px;
  position: relative;
  overflow: hidden;
}

.slides {
  position: absolute;
  top: 0;
  left: 0;
  width: 10000px;
  -webkit-transition: left 0.3s ease;
     -moz-transition: left 0.3s ease;
```

```
      -o-transition: left 0.3s ease;
         transition: left 0.3s ease;
}

.slide {
    width: 500px;
    height: 300px;
    float: left;
}
```

这些样式是要在 `.slides` 包装器中浮动所有的 `.slide` 图片，形成一个长的水平卷轴。然后这个包装器被绝对定位在父容器 `.sildeshow` 中。

那样就可以将 `.slides` 容器向左和向右移动来显示卷轴中不同的画面。而且这段代码也没用 JavaScript 做变化的动态效果，而是用了简单的 CSS 转换。

> 在构建移动端页面时，用 CSS 转换做动画是个好主意，因为这样性能会更好。

最后加一些基本的 jQuery。

```
function Slideshow($wrap) {
  this.currSlide = 0;

  // 缓存一些变量
  var $slideWrap = $wrap.find('.slides');
  var slideWidth = $slideWrap.children(':first-child').width();
  var slideCount = $slideWrap.children().length;

  this.changeSlide = function() {
    // 对 currSlide 做合法性检查
    var $kids = $slideWrap.children();
    if ( this.currSlide >= $kids.length ) this.currSlide = 0;
    else if ( this.currSlide < 0 ) this.currSlide = $kids.length - 1;

    // 改变 slides 的水平位置
    $slideWrap.css('left', slideWidth * this.currSlide * -1);
  };

  // 定期改变 slides
  var slideInterval = setInterval( $.proxy( function() {
    this.currSlide++;
    this.changeSlide();
  }, this), 4000);
}

var slideshow = new Slideshow( $('.slideshow') );
```

目前这段轮播脚本非常直观。

(1) 首先设置一个公共的 `this.currSlide` 变量，并缓存几个变量备用。

(2) 然后创建一个公共的 `this.changeSlide()` 函数，可以根据 `this.currSlide` 变量改变要显示的画面。

(3) this.changeSlide()检查新的画面是否超出了轮播画面的范围。然后根据新的画面索引和轮播画面的总宽度移动.slides 包装器。然后用之前做的那个 CSS 转换处理效果动画。

(4) 最后设置一个每隔 4 秒改变一次当前画面的时间间隔。有一点要注意的是这里用了 $.proxy()，由它将 this 上下文传到间隔的回调函数中。

这段脚本是定期改变画面的，你可以根据自己的需要设置任何类型的功能。用 this.changeSlide()函数创建向后和向前按钮、数字导航，等等。

● 添加滑动手势

前面的轮播每隔 4 秒换一幅画面。接下来我们要给移动端添加滑动手势。先从 http://eightmedia.github.com/hammer.js 下载 Hammer.js，并在页面中引入主脚本。Hammer.js 也包含有 jQuery 插件，但现在我们只需使用单独的脚本。

Hammer.js 用起来相当容易。先在要绑定触摸事件的元素上创建 Hammer 的新实例，然后定义一个处理器。比如：

```
var hammer = new Hammer( document.getElementById('my-element') );

hammer.onswipe = function(e) {
  // 处理滑动事件
};
```

在轮播的例子中，我们要把这个事件绑到主包装器上，所以在 Slideshow()函数中加上下面的内容。

```
var hammer = new Hammer( $wrap[0] );
```

脚本中的 jQuery 对象$wrap[0]得到 DOM 引用，并用它绑定 Hammer.js。

接下来绑定实际的滑动事件。

```
var hammer = new Hammer( $wrap[0] );

hammer.onswipe = $.proxy(function(e) {
  switch( e.direction ) {
    case 'left':
      this.currSlide++;
      this.changeSlide();
    break;

    case 'right':
      this.currSlide--;
      this.changeSlide();
    break;
  }
}, this);
```

滑动事件是用你之前见过的$.proxy()方法绑定的。那样轮播实例的上下文就能留在 onswipe 事件的处理器中。然后用事件对象中传过来的 direction 键判断用户是向左滑动还是向右滑动，并相应地增加 currSlide 变量，最后调用 changeSlide()函数。

如果你刷新移动端浏览器中的轮播页面，就会发现滑动事件生效了。然而我们还有很多工作要做。首先，要屏蔽这个触摸事件的默认行为，现在的滑动还会移动页面。另外，对于定期自动切换的轮播而言，在用户开始自己控制跟它交互的时候，最好去掉定期自动切换的动作，以免脚本对用户想做的操作产生干扰。这些修改很容易实现。

```
var hammer = new Hammer( $wrap[0] );

hammer.onswipe = $.proxy(function(e) {
  // 清除所有时间间隔
  clearInterval( slideInterval );

  switch( e.direction ) {
    case 'left':
      this.currSlide++;
      this.changeSlide();
    break;

    case 'right':
      this.currSlide--;
      this.changeSlide();
    break;
  }

  // 屏蔽默认行为
  return false;
}, this);
```

这里先把时间间隔清除掉。然后用 `return false` 屏蔽默认行为。不过编写此书时 Hammer.js 还不支持 `preventDefault()`，这里只有一个稍微有些严格的全局选项。

> 如果滑动手势的效果跟你希望的不完全一样，可以考虑修改 Hammer.js 的某些选项。可以访问 https://github.com/eightmedia/hammer.js#defaults 了解这些选项的相关信息。你可以试着调整 swipe_time 和 swipe_min_distance。

● 橡胶带

现在滑动手势能用了，但现在的轮播在两边的边界处表现得有点奇怪，因为它会循环转到另一边。这在定期自动切换时没什么问题，但对于滑动事件来说并不是最好的体验。好在要阻止它在滑动事件上循环并不难。

```
var hammer = new Hammer( $wrap[0] );

hammer.onswipe = $.proxy(function(e) {
  // 清除所有时间间隔
  clearInterval( slideInterval );

  switch( e.direction ) {
    case 'left':
      // 如果到了边界，则停住
      if (this.currSlide >= slideCount - 1) {
        return false;
      }
```

```
      this.currSlide++;
      this.changeSlide();
    break;

    case 'right':
      // 如果到了边界，则停住
      if (this.currSlide <= 0) {
        return false;
      }

      this.currSlide--;
      this.changeSlide();
    break;
  }

  // 屏蔽默认行为
  return false;
}, this);
```

现在这个脚本把循环停住了，但那并没有给用户传达太多信息，看起来就像是轮播出问题了。设置橡胶带是个好办法，把轮播画面稍微移过边界一点然后把它弹回到正确的位置。橡胶带在移动端 UI 中非常常见，用户应该会很熟悉。CSS 转换已经设置过了，所以要完成它并不是太难。

```
var hammer = new Hammer( $wrap[0] );

hammer.onswipe = $.proxy (function(e) {
  // 清除所有时间间隔
  clearInterval( slideInterval );

  switch( e.direction ) {
    case 'left':
      // 如果到了边界，则停住
      if (this.currSlide >= slideCount - 1) {
        // 橡胶带效果
        var thisPosLeft = slideWidth * -1 * (slideCount - 1);
        $slideWrap.css('left', thisPosLeft + slideWidth / 3 * -1)

        setTimeout(function() {
          $slideWrap.css('left', thisPosLeft);
        }, 200);

        return false;
      }

      this.currSlide++;
      this.changeSlide();
    break;

    case 'right':
      // 如果到了边界，则停住
      if (this.currSlide <= 0) {
        // 橡胶带效果
        $slideWrap.css('left', slideWidth / 3);
```

```
        setTimeout(function() {
          $slideWrap.css('left', 0);
        }, 200);

        return false;
      }

      this.currSlide--;
      this.changeSlide();
    break;
  }

  // 屏蔽默认行为
  return false;
}, this);
```

因为向右滑动比较容易看懂，所以我们看一下向右滑动中的橡胶带效果。它先把画面移出去三分之一；然后设置了一个超时，把它弹回到正确的位置。向左滑动的设置恰恰相反。

● 合并代码

现在的轮播既能支持滑动手势，又有橡胶带效果了。下面是完整的脚本。

```
function Slideshow($wrap) {
  this.currSlide = 0;


  // 缓存一些变量
  var $slideWrap = $wrap.find('.slides');
  var slideWidth = $slideWrap.children(':first-child').width();
  var slideCount = $slideWrap.children().length;

  this.changeSlide = function() {
    // 对 currSlide 做合法性检查
    var $kids = $slideWrap.children();
    if ( this.currSlide >= $kids.length ) this.currSlide = 0;
    else if ( this.currSlide < 0 ) this.currSlide = $kids.length - 1;

    // 改变 slides 的水平位置
    $slideWrap.css('left', slideWidth * this.currSlide * -1);
  };

  // 定期改变 slides
  var slideInterval = setInterval( $.proxy ( function() {
    this.currSlide++;
    this.changeSlide();
  }, this), 4000);

  // 支持滑动手势
  var hammer = new Hammer( $wrap[0] );

  hammer.onswipe = $.proxy(function(e) {
    // 清除所有时间间隔
    clearInterval( slideInterval );
```

```
    switch( e.direction ) {
      case 'left':
        // 如果到了边界，则停住
        if (this.currSlide >= slideCount - 1) {
          // 橡胶带效果
          var thisPosLeft = slideWidth * -1 * (slideCount - 1);
          $slideWrap.css('left', thisPosLeft + slideWidth / 3 * -1);

          setTimeout(function() {
            $slideWrap.css('left', thisPosLeft);
          }, 200);

          return false;
        }

        this.currSlide++;
        this.changeSlide();
      break;

      case 'right':
        // 如果到了边界，则停住
        if (this.currSlide <= 0) {
          // 橡胶带效果
          $slideWrap.css('left', slideWidth / 3);

          setTimeout(function() {
            $slideWrap.css('left', 0);
          }, 200);

          return false;
        }

        this.currSlide--;
        this.changeSlide();
      break;
    }

    // 屏蔽默认行为
    return false;
  }, this);
};

var slideshow = new Slideshow( $('.slideshow') );
```

回顾一下这段代码的功能。

(1) 首先定义一个 changeSlide() 函数，给 .slides 包装器设置一个新的水平位置。然后用 CSS 中的转换做这个位置的动画效果。

(2) 设置一个时间间隔，在所有浏览器中自动切换画面，包括移动端和桌面端。

(3) 在轮播上实例化 Hammer.js，用带有左右滑动的开关绑定滑动手势。

(4) 如果滑动超出了轮播的边界，会触发一个橡胶带的动画效果。否则用 changeSlide() 函数切换到新的画面。

3. Hammer.js 的手势转换

除了滑动，还有几个 iOS 用户已经熟悉的手势，比如缩放和旋转。通常缩放手势用来放大或缩小元素，而旋转手势用来旋转它们。iOS 为这些手势提供了原生事件，但我们可以用 Hammer.js 对它们提供跨平台的支持。

● 创建一个缩放和旋转的盒子

先调整页面的 meta viewport，禁用所有容易出错的缩放。

```
<meta name="viewport" content="width=500, user-scalable=no"/>
```

然后从一个简单的元素开始。

```
<div id="transformer"></div>
```

应用一些基本的样式。

```
#transformer {
    background: tomato;
    width: 300px;
    height: 300px;
    margin: 50px auto;
}
```

接着把 Hammer.js 附着到这个元素上，然后定义一个转换处理器。

```
var wrapper = document.getElementById('transformer');
var hammer = new Hammer( wrapper );

hammer.ontransform = function(e) {
  wrapper.style.webkitTransform = 'rotate(' + e.rotation + 'deg)' + ' scale(' + e.scale
+ ')';

  return false;
};
```

上面的转换处理器用 CSS 属性 -webkit-transform 应用缩放和旋转的变化，可以通过 e.rotation 和 e.scale 访问。现在当你在移动设备中加载这个页面后，这个元素会随着你手指的手势缩放和旋转。

> 不用担心 CSS transform 的其他厂商前缀。Hammer.js 支持所有使用 WebKit 的设备。

10

● 缓存转换的变化

然而如果你试一下其他的手势，会发现它不太稳定。因为这段脚本并没有把每个手势之后的新缩放和旋转值存下来，所以每次都是重新开始。不过这个问题很好解决。

```
// 定义旋转和缩放值
var rotation = 0;
var scale = 1;

// 绑定 hammer.js
```

```
var wrapper = document.getElementById('transformer');
var hammer = new Hammer( wrapper );

// 转换事件，修改 CSS
hammer.ontransform = function(e) {
  wrapper.style.webkitTransform = 'rotate(' + (e.rotation + rotation) +
  'deg)' + ' scale(' + (e.scale * scale) + ')';

  return false;
};

// 转换结束事件，设定新值
hammer.ontransformend = function(e) {
  rotation += e.rotation;
  scale *= e.scale;
};
```

上面的脚本一开始先定义了 rotation 和 scale 变量。然后在处理器 ontransform 中调整它们的值。最后在手势结束时激发的处理器 ontransformend 中设定新值。这里不能在 ontransform 中简单修改这些值，因为那样就变化得太快了。现在的脚本把之前的所有转换都保存下来了，所以多个手势的表现也跟我们预期的一样了。

10.3　Geolocation

移动端网站的一个优势是能够根据用户的地理位置提供特定的信息。比如说你想找到最近的披萨店，既然设备已经知道你的确切位置了，为什么还要输入你的邮编呢？

10.3.1　找到用户的位置

在 JavaScript 里用 geolocation API 非常容易。

```
if ( navigator.geolocation ) {
  navigator.geolocation.getCurrentPosition(function(position) {
    console.log('Location: ' + position.coords.latitude + ' ' + position.
coords.longitude);
  });
}
```

上面的脚本先检查有没有 geolocation，如果有就用 getCurrentPosition() 返回用户的经纬度。当然，geolocation 有其固有的隐私问题，所以当我们调用这个 API 时，用户的浏览器或设备总会弹出一个提示框询问用户是否接受，如图 10-1 所示。

即便在非移动端设备中，geolocation 调用也会基于用户的 IP 地址返回一些信息。

图 10-1 必须经过用户同意才能访问 geolocation 数据，如这个 iOS 设备所示

10.3.2 连接Google地图

得到用户的经纬度后，我们可以用它做很多事，比如通过某个 API 得到 TA 所在的城市或将数据发给 Google 地图 API。

先按照 https://developers.google.com/maps/documentation/javascript/tutorial#api_key 中的指令拿到 Google 地图 API 的 key。然后用下面的代码显示用户当前位置的地图。

```
<!DOCTYPE html>
<html>
<head>
  <title>Current Location</title>
  <meta name="viewport" content="initial-scale=1.0, user-scalable=no" />

  <style type="text/css">
  html, body, #map_canvas { height: 100% }
  body { margin: 0; padding: 0 }
  </style>
</head>

<body>
  <div id="map_canvas" style="width:100%; height:100%"></div>

  <script src="https://maps.googleapis.com/maps/api/js?key=YOUR_API_KEY&
  sensor=true">
  </script>
  <script>

  // 获取当前位置
```

10

```
if ( navigator.geolocation ) {
  navigator.geolocation.getCurrentPosition(function(position) {
    displayMap( position.coords.latitude, position.coords.longitude );
  });
}

// 显示地图
function displayMap(latitude, longitude) {
  // 定义地图选项
  var mapOptions = {
    center: new google.maps.LatLng(latitude, longitude),
    zoom: 10,
    mapTypeId: google.maps.MapTypeId.ROADMAP
  };

  // 从 Google API 中获取地图
  var map = new google.maps.Map(document.getElementById("map_canvas"),
    mapOptions );
}
</script>
</body>
</html>
```

这段代码先设置了一些基本的样式和标记，然后引用 Google 地图 API 脚本。别忘了在 YOUR_API_KEY 那里填入你的 API key。接着用 navigator.geolocation.getCurrentPosition() 取得用户的经纬度。然后把这个信息传递给 displayMap() 函数。displayMap() 函数只是把经纬度传给 Google 地图 API 并显示地图。这就是这段代码所做的全部工作。

在你的移动设备（或桌面浏览器）中打开这个页面，应该能看到与图 10-2 类似的画面。

图 10-2　geolocation 脚本显示我当前的位置在俄勒冈州的波特兰市

从这个例子可以看出，跟这个 API 的交互相当直白。接下来我们可以进入下一级，创建一个定制的地图，指向你的商业位置，或标记出靠近用户的相关位置。

10.3.3 追踪Geolocation的变化

我们也可以用 `watchCurrentPosition()` 追踪用户位置的变化。

```
if ( navigator.geolocation ) {
  navigator.geolocation.watchCurrentPosition(function(position) {
    console.log('Location: ' + position.coords.latitude + ' ' + position.
coords.longitude);
  });
}
```

这段脚本设置了一个事件处理器来追踪 geolocation 中的变化。因为它只在位置发生变化时激发，所以比用一个间隔周期简单地设置 `getCurrentPosition()` 要好得多。`watchCurrentPosition()` 在不需要追踪移动目标时还是比较有用的。移动设备经常一有大概的位置信息就先返回，当有更精确的数据后再进行细化。

用 `watchCurrentPosition()` 可以保证一旦有了最准确的位置数据就能获取它。但为了节省资源，应该在调用几次之后去掉它的处理器。

```
var watchCount = 0;
var positionTimer = navigator.geolocation.watchPosition(function (position) {
    // 增加计数
    watchCount++;

    // 在第三次尝试时清除观测
    if ( watchCount > 2 ) {
      navigator.geolocation.clearWatch(positionTimer);
    }
});
```

当你希望得到经过细化的 geolocation，但不想追踪它的变化时，用 `clearWatch()` 可以节省资源。

10.4　电话号码和短信

在某些设备上，我们甚至可以用 JavaScript 拨打电话和发送短信。不过不要高兴的太早，它不会在浏览器里直接开始呼叫。但我们可以用 JavaScript 把用户带到设备里拨打电话或发送短信的应用中。

10.4.1　静态的电话号码和SMS链接

拨打电话和发送短信的窍门是使用 HTML5 为电话链接提供的标记标准。

```
<a href="tel:+12125551234">(212) 555 - 1234</a>
```

在支持 HTML5 的设备上，用户点击上面代码中的链接就会拨打其中的电话号码。另外也可以为短信设置链接。

```
<a href="sms:+12125551234">Text me</a>
```

当用户点击这个链接时，TA 的短信客户端会打开并显示给定的电话号码。我们甚至还可以设置发给多个号码的短信。

```
<a href="sms:+12125551234,+12125556789">Text us</a>
```

10.4.2　用JavaScript拨打电话和发送短信

我们也可以用 tel: 和 sms: 协议直接跟 JavaScript 中的电话功能交互。它真的很简单，只要用 window.location 调用这些链接就行了。

```
// 呼叫(212) 555-1234
window.location =  'tel:+12125551234';
```

现在我们调用这段脚本时，它会跟用户的手机交互。比如在 iOS 中，它会弹出一个提示框，问用户是接受还是取消，如图 10-3 所示。

图 10-3　在 iOS 中用 JavaScript 拨打号码会弹出这个提示框，它可以避免对该协议的滥用

同样，也可以发送短信。

```
// 发送短信给(212) 555-1234
window.location = 'sms:+12125551234';
```

然而在跟设备的电话功能交互时，要确保设备能够支持电话功能。仅仅检测移动设备是不够的，因为像平板电脑和 iPod Touche 之类的移动设备并没有电话功能。

10.5　PhoneGap

之前我们已经学会如何构建一个可以通过移动端浏览器访问的 Web 程序了。然而有时我们还想做一个可以直接安装在设备上的程序。在以前，这意味着要为不同的平台编写不同的程序：在 iOS 上用

Objective-C、Android 上用 Java，等等。如果写出一个程序就能用在多个移动端平台上岂不是更好？

　　PhoneGap 使这种想法成为了可能，让我们可以用 HTML、CSS 和 JavaScript 写出一个集中式的移动端程序。PhoneGap 把这个程序打包成能运行在各种设备上的程序，包括 iOS、Android、黑莓、Windows Phone 7、塞班，等等。

　　最棒的是因为能作为本地程序运行，程序通过 PhoneGap 能使用因为安全原因在浏览器层面无法使用的设备功能。PhoneGap 提供了一些本地特性的 JavaScript API，比如：

- ❑ 加速度感应器
- ❑ Geolocation 和指南针
- ❑ 媒介捕获（照片、音频和视频）
- ❑ 媒介播放
- ❑ 提醒（弹出警告框以及声音或振动提醒）
- ❑ 文件结构和存储
- ❑ 通讯录
- ❑ 连接类型（WiFi、2G、3G，等等）

要了解更多的原生功能，请访问 http://docs.phonegap.com/。

PhoneGap 的开源分支叫做 Apache Cordova。

10.5.1　PhoneGap的优与劣

　　尽管 PhoneGap 支持的功能非常多，但一定要记住它并不适用于所有项目。

1. PhoneGap 与原生代码

　　PhoneGap 不是用各个平台原生的 UI 框架渲染程序，而是用 Web 视图。这样在性能上显然要比真正的原生程序差。实际上 PhoneGap 使得推出原生程序变得容易了。对于已经有 Web 程序的项目来说，可以用它转换出设备上的原生程序，也就是说只需很少的编程工作就能推出集中式的程序。

　　俗话说"种瓜得瓜，种豆得豆"。用原生代码编写的程序总是比用 PhoneGap 做的程序强，但它们的开发成本一般也更高，特别是在你想要在多个平台上发布时。

2. 原生程序与 Web 程序

　　你还必须决定是否真的需要一个原生程序。也许标准的 Web 程序就足以满足你的需要了。Web 程序对用户的要求很低，因为用户不用在他们的设备上下载并安装一些新东西。你可以问问自己：我想下载这个程序吗？还是只要能通过浏览器访问就行？

　　做这个决定时还有一点需要考虑，就是你想不想跟 iOS App 商店或 Android 市场打交道。对于推广来说它们很有帮助，但它们却要收取 30%的费用（更别提那令人费解的审批流程了）。

　　别忘了 Web 程序在很多设备上也能保存到桌面上，也就是说用户通过点击电话上的图标也能进入你的 Web 程序。

10.5.2   PhoneGap入门

尽管 PhoneGap 可以将我们的代码转换到不同的移动端平台上，但转换过程并不像扳动开关那么简单。每个平台的部署都会稍有差异，并且要各自独立进行。但还是要比从头开始写容易得多。要了解在每个平台上如何入手，请参考 http://docs.phonegap.com/en/2.2.0/guide_getting-started_index.md.html。

并且你要知道，并不是所有 API 在所有设备或平台上都是通用的。关于兼容性列表请看 http://phonegap.com/about/feature。

10.5.3   连接相机

一旦设置好 PhoneGap，使用设备的功能就变得容易了，因为 PhoneGap 会用简单的 JavaScript API 对外提供原生的设备功能。比如我们可以用 getPicture() 方法访问设备的相机。

```
navigator.camera.getPicture(onSuccess, onError, {
  quality: 60,
  destinationType: Camera.DestinationType.DATA_URL
});

function onSuccess(imageData) {
  // 创建新图片
  var img = new Image();
  img.src = "data:image/jpeg;base64," + imageData;

  // 追加到 DOM 中
  document.body.appendChild( img );
}

function onError(message) {
  alert(message);
}
```

当程序运行这段脚本时，它会在设备上打开原生的相机对话框，并把数据传回到程序中。getPicture() 方法接受成功和错误两个回调函数，还有一个可选的对象。在这个例子中，相机将图片作为数据 URI 传回来，然后追加到 DOM 中。

此外我们也可以把这个数据保存到服务器上，或者在设备的文件系统中保存为图片。

> 尽管大多数设备在浏览器层面上都不能访问相机，但 Android 支持媒体捕获 API，有了它，即便不用 PhoneGap 我们也能拍摄图片。

10.5.4   连接通讯录

移动设备不太可能会提供浏览器层面的通讯录访问。这些信息太敏感了。然而本地程序可以访问，PhoneGap 程序也不例外。我们只需利用 contacts API。

```
navigator.contacts.find('*', function(contacts) {
  console.log(contacts);
```

```
}, function(error) {
  alert(error);
}, {
  multiple: true
});
```

上面的 find 方法会返回所有联系人的清单。跟访问相机的 API 一样，这个方法也接受成功和错误回调函数，以及一个选项数组。

对某些程序来说，通讯录信息非常有用，比如如果用户想找朋友一起玩游戏，或分享照片。

10.5.5 其他API

希望这些简单的示例已经让你了解到使用 PhoneGap 的 API 是多么容易。但这只是你尝到的一点点甜头。PhoneGap 中还有大量可以用在移动程序中的 API。

我们可以使用加速度感应器和陀螺仪，录下声音和视频，保存并加载设备存储中的文件，等等。要了解更多信息，请访问 PhoneGap 文档：http://docs.phonegap.com/en/2.2.0/index.html。

10.6　小结

本章介绍了很多移动端开发的技巧。我们首先学习了如何检测移动端设备，创建响应式布局，根据不同的屏幕尺寸和设备方向缩放。然后又研究了两个比较简单的脚本，它们可以用来处理移动端视口，发送响应式内容和图片。

接下来又学习了多触点设备，以及如何用 Hammer.js 设置手势处理器。然后我们了解了如何用 geolocation API 提供与地理位置相关的内容，以及如何使用设备的电话功能，用 JavaScript 拨打电话和发送短信。

最后我们了解了一下 PhoneGap，并用我们已经掌握的 JavaScript 技能构建本地的移动端程序。

我相信你一定明白开发移动端程序的重要性。现在你已经掌握了相关的技能。

10.7　补充资源

移动端使用状态

- ❑ Google Mobile Planet：http://www.thinkwithgoogle.com/mobileplanet/en
- ❑ Ofcom Report：http://www.smartinsights.com/marketplace-analysis/customer-analysis/new-internet-usage-report
- ❑ Pingdom Report：http://royal.pingdom.com/2012/05/08/mobile-web-traffic-asia-tripled

移动端检测

- ❑ Detect Mobile Browsers：http://detectmobilebrowsers.com
- ❑ WURFL：http://wurfl.sourceforge.net
- ❑ Tera-WURFL Remote Client：http://dbapi.scientiamobile.com/wiki/index.php/Remote_Webservice

10

移动端框架

- ❑ SenchaTouch：http://www.sencha.com/products/touch
- ❑ jQuery Mobile：http://www.jquerymobile.com

移动端库

- ❑ Hammer.js：http://eightmedia.github.com/hammer.js
- ❑ Zepto.js：http://zeptojs.com
- ❑ jQTouch：http://jqtouch.com

移动端的样式工具

- ❑ Viewporter (Zynga)：https://github.com/zynga/viewporter
- ❑ Ish：https://github.com/bradfrost/ish
- ❑ Responsive Images（Filament 公司）：https://github.com/filamentgroup/Responsive-Images
- ❑ Which Responsive Images Solution Should You Use?：http://css-tricks.com/which-responsive-images-solution-should-you-use

其他移动端工具

- ❑ iOS Gyroscope and Accelerometer：http://www.peterfriese.de/how-to-use-the-gyroscope-of-your-iphone-in-a-mobile-web-app
- ❑ PhoneGap Docs：http://docs.phonegap.com

第 11 章

JavaScript 图形

HTML5 最棒的特性之一是可以直接在浏览器中渲染图形。我们不仅可以用 JavaScript 生成静态图片，还可以用这些技术创建绝妙的交互式程序，比如视频游戏。实际上这些程序不仅限于是二维的。在跟 WebGL 引擎集成后，我们还可以创建运行在浏览器本地的 3D 程序。

本章先介绍如何在画布中画出 2D 场景，集成动画和鼠标事件。然后讲解如何用可缩放矢量图（SVG）渲染类似的场景，它更容易做动画和交互。接下来会介绍 Raphaël.js 库，用直观的 API 提高 SVG 开发的效率。然后是 Raphaël 的图表库，以及如何用代码定制这些图表。

掌握了不同的二维技术之后，我们就可以深入探索如何用画布和 WebGL 渲染 3D 图形了。你会发现为什么要避免使用底层的 WebGL API，而要用 Three.js 库，我们会用它构建一些基本的 3D 动画。最后我们要考虑另一种 3D 渲染技术——CSS3 转换，它对比较基本的程序更有吸引力。看完本章后，你会对 JavaScript 作画技术有足够的了解，并能直接在浏览器中渲染任何你想要的场景。本章是用 JavaScript 开发有丰富的视觉应用的起点。

11.1 画布基础

用 HTML5 画布可以动态渲染出任何你能想象到的图形或场景。一切都从定义 HTML 标记中的画布元素开始。

```
<canvas id="my-canvas" width="200" height="150"></canvas>
```

接下来用 JavaScript 挂到这个元素中，渲染你想要的任何场景。我们先用元素的 ID 关联设定上下文。

```
var canvas = document.getElementById('my-canvas');

if ( canvas.getContext ) {
  var ctx = canvas.getContext('2d');
}
```

画布元素的上下文告诉浏览器你想用哪种渲染引擎，在本例中是基本的 2D 渲染。但在设定上下文之前，一定要检查浏览器是否支持画布。有些用户用的是不支持画布的老浏览器，所以先检查是否有 `canvas.getContext` 可以避免在这些浏览器中抛出错误。好在现在主流浏览器对画布的支持相当不错，除了 IE8 及之前的版本，详情请参考 http://caniuse.com/#feat=canvas。

11

> 在 11.5 节中会介绍一种渲染 3D 场景的上下文。

11.1.1   画出基本的形状

现在我们已经做好准备，可以开始在画布上作画了。画布 API 提供了一些不同的方法，可以用来渲染形状和线条，还有各种方法可以设定这些对象的样式。比如，下面这段脚本会在画布上画一个矩形。

```
var canvas = document.getElementById('my-canvas');

if ( canvas.getContext ) {
  var ctx = canvas.getContext('2d');

  ctx.fillStyle = '#d64e34';
  ctx.fillRect(10, 15, 80, 50);
}
```

上面的 fillStyle 先定义矩形的颜色（以及接下来所画的形状的颜色）。然后 fillRect() 在坐标(10,15)处渲染出一个长 80px 宽 50px 的矩形，也就是说这个矩形离画布元素的顶端 10 个像素，离左边 15 个像素，如图 11-1 所示。

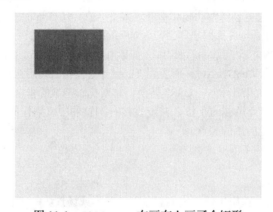

图 11-1   fillRect 在画布上画了个矩形

用 fillRect 画盒子很容易，不过我们也可以通过画线路构建自己的图形。比如画一个三角形。

```
ctx.beginPath();
ctx.moveTo(20, 90);
ctx.lineTo(140, 90);
ctx.lineTo(80, 25);
ctx.fill();
```

画自己的图就没那么简单了。

(1) beginPath() 开始了一个新路径。

(2) moveTo() 定义了这个路径的起点，在这里是从左 20px 上 90px 开始。

(3) lineTo() 按坐标画线，在这里是从起点到(140,90)。另外一条线画到(80,25)。

(4) 最后用 fill() 对这个形状上色，画出如图 11-2 所示的三角形。

除了画填色的形状，我们还可以画线。比如用笔触绘制相同的三角形。

```
ctx.beginPath();
ctx.moveTo(20, 90);
```

```
ctx.lineTo(140, 90);
ctx.lineTo(80, 25);
ctx.stroke();
```

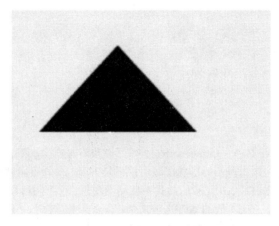

图 11-2　用路径画出的三角形

然而这段代码产生的效果有点出人意料。如图 11-3 所示，只画出了三角形的两条线。

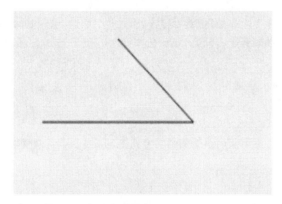

图 11-3　当对同样的三角形应用笔触时，它只画出了三条边中的两条

尽管 fill() 能自动填充三角形中剩余的部分，但这里只画了两条线，所以画布无法正确渲染。要把三角形的后面两点连接起来，只需加上 closePath() 就可以了。

```
ctx.beginPath();
ctx.moveTo(20, 90);
ctx.lineTo(140, 90);
ctx.lineTo(80, 25);
ctx.closePath();
ctx.stroke();
```

如图 11-4 所示，画布渲染出了完整的三角形。

11

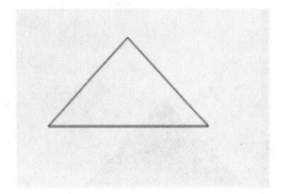

图 11-4   closePath()完成了三角形的最后一条边

现在我们已经知道如何画出基本的形状了，但这只是 HTML5 画布能力的冰山一角。它的 API 还可以画弧形和复杂的贝塞尔曲线，在元素的样式中使用渐变色，投下阴影和笔触样式，此外还有很多。这些 API 很容易用，但我不想用不同的 API 选项来烦你。如果你想深入了解，可参考本章最后提供的资源列表。

11.1.2   让画布动起来

让画布动起来并不比在上面作画复杂。只是画出元素，然后到新的屏幕位置上把元素重新再画一次。我们先从简单的两帧动画开始。画第一帧中的矩形。

```
ctx.fillRect(10, 10, 50, 50);
```

然后用 clearRect()清除画布中的所有内容，再画出下一帧的矩形。

```
ctx.clearRect(0, 0, 200, 150);
ctx.fillRect(11, 11, 50, 50);
```

全都在这儿了。当然，不可能用手工编码的方式把动画中的每个帧都画出来。我们可以用脚本定期处理不同的帧。

```
var posX = 0;

var drawInterval = setInterval(function(){
  posX++;

  // 到边界时停住
  if ( posX > 150 ) {
    clearInterval(drawInterval);
    return;
  }

  ctx.clearRect(0, 0, 200, 150);
  ctx.fillRect(posX, 10, 50, 50);
}, 1000/60);
```

上面的代码用 setInerval 每隔六十分之一秒重画一次这个矩形，就形成了将它从屏幕上向右移动的效果（到边界时会停住）。

你可能担心在画布上这样画了又重画太耗资源。但令人惊叹的是，浏览器处理画布渲染非常棒，这种动画特别流畅。下一章会介绍如何用 requestAnimationFrame 让它们更流畅。

11.1.3 画布中的鼠标事件

HTML5 画布经常用来创建交互元素，也就是说我们要设置一个界面来操作这些元素。然而往画布中添加鼠标交互并不像你想得那么直观。我们不能在画布中画出来的元素上设置点击监听器，而是必须设置一个通用的监听器，以确定点击事件的位置是不是在画布上渲染的元素范围之内。比如前面那个例子中的矩形。

```
ctx.fillRect(10, 15, 80, 50);
```

不过我们拿不到对这个矩形的 DOM 引用，因此也没办法在其上应用一个点击处理器，因为画布仅仅是对上面所画东西的静态渲染。因此在给画布设置鼠标处理器时，我们必须更有创造性。首先在画布元素上设置一个通用的点击监听器，确定点击事件相对于画布的位置。

```
$('#my-canvas').click(function(e) {
  var offsetX = e.pageX - this.offsetLeft;
  var offsetY = e.pageY - this.offsetTop;
});
```

接下来确定该点是否落在矩形的边界之内。

```
$('#my-canvas').click(function(e) {
  var offsetX = e.pageX - this.offsetLeft;
  var offsetY = e.pageY - this.offsetTop;

  if ( (offsetX > 10 && offsetX < 90) && (offsetY > 15 && offsetY < 65) )
  {
    alert('Rectangle clicked');
  }
});
```

上面的脚本对点击事件的坐标和矩形的坐标进行比较。比如矩形的 x 点从 10（起点）到 90（起点加宽度）。这样看起来可能比较复杂，但为矩形计算点击位置时相对还算比较简单。对于复杂的多边形或曲线来说，不难想象这种计算会有多麻烦。

除非你对线性代数着迷，否则肯定想用库来处理这类事情。我们接着往下看，SVG 对鼠标交互就友好多了。

11.2 SVG 基础

跟画布不同，SVG 图像只用标记就能定义，无需 JavaScript。比如可以用下面的标记画一个矩形。

```
<svg height="200" xmlns="http:// www.w3.org/2000/svg">
  <rect width="150" height="100" fill="blue" />
</svg>
```

上面的 SVG 标记从<svg>开始。然后在这个标记中声明了一个矩形元素，带有维度和填充颜色。我们可以往 SVG 中添加任意数量的形状。比如加一个圆形和一个三角形。

```
<svg height="200" xmlns="http:// www.w3.org/2000/svg">
```

```
  <rect width="150" height="100" fill="blue" />
  <circle r="50" cx="50" cy="50" fill="red" />
  <polygon points="0,0 50,50 100,0" fill="orange" />
</svg>
```

上面的圆形和多边形（三角形）被堆在了矩形上面，如图 11-5 所示。

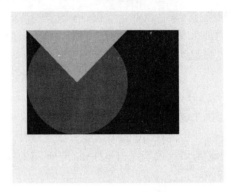

图 11-5　三个图形都是在 SVG 中用简单的标记画出来的，并按添加的顺序堆积

11.2.1　让 SVG 动起来

你可能已经知道画布用起来比较麻烦了，因为画在画布上的所有东西都是完全静态的。不过，知道 SVG 正好相反后你应该会很开心。在 SVG 中移动某个元素时我们不需要画了再画，只需用 JavaScript 从 DOM 中抓住那个节点移动它就行了。

```
$('svg circle').attr('cx', 60).attr('cy', 60);
```

这个例子用 jQuery 选择了那个圆形，并把它的圆点移动到(60,60)。我们可以用类似的技术处理其他操作：颜色、维度，等等。甚至可以设置简单的动画，比如改变圆形的大小。

```
var circle = $('svg circle'),
    radius = 50;

var svgInterval = setInterval(function() {
  radius += .2;

  if ( radius > 70 ) {
    clearInterval(svgInterval);
    return;
  }

  circle.attr('r', radius);
}, 1000/60);
```

11.2.2　SVG 鼠标事件

同样，给 SVG 设置鼠标事件处理器要比给画布上的图形设置容易得多。只需取得 DOM 引用并附加上监听器。

```
$('svg circle').click(function() {
  alert('Circle clicked!');
});
```

无需计算复杂图形的可点击区域或处理叠加的内容，DOM 会为我们处理所有这些问题。实际上如果你运行上面的代码，会发现只有点击圆形露出来的区域时才会激发事件，点击它上面或后面的图形都不会激发。

> 如果 SVG 中有若干图形，可以设置类和 ID 关联帮我们取得恰当的引用。

11.2.3 编码 SVG

用标记创建 SVG 对静态图像来说很棒，但对动态内容来说并不实用。好在我们也可以用 JavaScript 创建 SVG。但这又跟画布很像，SVG API 很有深度，并且我也不想在这本书里再写本 SVG API 的手册。所以如果你想继续深入挖掘，可以参考本章最后列出的相关资源。

另外，尽管掌握 SVG API 的基本原理是个好主意，但你不一定必须用它。有些库可以帮我们处理所有 SVG 开发中的繁重任务，提高开发效率，比如 Raphaël.js。

11.3 Raphaël.js

Raphaël.js 是一个 SVG JavaScript 库，有了它，我们在浏览器中生成矢量图就更容易了。它为开发丰富的 SVG 应用提供了直观的 API，并且 Raphaël.js 入门相对比较容易。先从 http://raphaeljs.com/中下载该库，然后创建一个用来作画的包装器。

```
<div id="my-svg"></div>
```

接下来创建画布，Raphaël 可以用它来添加 SVG。这在 Raphaël 中被称作画纸，可以添加到包装器元素上。

```
var paper = Raphael(document.getElementById('my-svg'), 600, 400);
```

上面的代码引用了包装器 my-svg 并创建了一个宽 600px、高 400px 的画纸。现在我们可以往这张画纸上添加图形了。

```
var rect = paper.rect(0, 0, 600, 400);
rect.attr('fill', '#FFF');

var circle = paper.circle(300, 200, 120);
circle.attr('fill', '#F00');
circle.attr('stroke-width', 0);
```

这段代码添加了两个图形（如图 11-6 所示）。

(1) rect()方法往画纸上添加了一个矩形，在这个例子中，它从画纸的左上角(0, 0)开始，宽为 600px，高为 400px。然后给矩形定义了填充色（#FFF）。

(2) circle()方法添加一个圆心位于(300, 200)、半径为 120px 的圆形。然后定义了红色的填充色，并设定 stroke-width 为 0，以去掉默认 1px 的黑色笔触。

图 11-6   这是用 Raphaël 画的一面日本国旗

11.3.1   作画路径

除了 Raphaël 内置的基本图形，我们还可以用路径画出更复杂的图形。尽管它十分强大，但作画路径的 API 有点奇怪，因为一切都是在路径字符串中定义的。比如，下面这段代码画了一个简单的三角形。

```
var triangle = paper.path('M300,50 L100,350 L500,350 L300,50');
```

尽管这个传入到 path() 方法中的字符串看起来有点吓人，但其实并不复杂。

(1) 它从移动操作开始，通过 M300,50 将路径的起点移到 (300, 50)，跟 11.1 节讲的 moveTo() 方法类似。

(2) 接下来，L100,350 画了一条到 (100, 350) 的线，跟画布中的 lineTo() 方法类似。

(3) 然后 L500,350 和 L300,50 又画了两条线来完成这个三角形，如图 11-7 所示。

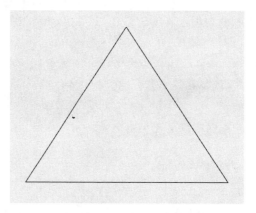

图 11-7   用复杂的路径字符串画出来的三角形

路径字符串可以稍作简化。

```
var triangle = paper.path('M300,50 L100,350 L500,350 Z');
```

最后一条画线的命令已经被 Z 取代了，它表示关闭路径，因此画出了三角形的第三条线。

Raphaël 中的路径字符串是构建在基于 W3C 规范的标准 SVG 路径字符串基础之上的。关于路径字符串的更多内容，可访问 http://www.w3.org/TR/SVG/paths.html#PathData。

11.3.2　画曲线

之前我们只学习了如何画直线，但用路径字符串也可以画曲线，从基本的弧线到复杂的贝塞尔曲线。然而，手工编写复杂曲线的路径字符串可能很困难。当然，我们可以画出你想要的任何类型的曲线；唯一的问题就是画起来比较困难。通常最好使用可视化编辑器创建这样的曲线，然后再导出为 JavaScript 所用的 SVG 字符串。比如 Adobe Illustrator 就提供了 SaveDocsAsSVG 选项，如图 11-8 所示。有了这个工具，我们就可以在 Illustrator 中画出复杂的图形，然后保存为 SVG。

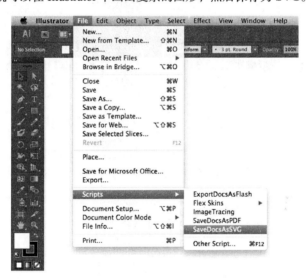

图 11-8　Adobe Illustrator 可以将矢量图作为 SVG 导出

在保存为 SVG 后，可以用文本编辑器打开它，提取出我们需要的部分。比如下面是一条简单曲线中的内容。

```
<?xml version="1.0" encoding="iso-8859-1"?>
<!-- Generator: Adobe Illustrator 16.0.4, SVG Export Plug-In . SVG Version:
6.00 Build 0)  -->
<!DOCTYPE svg PUBLIC "-// W3C// DTD SVG 1.1// EN"
"http:// www.w3.org/Graphics/SVG/1.1/DTD/svg11.dtd">
<svg version="1.1" id="Layer_1" xmlns="http:// www.w3.org/2000/svg"
xmlns:xlink="http:// www.w3.org/1999/xlink" x="0px" y="0px" width="600px"
height="400px" viewBox="0 0 600 400" style="enable-background:new 0 0 600
400;" xml:space="preserve">
<path style="fill:none;stroke:#000000;stroke-width:2.1155;
stroke-miterlimit:10;" d="M251.742,85.146 C75.453,48.476,100.839,430.671,
309.565,250.152"/>
</svg>
```

11

其中重要的部分已经标记为黑体了：M251.742,85.146 C75.453,48.476,100.839,430.671,309.565,250.152。

接下来可以把路径字符串传到 Raphaël 的 path() 中，生成 SVG 中的曲线。在 Illustrator 中的作画路径跟我们的要求不符时，可能需要调整一些值以便让曲线的路径符合要求。

这个例子很容易手动放到 Raphaël 中，但如果要处理更复杂的 SVG，我们还可以省下更多的精力。只要将导出的 SVG 上传到 http://www.readysetraphael.com，它就会将 SVG 自动转换成 Raphaël 代码。

> 你也可以到 http://www.w3.org/TR/SVG/paths.html#PathData 找找自己构建曲线的办法，那里有不同的曲线类型。

11.3.3 样式

Raphaël 为 SVG 提供了各种样式选项，可以通过 attr() 方法应用。在前面的例子中已经出现过一些样式了，它们用 attr() 来设定填充色和笔触宽度。但就 Raphaël.js 强大的样式能力而言，那些只是冰山一角。比如，要给前面例子中的三角形设定渐变色，可以写：

```
triangle.attr({
   gradient: '90-#444-#EEE'
});
```

上面的渐变色字符串定义了三个选项。首先，90 是渐变梯度的角度，从底端开始的垂直梯度（从上向下是 270）。接下来是给渐变梯度定义的两个 16 进制的颜色码，这里是从深灰色变成浅灰色，如图 11-9 所示。

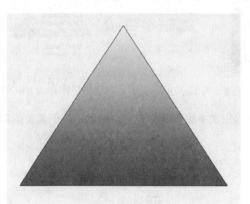

图 11-9　这个渐变色使用了 Raphaël 的 attr() 方法

Raphaël 还提供了很多笔触选项，比如在这个例子中：

```
triangle.attr({
   'gradient': '90-#444-#EEE',
   'stroke': 'green',
   'stroke-width': 20,
```

```
    'stroke-linejoin': 'round'
});
```

这段代码先把笔触颜色变成 green，表明 Raphaël 可以分析颜色字符串（还有十六进制颜色、RGB、RGBa、HSL，等等）。然后笔触宽度增加到 20px，连接处设定为 round，像图 11-10 那样渲染为圆角。

图 11-10　给这个三角形中加了一些笔触样式

Raphaël 中甚至还包含一些有趣的短虚线和点虚线的选项。我们可以在 stroke-dasharray 选项中用短虚线和点虚线的任意组合。

```
var circle = paper.circle(300,200,120);

circle.attr({
    'stroke-width': 15,
    'stroke-dasharray': '-..'
});
```

如图 11-11 所示，这个虚线数组创建了一个短线–点–点模式的笔触。

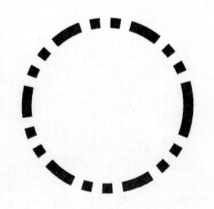

图 11-11　这个定制的笔触用到了 stroke-dasharray 选项

这里只是 Raphaël.js 中样式选项的一部分。要了解全面的样式功能，请访问 http://raphaeljs.com/ reference.html#Element.attr。

11.3.4   动画

使用 Raphaël 最强有力的理由是它对动画的强大支持，只需很少的工作就能完成很多动画效果。比如旋转三角形：

```
var triangle = paper.path('M300,100 L150,300 L450,300 Z');
```

```
triangle.animate({transform: 'r 360'}, 3000, 'bounce');
```

上面的代码中，r 360 按照 bounce 缓动公式在 3000 毫秒内将三角形旋转 360°。然而 bounce 计时函数可能有点不太自然。它有时可能是不错的选择，但如果你喜欢更传统的东西，可以尝试缓入 <，缓出 >，或缓入缓出 <>。也可以编写自己的三次贝塞尔函数，或者用 http://raphaeljs.com/reference. html#Raphael.easing_formulas 中列出来的其他默认项。

还要注意动画中用来控制转变过程的选项字符串。我们可以往这个字符串中添加更多的转变，比如控制缩放：

```
triangle.animate({transform: 'r 360 s 0.2'}, 3000, '<>');
```

在上面的代码中，三角形旋转 360°并变成原来大小的 20%。我们还可以添加回调函数，在第一个动画完成后激发另一个动作或执行任何其他 JavaScript：

```
triangle.animate({transform: 'r 360 s 0.2'}, 3000, '<>', function() {
  triangle.animate({transform: 'r 0 s 1'}, 3000, '<>');
});
```

上面的代码中，这个三角形在第一个动画完成后又恢复了原始大小和位置。

除了这些转变，我们在 attr()方法中设定的所有选项都可以做成动态的。比如改变圆形的几个特性：

```
var circle = paper.circle(300,200,120);
```

```
circle.attr({
  fill: '#FFF',
  'stroke-width': 20
});
```

```
circle.animate({
  fill: '#444',
  'stroke-width': 1,
  r: 60,
  cx: 500,
  cy: 100
}, 2000, '<>');
```

上面的脚本对圆形的几个特性做了动态处理：fill 颜色、stroke-width、半径（r）以及圆点（cx 和 cy）。

最后我们还能动路径中的单个点。只要给动画中传入新的路径，Raphaël 就会自动在老的点位和新的点位之间设置补间动画，让它平滑地动起来。

```
var triangle = paper.path('M300,100 L150,300 L450,300 Z');

triangle.animate({path: 'M300,300 L150,100 L450,100 Z'}, 2000, '<>');
```

如果你运行这段脚本，会看到三角形的路径翻转了过来。但这还不是终点，我们还可以用路径动画创建非常复杂的动画效果。

```
var triangle = paper.path('M300,100 L150,300 L450,300 Z');

(function animationCycle() {
  triangle.animate({path: 'M300,300 L150,100 L450,100 Z'}, 1200, '<>',
  function() {
    triangle.animate({path: 'M300,300 L600,300 L450,100 Z'}, 1200, '<>',
    function() {
      triangle.animate({path: 'M450,100 L600,300 L300,300 Z'}, 1200,
      '<>', function() {
        triangle.animate({path: 'M300,100 L150,300 L450,300 Z'}, 1200,
        '<>', animationCycle);
      });
    });
  });
})();
```

上面的代码中，三角形在一个无限循环中向各个方向翻转。唯一能限制 Raphaël 动画的只有你的想象力。

11.3.5　鼠标事件

在 11.2.2 节，你已经看到在 SVG 上应用鼠标交互是多么容易了，用 Raphaël 构建的 SVG 也不例外。但在应用鼠标交互之前，我们必须得到对 SVG 的 DOM 引用。为此要进入 Raphaël 对象的 node 属性中。

```
var triangle = paper.path('M300,100 L150,300 L450,300 Z');
triangle.attr('fill', 'white');

triangle.node.onclick = function() {
  triangle.attr('fill', 'red');
};
```

上面的代码中把一个点击事件绑定到了三角形节点上，这会改变它的填充色。如果你倾向于避免使用基本的 JavaScript 事件处理器，也可以把这个引用传到 jQuery 或其他库中。

```
$(triangle.node).on('mouseover', function() {
  triangle.attr('fill', 'red');
}).on('mouseout', function() {
  triangle.attr('fill', 'white');
});
```

在上面的代码中，jQuery 绑定了 mouseover 和 mouseout 处理器，当鼠标悬停在三角形上时改变它的颜色。

11

绑定鼠标事件时，如果你的 SVG 中没有填充色，一定要注意。如果没有填充色，这个事件只在用户点击线条时才会激发，并且不会在图形内部激发。如果你不希望这样，可以用透明的填充色 rgba(0,0,0,0) 解决这个问题。

11.4 用 gRaphaël 做图表

除了标准的图形库，Raphaël 项目还维护了一个叫做 gRaphaël 的图表库（http://g.raphaeljs.com）。gRaphaël 构建在 Raphaël 之上，并提供了一些图表选项。跟其他库相比，这些图表相当轻量，特别是如果你正在使用 Raphaël 的其他功能。然而文件大小的优势是有代价的，gRaphaël 的图表不像其他库的图表那么丰富。也就是说如果你想要一些简单轻量的东西，gRaphaël 是个不错的选择。

11.4.1 饼图

在 gRaphaël 中用一行代码就可以创建一个饼图。

```
paper.piechart(300, 200, 150, [65, 40, 13, 32, 5, 1, 2]);
```

这行代码创建了一个圆心位于(300, 200)、半径为 150px，并显示数组中数据的饼图（如图 11-12 所示）。

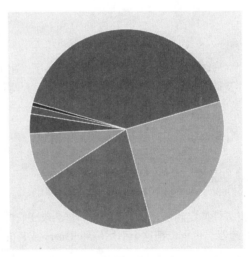

图 11-12 gRaphaël 中简单的饼图

要给图表添加图例，在第 5 个参数中将图例作为选项对象的一部分，如图 11-13 所示。

```
paper.piechart(300, 200, 150, [65, 40, 13, 32, 5, 1, 2], {
  legend: ['Donkeys', 'Monkeys', 'Llamas', 'Pandas', 'Giraffes', 'Rhinos',
'Gorillas']
});
```

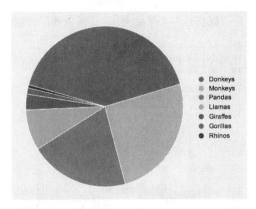

图 11-13　带图例的饼图

我们还可以对图例数组进行调整，在图例键中添加##.##以显示相应的数值，比如##.## —
Monkeys（40 Mokeys），或者用%%.%%将数值转换成百分比。

要将图中的分片设为链接，只需把链接放到 href 数组中传入就可以了。

```
paper.piechart(300, 200, 150, [65, 40, 13, 32, 5, 1, 2], {
    legend: ['Donkeys', 'Monkeys', 'Llamas', 'Pandas', 'Giraffes', 'Rhinos',
'Gorillas'],
    href: ['url-1.html', 'url-2.html', 'url-3.html', 'url-4.html',
'url-5.html', 'url-6.html', 'url-7.html']
});
```

这些只是 gRaphaël 饼图中一些可用的选项。要了解更多内容，请参考 http://g.raphaeljs.com/
reference.html#Paper.piechart。

11.4.2　柱状图

gRaphaël 也支持基本的柱状图。比如：

```
paper.barchart(0, 0, 600, 400, [[63, 86, 26, 15, 36, 62, 18, 78]]);
```

前两个参数是起点(0, 0)，接下来的两个分别是宽和高。最后传入的是包含值的数组，所生成的柱
状图如图 11-14 所示。

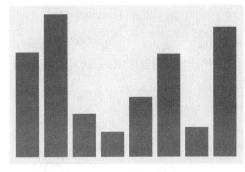

图 11-14　gRaphaël 中简单的柱图

11

注意上面包含值的数组，它被放在另一个数组中，那是因为我们可以传入多组不同的值进行比较。

```
var data1 = [63, 86, 26, 15, 36, 62, 18, 78],
    data2 = [12, 47, 75, 84, 7, 41, 29, 4],
    data3 = [39, 91, 78, 4, 80, 54, 43, 49];

paper.barchart(0, 0, 600, 400, [data1, data2, data3]);
```

上面的代码在柱图中对三个不同的数组进行比较，如图 11-15 所示。

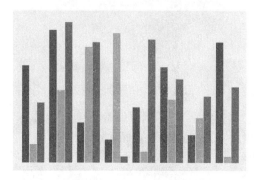

图 11-15　一个有三组值的柱图

我们还可以设定 `stacked` 选项，将值堆叠起来（如图 11-16）：

```
paper.barchart(0, 0, 600, 400, [data1, data2, data3], {stacked: true});
```

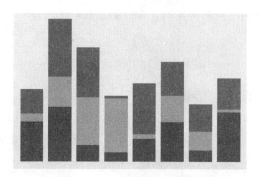

图 11-16　堆叠柱图

不过向 gRaphaël 的柱图中添加标签不太容易，这使它受到了限制。有些人已经给出了添加标签的补丁，但在最新版中都不能用了。然而我们可以用 Raphaël 中的 `text()` 方法自行添加标签。下面是一个可以用来创建标签的函数。

```
Raphael.fn.labelBarChart = function(opt) {
    var paper = this;

    // 调整 x_start 和 width 的偏移量以适应柱图的沟槽
    opt.x_start += 10;
    opt.width -= 20;
```

```
    var labelWidth = opt.width / opt.labels.length;

    // 调整 x_start, 放到每个柱子下方的正中间
    opt.x_start += labelWidth / 2;

    for ( var i = 0, len = opt.labels.length; i < len; i++ ) {
      paper.text( opt.x_start + ( i * labelWidth ), opt.y_start,
    opt.labels[i] ).attr( opt.textAttr );
    }
};
```

不用担心这段代码。它只是算出每个柱子的标签的位置，然后把它写入 SVG 中。下面是用法。

```
var chart = paper.barchart(0, 0, 600, 380, [[63, 86, 26, 15, 36, 62, 18,
78]]);

var labels = ['Col 1', 'Col 2', 'Col 3', 'Col 4', 'Col 5', 'Col 6',
  'Col 7', 'Col 8'];

paper.labelBarChart({
  x_start: 0,
  y_start: 390,
  width: 600,
  labels: labels,
  textAttr: {'font-size': 14}
});
```

在这个实现中，一个设定对象传给了 labelBarChart，该对象定义了标签的起始坐标(0,390)，以及图形的宽度。此外还有每个柱子的标签，以及文本的可选设置。如图 11-17 所示，在 x 轴上有标签的柱图。

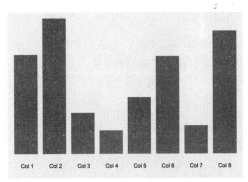

图 11-17　带有定制标签的柱图

在 y 轴上加标签还要更困难一点，但也不是不可能。你可以参照 x 轴的例子试试。不过如果你不想写往 y 轴上添加标签的代码，可以考虑使用其他库，比如 Raphy 图表：http://softwarebyjosh.com/raphy-charts/。

11.4.3　折线图

gRaphaël 的折线图要比它的柱图强大。API 也很简单，主要的区别是我们要为 x 和 y 值传入两个数组。

11

```
var xVals = [0, 5, 10, 15, 20, 25, 30, 35, 40, 45, 50, 55],
    yVals = [63, 84, 75, 91, 62, 75, 35, 53, 47, 75, 78, 54];

var chart = paper.linechart(0, 0, 600, 380, xVals, yVals);
```

头两个参数是起始坐标$(0, 0)$，接着是图表的宽度和高度，再后面是两个值数组。它会生成一个非常简单的折线图，如图 11-18 所示。

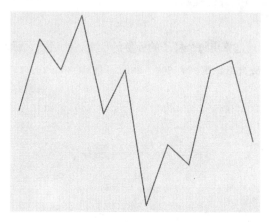

图 11-18　gRaphaël 中简单的折线图

我们也可以向图表中传入多组值，以添加更多的线。

```
var xVals = [0, 5, 10, 15, 20, 25, 30, 35, 40, 45, 50, 55],
    yVals1 = [63, 84, 75, 91, 62, 75, 35, 53, 47, 75, 78, 54],
    yVals2 = [24, 45, 31, 42, 88, 85, 67, 88, 72, 37, 54, 48];

var chart = paper.linechart(0, 0, 600, 380, xVals, [yVals1, yVals2]);
```

上面的代码中添加了第二组 y 值，使用了相同的 x 值，如图 11-19 所示。

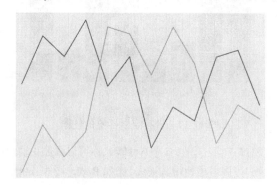

图 11-19　可以向图中添加多条线

好在不像柱图，gRaphaël 中有添加折线图轴线的原生方法。可以用 axis 选项添加轴线：

```
var chart = paper.linechart(30, 0, 570, 380, xVals, [yVals1, yVals2], {axis: '0 0 1
1'});
```

　　axis 字符串定义了按 TRBL 顺序（上右下左）显示哪条轴线，此例中是显示下侧和左侧轴线（见图 11-20）。此外还要注意对 x_start 和 width 参数的调整，为 y 轴留出了 30px 的空间。

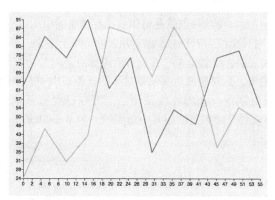

图 11-20　带轴线的折线图

　　你可能觉得轴线上的步长值有点奇怪。因为 x 值都是平均分布的，所以应该对应地设置标签。我们可以用 axisxstep 选项设置更自然的标签。

```
var chart = paper.linechart(30, 0, 570, 380, xVals, [yVals1, yVals2], {axis:
'0 0 1 1', axisxstep: 11});
```

如图 11-21 所示，现在 x 轴上的标签直观多了。

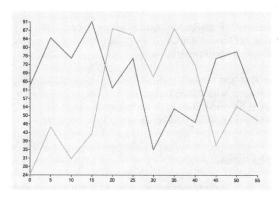

图 11-21　这张图上的 axisxstep 值已经调整过了

　　axisxstep 值看起来可能有点奇怪，因为它比我们要显示的步数少一。此例中的 11 在 x 轴上显示了 12 步。

> 　　gRaphaël 中的轴标签选项还有待改进。它的文档指出，axisxstep 和 axisystep 定义了 x 轴和 y 轴上两个值之间的距离。然而实际上定义的是每个轴上的步数，从实用性上来说大大降低。希望这个缺点能尽快得到改正。

11

11.5   带 WebGL 的 3D 画布

现如今写 JavaScript 最让人兴奋的一点就是可以直接在浏览器中构建全幅的 3D 程序。这些程序可能都要感谢 WebGL 引擎，它被集成为 HTML5 画布元素的特殊上下文。然而直接用 WebGL 写代码很困难，因为它的 API 真的很底层，也就是说它在设计上考虑更多的是功能而不是易用性。这样我们可以用它的 API 做任何想做的事，只要愿意为哪怕是最小的任务写出一大堆代码。实际上，WebGL API 是如此的底层，以至于需要创建一个库才能使用它。好在已经有其他开发人员做出了非常棒的 JavaScript WebGL 库。本节就要介绍如何使用其中最棒的一个 WebGL 库——Three.js。

11.5.1   Three.js 简介

尽管 Three.js 提高了 WebGL 开发的效率，但如果你没做过 3D 编程，可能会对它使用的一些概念比较陌生。本节会介绍渲染基本的 3D 场景所需的所有技术，比如摄像机、几何体、材质和灯光。

1. 设置场景

我们先下载 Three.js 的最新版（https://github.com/mrdoob/three.js），并和一个容器元素一起引入到页面中。

```
<div id="container" style="background-color: #000; width: 600px;
height: 400px;"></div>
```

现在用一些基本的 JS 设置场景。

```
// 得到包装器
var container = document.getElementById('container'),
    width = container.offsetWidth,
    height = container.offsetHeight;

// 创建渲染器并把它添加到容器中
var renderer = new THREE.WebGLRenderer();
renderer.setSize( width, height );
container.appendChild( renderer.domElement );

// 创建一个新场景
var scene = new THREE.Scene();
```

WebGL 说明

当你兴冲冲地在浏览器中使用 WebGL 之前，一定要记住下面这些说明。首先，并不是所有浏览器都支持 WebGL。尽管大多数桌面浏览器都支持 WebGL 画布，但在写这本书时所有版本的 IE 都不支持。此外，移动端的覆盖也很少，只有最新版的黑莓浏览器支持。不过本节最后会介绍作为备选方案的 Three.js 2D 画布。

WebGL 画布的性能仍然是个问题。尽管性能一直在改进，但不要指望它能达到桌面程序的水平。

这段代码引用了场景的容器，并在 Three.js 中创建了一个 WebGL 渲染器和场景。记得一定要在这个容器添加到 DOM 中之后再调用这段脚本。

2. 添加摄像机

接下来创建所有 3D 场景中都会有的部分——摄像机。就其自身而言，WebGL 中的 3D 场景只是表述图形在 3D 空间中如何存在的概念模型。而摄像机是用来渲染这些信息并将它传达给用户的。

```
// 创建摄像机，确定它的位置并把它添加到场景中
var camera = new THREE.PerspectiveCamera( 45, width/height, 0.1, 1000 );
camera.position.z = 400;
scene.add( camera );
```

上面的代码给场景添加了一个新的摄像机。

- ❑ THREE.PerspectiveCamera 中的第一个参数是摄像头的角度。通常设成 45° 就很好，但你可以把它增加到 80° 以达到广角摄像头的效果（就像滑板视频中的鱼眼镜头）。
- ❑ 下一个参数是纵横比，本例中使用了容器元素的纵横比。
- ❑ 最后两个值是希望在场景中渲染的近端和远端边界。WebGL 通过限制在摄像机中渲染的场景范围来保护资源。因此，我们可以通过使用默认的场景区域，让引擎忽略无关的距离来提升性能。

创建摄像机后，要确定它在场景中的位置。跟构成场景的图形一样，它也存在于 3D 空间中。你可以把这个位置想象成你想让摄像师站着拍摄场景并最终展开的位置。在这个例子中，camera.position.z 将摄像机沿着 z 轴移动了 400 个单元。

3. 添加网格

在 WebGL 中，往场景中添加的形状被称为网格（mesh）。网格由两部分组成：
- ❑ 几何体，定义了对象形状的顶点；
- ❑ 材质，定义如何点亮和渲染材质的表面。

要往场景中添加一个简单的球体，我们的脚本需要创建这些组件。

```
// 添加一个球体
var geometry = new THREE.SphereGeometry( 100, 24, 24 ),
    material = new THREE.MeshPhongMaterial({
       color: 0x00FF00
    }),
    sphere = new THREE.Mesh( geometry, material );

scene.add( sphere );
```

这段代码首先创建了一些球体的几何体。第一个参数定义半径为 100 个单位，后面的两个定义了创建这个模型所需的段数和环数。所用的分段和环越多，渲染时模型的表面越平滑。因为 WebGL 中的球体并不是真正的球体，而是由多边形构成的近似体。要了解这是如何实现的，请看图 11-22。

接下来定义了一个颜色为 #00FF00 的 Phong 材质。Phong 是一种遮光物，定义了灯光对渲染器中的对象会产生什么样的影响。现在还不用过多考虑遮光物。最后把几何体和材质放到一起创建了网格，把它添加到场景中。

11

图 11-22　由多边形组成的 3D 球体，在运行时渲染器对锯齿状的边做了平滑处理；这个球体是用 3D 图形程序 Blender 渲染的，但 WebGL 用的是相同的概念

> 在 Three.js 中另一个常用的材质选项是 `MeshLambertMaterial`，它跟 Phong 类似，只是 Lambert 反射更少，显示的阴影也更少。

4. 添加灯光

现在摄像机和球体已经添加到场景中了，我们即将大功告成。然而如果就这样渲染它，Three.js 会显示一个黑色的屏幕，因为我们还没有添加灯光。

```
// 添加灯光
var light = new THREE.DirectionalLight( 0xFFFFFF, 1 );
light.position.set( 0, 0.5, 1 );
scene.add( light );
```

这段代码向场景中添加了一个定向光。第一个参数指明了灯光的颜色，第二个是光的强度。定向光是 Three.js 中的一个灯光选项，包括环境光（均匀地照亮整个场景）和点光源（像蜡烛一样从一个点散发出光线）。定向光均匀地照亮给定的方向，就像太阳投射在地球上的平行光线一样（好吧，几乎是平行的）。

要设置定向光的角度，我们只需要摆好它的位置。上面的代码中，灯光被放在 y 轴上方 0.5 个单元和朝向 z 轴上的摄像机 1 单元的位置。然后灯光自动将它的角度转到原点(0,0,0)。在这个例子中，就是离开摄像机 30°向下的角度。

5. 渲染场景

最后我们要渲染这个场景。

```
renderer.render( scene, camera );
```

如图 11-23 所示，这段脚本创建了一个简单的球体。

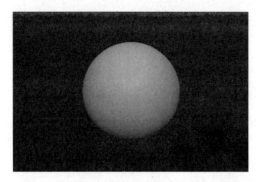

图 11-23　用 Three.js 和 WebGL 渲染的球体

我们通过下面这个完整的例子来回顾一下。

```
// 获取包装器
var container = document.getElementById('container'),
    width = container.offsetWidth,
    height = container.offsetHeight;

// 创建渲染器并将它添加到容器中
var renderer = new THREE.WebGLRenderer();
renderer.setSize( width, height );
container.appendChild( renderer.domElement );

// 创建一个新场景
var scene = new THREE.Scene();

// 创建一个摄像机，设定它的位置并将它添加到场景中
var camera = new THREE.PerspectiveCamera( 45, width/height, 0.1, 1000 );
camera.position.z = 400;
scene.add( camera );

// 添加一个球体
var geometry = new THREE.SphereGeometry( 100, 24, 24 ),
    material = new THREE.MeshPhongMaterial({
      color: 0x00FF00
    }),
    sphere = new THREE.Mesh( geometry, material );

scene.add( sphere );

// 添加灯光
var light = new THREE.DirectionalLight( 0xFFFFFF, 1 );
light.position.set( 0, 0.5, 1 );
scene.add( light );

// 渲染它
renderer.render( scene, camera );
```

如上例所示，要在 Three.js 中渲染这个场景主要有四步。

(1) 设置渲染器及场景。

(2) 添加摄像机并确定它在 3D 空间中的位置。

(3) 给形状构建几何体和材质以创建一个网格。

(4) 点亮场景。

11.5.2 创建图像纹理

前面的例子在创建球体的材质时用了一个简单的色块。不过在 Three.js 中，我们还可以将图片作为场景中模型的定制纹理。比如前面那个例子中的球体，我们可以给它加上一个真实的地球纹理。先到 http://www.3dstudio-max.com/download.php?id=57 下载地球纹理，如图 11-24 所示。

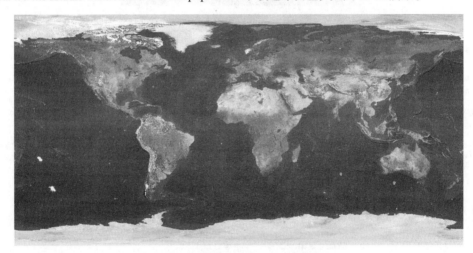

图 11-24 将要贴到球体上的地球纹理

接下来将这个纹理加到网格上。

```
// 添加图片映射
var map = THREE.ImageUtils.loadTexture( 'images/earth.jpg' );

// 添加地球
var geometry = new THREE.SphereGeometry( 100, 24, 24 ),
    material = new THREE.MeshPhongMaterial({
      map: map
    }),
    earth = new THREE.Mesh( geometry, material );

scene.add( earth );
```

上面的 THREE.ImageUtils.loadTexture()将纹理加载到 Three.js 中。然后将这个纹理赋予 Phong 材质作为图片映射。然而如果我们现在就渲染场景，很快就会遇到问题，因为图片要花一点时间加载。要解决这个问题，一定要在 window 加载后渲染它。

```
window.onload = function() {
  renderer.render( scene, camera );
};
```

在图 11-25 中，图片映射围绕球体调整好了纹理的位置，使它看起来像个星球一样。实际上底层的计算过程非常复杂，所以要感谢 Three.js 帮我们处理，让我们不用自己动手写底层的 WebGL。

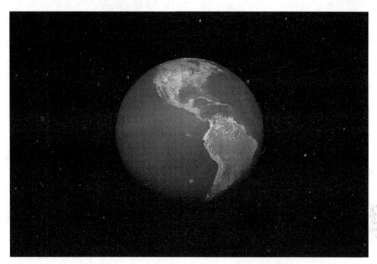

图 11-25　带有真实照片式图片映射的球体

11.5.3　3D 动画

现在我们已经知道如何用 WebGL 渲染静态的 3D 场景了。但如果你只需要静态图片，只要在 3D 图形程序中把它画出来，然后放到页面的 <image> 中就可以了。我们使用 WebGL 就是为了创建可交互的动态 3D 场景，这正是本节将要介绍的内容。

WebGL 画布中的动画跟 2D 画布中的动画工作机制类似：只是为动画中的每个帧画出相应的场景。比如下面这段脚本会旋转地球。

```
window.onload = function() {
  var rotation = 0;

  var animationLoop = setInterval(function() {
    rotation += 0.05;
    earth.rotation.y = rotation;
    renderer.render( scene, camera );
  }, 100);
};
```

这个例子用基本的时间间隔（100 毫秒）旋转地球网格。如果你在浏览器中运行这段脚本，会看到这个地球绕着它的轴缓慢旋转。

11

　　我们会在下一章介绍如何使用 HTML5 的 requestAnimationFrame，这是另一种用简单的时间间隔做动画的方式。用 requestAnimationFrame 做的动画更平滑，而且性能更好。

11.5.4 添加鼠标事件

在 11.1.3 节我们了解到，很难向画布中的图形应用事件监听器，因为画出来的图形不能在 DOM 中引用。可惜 WebGL 画布也是如此。然而我们也有办法向 3D 场景中添加鼠标的交互性，就是创建一条从摄像机到鼠标位置的射线，看它是否会穿过那个对象。

```
var projector = new THREE.Projector();

container.onmousedown = function(e) {
  e.preventDefault();

  var vector = new THREE.Vector3( ( e.pageX - this.offsetLeft ) /
this.offsetWidth * 2 - 1, - ( e.pageY - this.offsetTop ) /
this.offsetHeight *  2 + 1, 0.5 );
  projector.unprojectVector( vector, camera );

  var raycaster = new THREE.Raycaster( camera.position, vector.sub(
camera.position ).normalize() );

  var intersects = raycaster.intersectObject( earth );

  if ( intersects.length > 0 ) {
    console.log('Earth');
  }
};
```

这段脚本先用 `Three.Vector3()` 从鼠标相对于容器的位置创建一个矢量。然后将这个矢量"反投射"（反向投射）到摄像机。接着一条射线从摄像机射向反向投射的矢量。如果射线穿过了对象，那就表明用户在点击那个对象。

> 不要太担心 `THREE.Vector3` 之后的那些代码，你可以直接拿它去反向投射矢量，并计算是否有交叉。

对于多个堆叠在一起的对象，也可以使用这个方法，确保鼠标事件只会应用在最上层的对象上。比如在场景中添加一个月亮：

```
var moonGeometry = new THREE.SphereGeometry( 20, 24, 24 ),
    moonMaterial = new THREE.MeshPhongMaterial({
        color: 0xDDDDDD
    }),
    moon = new THREE.Mesh( moonGeometry, moonMaterial );
moon.position.z = 150;
moon.position.x = 50;

scene.add( moon );
```

现在，在点击处理器中不要再用 `intersectObject` 了，改用带对象数组的 `intersectObjects`。

```
var intersects = raycaster.intersectObjects( [earth, moon] );
```

```
if ( intersects.length > 0 ) {
  var topObjectId = intersects[0].object.id;

  if ( topObjectId == earth.id ) {
    console.log('Earth');
  }
  else if ( topObjectId == moon.id ) {
    console.log('Moon');
  }
}
```

这段脚本先把 earth 和 moon 网格引用传入到 intersectObjects 中。然后确定穿过点击事件的最上层对象的 id，即 intersects 数组中的第一项。最后它把这个 id 跟这两个对象进行比较，确定哪个在上一层。

11.5.5 使用备选的 2D 画布

可惜浏览器对 WebGL 的支持还不是那么广泛，目前 IE 还不支持，并且对移动端的覆盖也非常有限（详情参见：http://caniuse.com/#feat=webgl）。然而 Three.js 库最棒的特性之一就是它内置了备选的 2D 画布。尽管这个备选画布看起来不像 WebGL 渲染器那么好，但它覆盖了一些不支持的浏览器。设置 2D 渲染器就跟设置 WebGL 渲染器一样：

```
var renderer = new THREE.CanvasRenderer();
```

在决定是否使用备选方案之前，先用 Modernizer 或 Three.js 内置的检测器检测对 WebGL 的支持情况。

```
var renderer = Detector.webgl ? new THREE.WebGLRenderer():
  new THREE.CanvasRenderer();
```

2D 画布渲染器不会特别漂亮，但它确实是一个不错的备选方案，如图 11-26 所示。

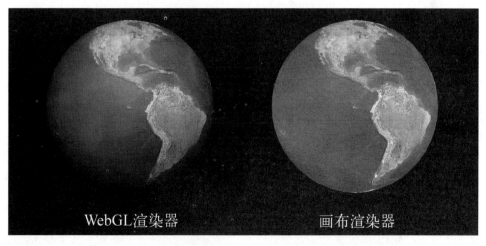

WebGL渲染器   画布渲染器

图 11-26 对比 Three.js 的 WebGL 和画布渲染器；左边的 WebGL 版本投影和灯光效果更好。此外，画布版还显示出了用来创建图片映射的多边形的痕迹

11.6   CSS 中的 3D 变换

要在 Web 上创建交互式 3D 图形不一定非要用到 WebGL。如果你需要的功能足够简单，用 CSS 中的 3D 变换也可以完成同样的功能。

尽管浏览器对 3D 变换的支持还不完美，但所有主流的桌面端和移动端浏览器的当前版本都支持（详情参见 http://caniuse.com/#feat=transforms3d）。这一点要比 WebGL 画布强，IE10、iOS Safari 或 Android 浏览器现在都还不支持。

当然，CSS3 的能力比 WebGL 差远了，它只限于对平面对象做简单的操作，比如在 3D 空间中旋转一个卡片或文本。可以从下面的标记中了解相关实现。

```html
<div class="container">
  <div class="card">CSS3 Transform</div>
</div>
```

然后用 3D 变换设置它的样式（粗体部分）：

```css
.container {
  width: 400px;
  height: 250px;
  position: relative;
  -webkit-perspective: 500px;
     -moz-perspective: 500px;
          perspective: 500px;
}

.card {
  position: absolute;
  top: 0;
  right: 0;
  bottom: 0;
  left: 0;
  padding: 50px;
  font-size: 50px;
  background: tomato;
  color: #FFF;
  -webkit-transform: rotateY( 45deg );
     -moz-transform: rotateY( 45deg );
          transform: rotateY( 45deg );

}
```

3D 变换的第一步是定义父元素上的 perspective。和 WebGL 中设定摄像头的视角类似，它改变了 3D 视图的渲染方式。接下来，CSS 将实际的 3D 变换应用到 .card 上。让它绕着 y 轴旋转 45°，生成图 11-27 中有一定角度的卡片。

默认情况下，perspective 只会应用到元素的直接后代上。要把它扩展到所有后代，需要把 transform-style: preserve-ed 添加到 .card 元素上（并附带 -webkit 和 -moz 扩展）。

图 11-27 这个卡片已经被 CSS3 变换旋转过了

要让这个变换动起来，我们有两种选择。第一种是用 CSS3 变动。

```
.card {
  position: absolute;
  top: 0;
  right: 0;
  bottom: 0;
  left: 0;
  padding: 50px;
  font-size: 48px;
  background: tomato;
  color: #FFF;
  -webkit-transform: rotateY( 45deg );
     -moz-transform: rotateY( 45deg );
          transform: rotateY( 45deg );
  -webkit-transition: -webkit-transform .5s ease;
     -moz-transition:    -moz-transform .5s ease;
          transition:         transform .5s ease;
}

.card:hover {
  -webkit-transform: rotateY( -45deg );
     -moz-transform: rotateY( -45deg );
          transform: rotateY( -45deg );
}
```

上面的代码中 CSS3 给元素应用了一个变动，会在样式间平滑地改变。然后给卡片添加了一个 :hover 伪类，把它往回旋转 45°。此外还可以用 CSS 关键帧动画（下一章有更多关于变动和关键帧动画的介绍）。

第二种选择使用 JavaScript 实现动态变化。然而这通常不是一个好主意，因为 CSS3 动画的性能要比用 JavaScript 实现好。不过我们可以利用 CSS3 动画的性能，同时用 JavaScript 触发真正的变化。只要应用一个新类改变变化的样式，然后让之前应用的变动处理动画就可以了。

11

11.7　小结

本章介绍了一些在浏览器中渲染图形的技术。首先是画布和 SVG，以及如何使用它们渲染图形。然后是如何让这些图形动起来，并实现鼠标交互。

接下来我们开始用 SVG 库 Raphaël.js 画 2D 图。我们用 Raphaël 画出更复杂的图形，添加各种样式选项，并使用其内置的动画支持。然后又从 Raphaël 延伸到一个简单的图表库——gRaphaël。

掌握了 2D 图形的相关技能后，我们又转向使用 WebGL 的 3D 画布。学习如何用 Three.js 库渲染一个使用了摄像机、灯光、几何体和材质的基本场景。然后又了解了图片映射，以及如何用它们为场景创建有真实照片效果的纹理。接着又学习了如何让 3D 画布动起来，以及给场景添加鼠标事件处理器的技术。最后又认识了一个 WebGL 的备选方案：CSS3 中的 3D 变换。这些变换不像 WebGL 那么强大，却可以更优雅地解决简单的问题。

现在你已经能在浏览器中画出定制的 2D 和 3D 图形了，前端的实现有无限的可能。用这些技术创建一个丰富的、交互式的程序，让它深深打动你的用户。

11.8　补充资源

奇思妙想

❑ Chrome Experiments：http://www.chromeexperiments.com
❑ 21 Ridiculously Impressive HTML5 Canvas Experiments：http://net.tutsplus.com/articles/web-roundups/ 21-ridiculously-impressive-html5-canvas-experiments
❑ Interactive Experiments Focused on HTML5：http://hakim.se/experiments

画布

❑ Canvas Tutorial：https://developer.mozilla.org/en-US/docs/HTML/Canvas/Tutorial
❑《HTML5 Canvas 开发详解》（人民邮电出版社，2013）

SVG

❑ SVG Tutorial：https://developer.mozilla.org/en-US/docs/Web/SVG/Tutorial
❑ SVG Path String Specifications：http://www.w3.org/TR/SVG/paths.html#PathData

Raphaël.js

❑ Raphaël.js Documentation：http://raphaeljs.com/reference.html
❑ gRaphaël Documentation：http://g.raphaeljs.com/reference.html
❑ SVG with a Little Help from Raphaël：http://alistapart.com/article/svg-with-a-little-help-from-raphael
❑ Ready Set Raphaël（SVG Converter）：http://www.readysetraphael.com/

WebGL

❏ WebGL Fundamentals：http://www.html5rocks.com/en/tutorials/webgl/webgl_fundamentals

❏ Cantor, Diego, and Brandon Jones. *WebGL Beginner's Guide* (Packt Publishing, 2012)：http://www.packtpub.com/webgl-javascript-beginners-guide/book

Three.js

❏ Three.js Documentation：http://mrdoob.github.com/three.js/docs

❏ Parisi, Tony. *WebGL: Up and Running* (O'Reilly Media, Inc., 2012)：http://shop.oreilly.com/product/0636920024729.do

❏ Take a Whirlwind Look at Three.js：http://2011.12devsofxmas.co.uk/2012/01/webgl-and-three-js

❏ Three.js Click Event Example：http://mrdoob.github.io/three.js/examples/canvas_interactive_cubes.html

CSS3 中的 3D 变换

❏ Intro to CSS 3D Transforms：http://desandro.github.io/3dtransforms

❏ 20 Stunning Examples of CSS 3D Transforms：http://www.netmagazine.com/features/20-stunning-examples-css-3d-transforms

11

第 12 章

推出你的程序 *12*

这时候你可能正准备把程序推出去。然而开发过程中可能会引入了性能问题。主体代码都已经写好了，现在是回过头去评估程序整体性能的绝佳时机。

本章将介绍一些与第 1 章提到的测试驱动开发（TDD）方法相补充的性能测试技术。这些测试会帮你找出有问题的区域并创建一个坚实的优化计划。

接下来我们会了解感知性能和实际性能两者的区别，以及如何将文件压缩至最小。然后会涉及一些动画的优化技术，包括高级的 CSS3 动画技术，以及 HTML5 的前沿 requrestAnimationFrame API。之后是一些更通用的优化手段，比如削减任务和减少浏览器回流。最后我们要探索不同的部署选项，比如内容交付网络（CDN）和可伸缩的服务器云。

12.1　性能检查表

运行速度是所有程序最重要的特性之一。过去的优化工作主要集中在服务器端：改善延迟问题，增强处理并发请求的能力。然而最近这几年开发人员开始对客户端的性能给予了更多的关注，主要是 JavaScript。尽管服务器端性能可以通过投入大量资金（买更好的服务器）来解决，但客户端性能除了优化代码，真的没有其他办法了。因为我们没办法控制用来访问程序的设备。你可能觉得随着计算机的不断升级，这并不是什么大问题，但因为很多用户都转到移动设备上去浏览网页了，所以我们的程序还要适应更慢的处理器。此外，即便在台式机上，用户也会对程序的交互能力有更高的期望。

12.1.1　重点在哪

优化程序中的所有代码并没有太大意义。当然，在编写代码时要做到尽量优化，但没必要返回头去把每一行都重构。而是应该对代码进行测试，找出性能瓶颈在哪里。

1. 性能测试

如果你用 QUnit 做过单元测试，应该已经得到了测试执行时间的相关数据。但如果你要对两种不同的方式进行比较，这里还有一个测试性能的办法：http://jsperf.com 上的基准测试。

借助 jsPerf，我们可以很容易地对不同脚本（比较短的）在不同浏览器上的性能进行对比，如图 12-1 所示。

尽管 jsPerf 对于单个的微调优化测试很有帮助，但在测试整个程序的速度时它却帮不上什么忙。要做这种测试还要用到 QUnit，或者 Chrome 或 Firefox 中的 profiler 工具。

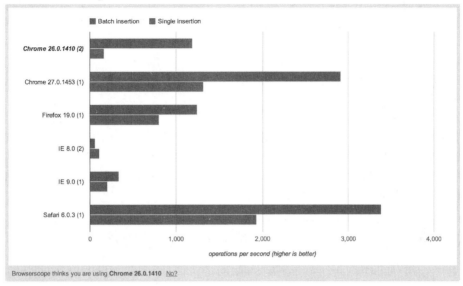

图 12-1 jsPerf 会存下所有你用来运行基准测试的浏览器，并给出易于比较的结果

WebKit 开发者工具中的 profiler 也是一个比较好用的性能测试工具。我们可以用 JavaScript profiler 收集数据，比如哪部分代码执行次数最多，哪部分需要更多资源等，如图 12-2 所示。

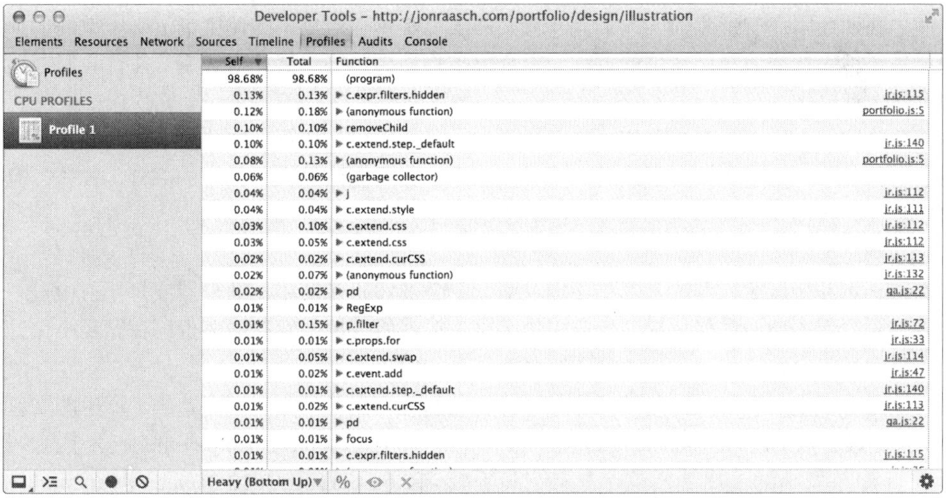

图 12-2 WebKit 内置的开发者工具中的 JavaScript profiler

2. 重复的代码
除了测试，还要重点优化会重复执行的代码。一个函数运行越频繁，优化它的收益就越大。所以

先去看看循环和所有会被重用的函数。

你还可以提前帮自己一个忙，遵循 DRY（Don't Repeat Yourself）这一原则，把那些通用的部分封装成函数在整个程序中共享。这么做的好处是代码更容易维护和测试，此外还能减少整个文件的大小。

3. 实际性能 vs.感知性能

性能分为两类：实际性能和感知性能。最终起决定性作用的不是基准测试觉得你的程序能跑多快，而是用户觉得你的程序能跑多快。

感知性能的经典案例是把一些任务放在后面加载，这样用户就能尽快看到页面上的动作。比如有一个大量占用资源的 JavaScript 图表，加载这个图表时阻塞页面中的其余部分毫无意义。相反，应该先加载整个页面，给出一个"加载中"的 gif 动画，最后再加载这个图表。

尽管这样加载脚本所用的时间相同（或者稍长一些），但用户会觉得性能更好，因为他们能在比较慢的组件加载完之前跟页面中的其他部分交互。

> 这个例子中对感知性能的提升不只限于图表，我们还可以让页面把显示所需的最小数据集先加载进来，然后根据需要加载剩余数据。

12.1.2　资源管理

说到优化，很大程度上可以通过对 .js 等资源文件的处理来实现。我们可以用各种技术削减这些文件的大小，因此也降低了网站或程序对带宽的要求。

当然，现如今用户的带宽都变大了，下载文件也更快了。但更快的速度也带来了更高的期望，所以我们还是要尽一切努力降低文件的大小。毕竟很多移动端网络仍然相对缓慢，并且我们永远都不知道用户会怎么连进来。

本节会介绍一个"三管齐下"的办法：最小化、gzip 压缩和托管。这些技术能大大降低文件的大小，用这些方法经常能把文件大小减少 90% 甚至更多。你可能已经做了其中的部分工作了，但一定要遵从这些规则，这样才能确保 JavaScript 尽可能快地加载。

1. 最小化

做到这一点易如反掌。在进入生产环境之前，务必把代码在最小化处理器或打包机中过一遍，把所有空格和注释都去掉，并削减局部变量中的字符。根据所去掉的字符的多少，在做最小化处理时你可能会有很大的收获，比如一个 100K 的文件缩成了 30K。

但要知道并不是所有的最小化处理器都一样。它们处理东西的方式稍有差异，产生的文件大小不同。我个人比较喜欢 Google Closure 编译器（http://code.google.com/p/closure-compiler），因为用它处理的文件一直都是最小的。比如看这个比较：http://coderjournal.com/2010/01/yahoo-yui-compressor-vs-microsoft-ajax-minifier-vs-google-closure-compiler/。

你可以下载这个编译器，在你电脑的终端窗口里运行它，或者使用在线版本：http://closure-compiler.appspot.com/。如果你在运行 Node，可以看一下 Uber-Compiler 模块（也能编译 LESS）：https://github.com/kennberg/node-uber-compiler。

> CSS 也应该最小化，也可以考虑将 HTML 标记做最小化处理。

2. Gzip 压缩

除了最小化，还应该用 gzip 压缩文件。gzip 压缩会进一步减小文件的大小。压缩过的文件一般只有压缩前的三分之一大小。比如 jQuery 2.0。没有经过压缩和最小化的核心文件大小是 240K。经过最小化后是 83K，再经过 gzip 压缩后，只有不到 30K。跟原来的文件大小差了 88%！

最棒的是 gzip 压缩可以在服务器上动态完成。如果你正在用 Node，只要从这些压缩模块中选一个装上就行了：https://github.com/joyent/node/wiki/modules#wiki-compression。

或者如果你用的是 Apache 服务器，可以在 .htaccess 文件上配置 gzip。

```
# compress text, html, javascript, css, xml:
AddOutputFilterByType DEFLATE text/plain
AddOutputFilterByType DEFLATE text/html
AddOutputFilterByType DEFLATE text/xml
AddOutputFilterByType DEFLATE text/css
AddOutputFilterByType DEFLATE application/xml
AddOutputFilterByType DEFLATE application/xhtml+xml
AddOutputFilterByType DEFLATE application/rss+xml
AddOutputFilterByType DEFLATE application/javascript
AddOutputFilterByType DEFLATE application/x-javascript
```

> .css 和 .html 文件也要用 gzip 压缩（或者从动态页面中输出经过 gzip 压缩的标记）。

3. 托管

.js 文件经过最小化和 gzip 压缩后，就该找地方放它了。但与其把它放到你自己的主机上，还不如上传到 CDN 上，这样做有几个好处。我会在 12.2 节中进行讨论。

12.1.3 动画优化

另外一个可能在性能上有较大收获的是程序中的动画。动画对浏览器来说是负载最重的任务之一，因为它要不断地在页面上为动画的每一帧画了又画。

此外，动画中的性能特别引入注目。因为动画的性能越好，浏览器每秒能渲染的帧就越多。劣质的动画看起来断断续续的，因为浏览器要丢掉很多帧，而高性能动画对观者来说则平滑无缝。

> 在开始优化动画之前，要先确定是不是真的需要动画。当然，动画能带来更好的用户体验，但跟糟糕的性能相比一切都是浮云。所以要选择性地应用动画并把它用在重要的地方。记住：动画太多可能让用户感觉很糟糕，因为用户必须等待每个动画完成。

1. CSS3 动画

CSS3 引入了变动和关键帧动画，两个都可以用来代替 JavaScript。因为这些动画能被浏览器优化，并且可以利用硬件加速，所以尽量用这个。其结果是在支持的设备上，会由图形处理器（GPU）而不是中央处理器（CPU）来渲染动画。GPU 不仅更适合做渲染，还能把 CPU 解放出来去做其他任务。

● 把 CSS3 动画跟 JavaScript 结合起来

用 CSS3 动画并不是说把一切都放在样式表里处理。我们仍然可以用 JavaScript 启动动画，只要给类名加一个变动，然后用 JS 应用那个类就可以了。

先从 CSS 开始：

```
.my-element {
  position: absolute;
  top: 0;
  left: 0;
  -webkit-transition: left 500ms ease;
     -moz-transition: left 500ms ease;
          transition: left 500ms ease;
}

.my-element.slide-left {
  left: 200px;
}
```

接下来用 jQuery 把 slide-left 类附加到元素上。

```
$('.my-element').addClass('slide-left');
```

应用了这个类后，它会在 500 毫秒内把这个元素向左移动 200px。

● CSS3 动画的不足之处

不过 CSS3 动画要比我们已经用过的 JavaScript 技术更难用。比如说，jQuery 动画有直观的回调函数，动画完成时就会调用它。尽管我们可以用 CSS3 的 transitionend 处理器做同样的事情，但任何变动完成时都会激发这个事件，我们很难分辨出究竟是哪个变动触发它的。更糟的是，如果我们变动了多个属性，它就会激发多次（比如在同一个变动上改变了 height 和 width 两个属性）。

更重要的是，CSS3 动画还会产生组织上的问题，因为通常来说动画一般是通过编写脚本实现，而不是通过样式，因此把代码放到样式表中是没有道理的。有时这不是什么大不了的事，比如要让变动在链接悬停时变个颜色，这个动画效果就是样式的事儿。但是一旦开始用 JavaScript 处理 CSS3 动画，然后试图在 JS 中处理 transitionend 事件，我们就要让相同的脚本运行在几个完全不同的位置上。这并不意味着我们应该完全避免它。有时我们确实需要用到 CSS3 动画，比如在处理能力不强的移动设备上，它可能会是救命稻草。但我们也要了解这种开发模式的缺陷。

最后别忘了浏览器对 CSS3 动画的支持力度还不够。好在像 IE 10 这些最新的主流浏览器都支持变动和关键帧动画（不包括 Opera Mini）。然而 IE 的早期版本并不支持，并且在编写本书时它们还占有相当可观的市场份额。对于变动而言，它不再是什么特别重大的问题，因为它们只是回退到即时的、非动态的样式变化上。可关键帧动画却不是这样。当然，如果这些动画至关重要，我们可以写 JavaScript 作为备份，或者用 polyfill。

2. 请求动画帧

如果你不想跟 CSS3 变动做迷宫般的交互，还可以用 HTML5 的 requestAnimationFrame API，这是一个集两者之大成的解决方案。它为浏览器渲染动画中的每一帧提供了性能更优的办法。

- **为什么要用动画请求帧**

一般在 JavaScript 中做动画时，我们会用 setTimeout 之类的计时器循环，每隔几毫秒改变一次 CSS。但这不一定是最好的方式，因为很难找到适合所有用户的机器的最佳帧频率。如果变化太慢，动画看起来会断断续续的。如果太快，浏览器又会被其他的渲染任务卡住，结果最终不会执行（因为计时器已经跳到动画的下一帧去了）。

此外，即便 CPU 能处理这些额外的帧，也必须让时间跟用户显示屏的刷新频率相匹配，即屏幕显示新帧的频率。不同设备的刷新频率是不同的。标准是 60Hz，但处于节能模式中的笔记本所用的刷新频率可能只有 50Hz，而有些台式机的显示器是 70Hz。

requestAnimationFrame 可以解决这个问题。它在浏览器中有更好的动画渲染办法，能够根据设备的能力渲染动画帧，不会把计时器写死。这样浏览器就能根据自己的能力以最快的速度渲染动画中的帧，它可能会丢掉原来的帧频率，向显示屏的刷新频率靠齐。

> 你可能认为这没什么区别，但人的眼睛对运动很敏感，即便最轻微的帧频率变化也能注意到。因此让帧频率保持在较低的水平上要比随机丢帧好。前者看起来很平滑，而后者看起来很卡。

- **请求动画帧 polyfill**

用 requestAnimationFrame 之前，先保证你在用 Paul Irish 的这个 polyfill。

```
(function() {
 var lastTime = 0;
 var vendors = ['ms', 'moz', 'webkit', 'o'];
 for(var x = 0; x < vendors.length && !window.requestAnimationFrame; ++x) {
   window.requestAnimationFrame = window[vendors[x]+'RequestAnimationFrame'];
   window.cancelAnimationFrame =
     window[vendors[x]+'CancelAnimationFrame'] || window[vendors[x]+'CancelRequest
AnimationFrame'];
 }

 if (!window.requestAnimationFrame)
   window.requestAnimationFrame = function(callback, element) {
     var currTime = new Date().getTime();
     var timeToCall = Math.max(0, 16 - (currTime - lastTime));
     var id = window.setTimeout(function() { callback(currTime + timeToCall); },
       timeToCall);
     lastTime = currTime + timeToCall;
     return id;
   };

 if (!window.cancelAnimationFrame)
   window.cancelAnimationFrame = function(id) {
     clearTimeout(id);
   };
}());
```

这个 polyfill 把各个浏览器上的扩展统一起来，并借助超时为不支持的浏览器提供了备份。这里还有更详细的介绍：http://www.paulirish.com/2011/requestanimationframe-for-smart-animating。

12

● 请求动画帧怎么用

引入这个 polyfill 之后，我们就可以使用它了。首先创建 HTML 标记。

```html
<div id="my-element">Click to start</div>
```

然后添加一些基本的样式。

```css
#my-element {
  position: absolute;
  left: 0;
  width: 200px;
  height: 200px;
  padding: 1em;
  background: tomato;
  color: #FFF;
  font-size: 2em;
  text-align: center;
}
```

现在是 JavaScript。

```javascript
var elem = document.getElementById('my-element'),
    startTime = null,
    endPos = 500, // 单位为像素
    duration = 2000; // 单位为毫秒

function render(time) {
  if (time === undefined) {
    time = newDate().getTime()
  }
  if (startTime === null) {
    startTime = time;
  }

  elem.style.left = ((time - startTime) / duration * endPos % endPos) + 'px';
}

elem.onclick = function() {
  (function animationLoop(){
    render();
    requestAnimationFrame(animationLoop, elem);
  })();
};
```

这段脚本给前面那个元素添加了一个点击处理器，会在 2 秒内把它向右移动 500 个像素，然后再转回到开始的地方。

首先是 render() 函数将当前时间跟开始时间进行比较，在动画中找出要渲染的正确位置，可能跟我们用标准的 JavaScript 计时器所做的处理方式类似。

接着 animationLoop() 函数渲染动画中的当前帧。然后它会调用 requestAnimationFrame()，把自己和要动起来的元素传给它，从而设置一个循环，等浏览器准备好后马上可以渲染这个元素的动画里的新帧。

在你的浏览器中运行这段脚本肯定会出现一个平滑的动画，即便你把速度调很高也没关系。

> requestAnimationFrame 的另一个优点是它会在当前这个标签页失去焦点时停止动画，所以更节能。

12.1.4 少做为妙

遵守"少做为妙"的真言，你还可以进一步优化程序中的其他部分。从这个意义上来说，优化真的非常简单。浏览器做得越多，工作完成的就越慢。因此，如果我们减少了任务的数量，就提升了速度。一种减少任务数量的简单办法是把所有正在重用的东西都缓存起来。

这项技术对于 jQuery DOM 引用尤其重要，因为即便用超快的 Sizzle 引擎，CSS 选择器还是会占用大量资源。比如应避免在循环中选择 DOM 元素，除非循环要对那些选择器引擎做某种修改。

看一下这里的 jsPerf 测试：http://jsperf.com/caching-jquery-dom-refs/2（如图 12-3 所示）。如你所见，缓存下来的选择器比在循环中重复调用的快得多。

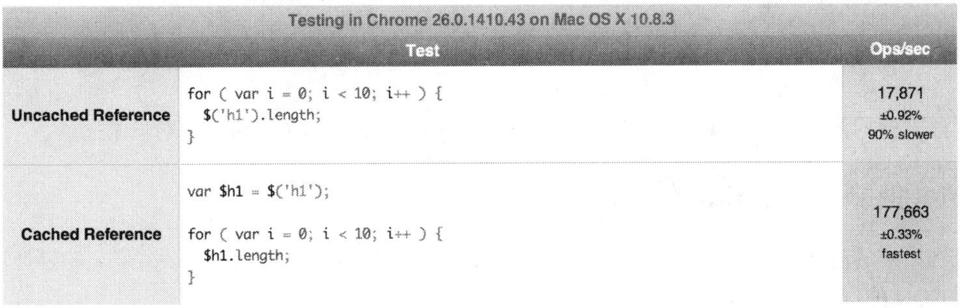

Testing in Chrome 26.0.1410.43 on Mac OS X 10.8.3		
Test		**Ops/sec**

Uncached Reference	`for ( var i = 0; i < 10; i++ ) {`
	`  $('h1').length;`
	`}`
		17,871
		±0.92%
		90% slower

Cached Reference	`var $h1 = $('h1');`
	`for ( var i = 0; i < 10; i++ ) {`
	`  $h1.length;`
	`}`
		177,663
		±0.33%
		fastest

图 12-3　在 Chrome 中，缓存的 $('h1') 引用要快得多

12.1.5 规避回流

尽最大可能减少页面上的回流也能优化客户端 JavaScript。元素布局发生变化时总会引发回流。比如说，如果我们把一个浮动元素变宽，它会把其他浮动元素推到下一行，下一行的元素又被往下推，以此类推。

> 要了解回流是如何发生的，可以看一下在 Gecko 浏览器实际发生的可视化回流：http://youtu.be/ZTnIxIA5KGw。

避免回流最好的办法是避免对 DOM 做不必要的操作。要尽可能批量化进行 DOM 的修改，然后一次性插入。

看这个 jsPerf 测试，它对把图片逐一和一次性追加到页面上进行了对比：http://jsperf.com/individual-vs-batch-jquery-insertion/6。如图 12-4 所示，批量修改要快得多。

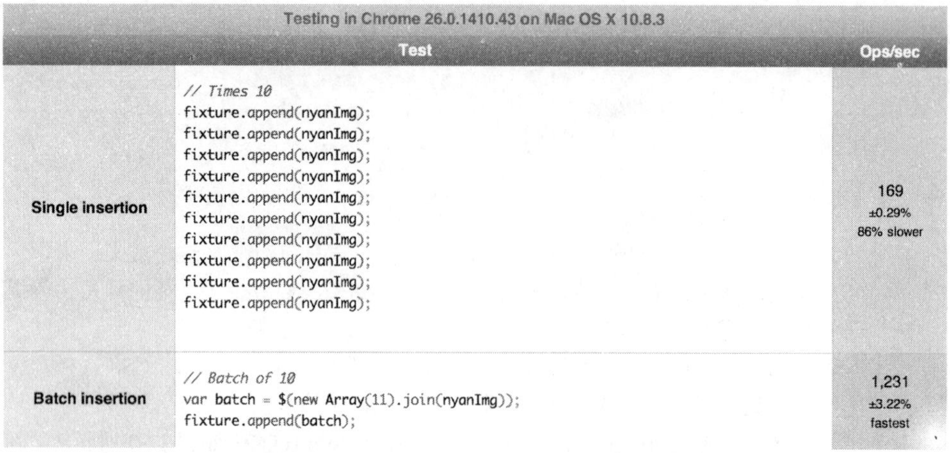

Testing in Chrome 26.0.1410.43 on Mac OS X 10.8.3		
Test		**Ops/sec**

Single insertion	`// Times 10`
	`fixture.append(nyanImg);`
	`fixture.append(nyanImg);`
	`fixture.append(nyanImg);`
	`fixture.append(nyanImg);`
	`fixture.append(nyanImg);`
	`fixture.append(nyanImg);`
	`fixture.append(nyanImg);`
	`fixture.append(nyanImg);`
	`fixture.append(nyanImg);`
	`fixture.append(nyanImg);`
		169
		±0.29%
		86% slower

Batch insertion	`// Batch of 10`
	`var batch = $(new Array(11).join(nyanImg));`
	`fixture.append(batch);`
		1,231
		±3.22%
		fastest

图 12-4　批量添加 10 张彩虹猫的图片要比逐一添加快

12.2　部署

经过充分的测试之后，我们的程序在功能和性能上都没有缺憾了，可以进行部署了。

12.2.1　把静态资源部署在CDN上

把程序中的静态脚本放到亚马逊简单存储服务（S3）之类的 CDN 上有几个性能上的好处。

1. CDN 的优点

首先，CDN 会把你的文件散布到世界各地，因为用户总能从靠近他们的位置获取文件，所以可以降低延迟，增强可用性。记住，互联网不是魔法；文件还是要有来源，有去处，要做受限于电信号速度的旅行。

其次，CDN 专门针对交付静态资源做过优化。比如说，你的网站上很可能以这样或那样的方式用到了 cookie，哪怕仅仅是为了解析。用户每次从你的服务器上请求文件（HTML、JS、CSS 或者图片），这个 cookie 数据都会作为响应头的一部分传过去。

尽管 cookie 非常小（通常不到 1K），但考虑到每次请求都会发送，累加起来也相当可观。因为 CDN 不会在响应头中回传任何 cookie，所以把所有静态资源（JS、CSS 和图片）都放到 CDN 上是个好主意。第三，CDN 提供了积极的 HTTP 缓存能力，能够降低延迟、增加输出，让 CDN 可以应对大量的流量峰值。跟高水平的冗余贡献相结合，所达到的可用性水平是用你自己的服务器很难达到的。

2. CDN 的不足

使用 CDN 唯一的不足就是它会引入一个新的失效点，也就是说不管是我们自己的服务器掉了还是 CDN 掉了，网站都不能用。但对于这个问题你不用太担心。大多数 CDN 都高度冗余，可以确保极高的在线时间。我不是说 CDN 永远不会掉，但那个风险跟它所提供的性能收益相比太微不足道了。

请记住，CDN 掉线并不是前所未闻的事情，即便大家公认极其稳定的 CDN 也会掉线。比如亚马逊 Web 服务（AWS）过去就掉过，因为有很多网站都依赖于它，所以这种事情总会备受瞩目。2012年10月，ASW 掉线了，结果连带着 Reddit 和 Netflix 这样的大网站都跟着掉线了。

12.2.2 把Node服务部署在EC2上

除了可以把前端的静态资源放到 CDN 上，我们还可以把 Node 实现部署到亚马逊的弹性计算云（EC2）之类的服务器云上。EC2 服务器可以伸缩，也就是说我们可以在需要时再扩容资源，而不用在还不需要时就先把钱付了。这样我们就得到了一个两全其美的方案：在缓慢发展期很便宜，但又能处理加到上面的任意数量负载。当然，你所用的资源越多，在托管上的投入就越多。但不要担心，你可以设定一个自己可以接受的限额。

要了解如何将 Node 服务器部署到 EC2 上的更多内容，请访问 http://rsms.me/2011/03/23/ec2-wep-app-template.html。

12.3 推出

在说了这么多也做了这么多之后，我们终于可以推出程序了。所以舒缓一下酸胀的后背，喝点东西休息一会儿。但也别高兴的太早，因为总会有问题出现。极端的边界情况会接踵而至，用户可能对某些功能不太理解。但如果你已经做了充分的推出前的准备工作，就能减少后续出现的问题。没有哪个程序在推出时是完美无缺的，但我们要尽力做到最好。

希望你没犯那个在发布版本中包含太多功能的常见错误。从商业角度来看，增加功能比消除功能更容易。我们随时可以在用户提出功能要求时给他们增加。但如果一开始就给出太多功能，你会遇到一个双重问题。首先程序会变得更加复杂，因此也更容易出 bug。其次，你永远都得为那些没什么人用的功能提供支持。

我希望你从本书中学到了新技术，但我更希望本书能点燃你对 JavaScript 开发的热情。JavaScript 里有这么多有趣的东西，而对于这个一直在进步的语言来说这只是开始。

你总能找到新的库来提高开发效率，新的 DOM API 也让 JavaScript 的能力不断增强。此外，如果找不到浏览器级的 API 实现你想要的功能，可以肯定以后总会有一个，毕竟你可以提出建议。

所以，继续学习，继续写代码吧！

12.4 补充资源

性能测试

❑ jsPerf，"JavaScript Performance Playground"：http://jsperf.com
❑ WebKit's JavaScript Profiler Explained：http://fuelyourcoding.com/webkits-javascript-profiler-explained/

文件压缩

❑ Online Closure Compiler Service：http://closure-compiler.appspot.com

12

❑ Github.Kennberg：Node Uber-Compiler：https://github.com/kennberg/node-uber-compiler
❑ Other Node Compression Modules：https://github.com/joyent/node/wiki/modules#wiki-compression
❑ Compression Comparison：http://coderjournal.com/2010/01/yahoo-yui-compressor-vs-microsoft-ajax-minifier-vs-google-closure-compiler/

动画性能

❑ Jank Busting for Better Rendering Performance：http://www.html5rocks.com/en/tutorials/speed/rendering
❑ `requestAnimationFrame` for Smart Animating：http://paulirish.com/2011/requestanimation-frame-for-smart-animating
❑ CSS-Tricks，"A Tale of Animation Performance"：http://css-tricks.com/tale-of-animation-performance

通用性能

❑ Zakas, Nicholas C. *High Performance JavaScript*. (O'Reilly Media, Inc., 2010)
❑ *Smashing Magazine*. "Writing Fast, Memory-Efficient JavaScript"：http://coding.smashingmagazine.com/2012/11/05/writing-fast-memory-efficient-javascript
❑ HTML5 Rocks. Chris Wilson. "Performance Tips for JavaScript in V8"：www.html5rocks.com/en/tutorials/speed/v8
❑ SlideShare Inc. Jake Archibald. "JavaScript—Optimising Where It Hurts"：www.slideshare.net/jaffathecake/optimising-where-it-hurts-jake-archibald
❑ SlideShare Inc. Steve Souders. "JavaScript Performance (at SFJS)"：www.slideshare.net/souders/javascript-performance-at-sfjs
❑ YouTube. "Gecko Reflow Visualization"：http://youtu.be/ZTnIxIA5KGw

部署

❑ Amazon S3：http://aws.amazon.com/s3
❑ Amazon EC2：http://aws.amazon.com/ec2
❑ Amazon AWS Goes Down Again, Takes Reddit with It：www.forbes.com/sites/kellyclay/2012/10/22/amazon-aws-goes-down-again-takes-reddit-with-it
❑ A Template for Setting Up Node.js-Backed Web Apps on EC2：http://rsms.me/2011/03/23/ec2-wep-app-template.html

用LESS做CSS预处理

在一本讲 JavaScript 的书里聊 CSS 可能有点奇怪，但用 LESS 做预处理并不是标准的 CSS。LESS 增加了一些我们熟悉的动态语言特质，可以写出更高效的 CSS，让我们可以用 JavaScript 编译程序中的 CSS。有了这个预处理器，我们可以用变量、函数和其他我们一直想用在 CSS 中的特性来构建 CSS。LESS 加快了开发过程，也让样式表更好组织，维护起来也更容易。

该部分会告诉你为什么要用 CSS 预处理，以及如何安装一个自动化的 LESS 编译器。然后我们会介绍 LESS 的基础知识，包括变量、操作符及嵌套。还会讲解如何使用函数及定制的 mixin。最后对 LESS 做结构化处理，并把它分散到单个文件中。

A.1 LESS简介

用 LESS 可以把变量和函数之类的脚本元素放到 CSS 中。然后脚本化的 LESS 文件在到达浏览器之前会被编译成静态 CSS，也就是说我们可以在 CSS 开发工作中使用脚本，但给用户的仍然是对浏览器友好的老式常规 CSS。此外，如果你决定不再用 LESS，可以用生成的 CSS 文件继续开发。因此用预处理器真的不会有什么损失。

A.1.1 预处理的好处

CSS 预处理有几个优点，不过全都可以归结为对开发速度的提升和对样式表组织的加强上。预处理的用例中令人印象最深刻的就是它对 CSS3 厂商前缀的处理方式。没有预处理器，我们只能记着各种不同的前缀，其中一些前缀用的可能是完全不同的语法。比如做一个跨浏览器的线性渐变：

```
.my-element {
  background-image:  -khtml-gradient(linear, left top, left bottom,
from(#444), to(#000));
  background-image: -webkit-gradient(linear, left top, left bottom,
color-stop(0%,#444), color-stop(100%,#000));
  background-image: -webkit-linear-gradient(top, #444, #000);
  background-image:    -moz-linear-gradient(top, #444, #000);
  background-image:      -o-linear-gradient(top, #444, #000);
  background-image:         linear-gradient(top, #444, #000);
  filter: progid:DXImageTransform.Microsoft.gradient( startColorstr='#444444',
endColorstr='#000000', GradientType=0 );
}
```

上面有三种不同格式的渐变：较老的 `webkit-gradient`，较新的 `linear-gradient`，以及给 IE 用的后备 `filter`。然而其实不用记这些语法，用简单的 LESS mixin 就可以。

```
.my-element {
  .vertical-gradient(#444, #000);
}
```

看，LESS 版写起来要容易得多。当然，这个例子有点夸张，你可能不会给 Konqueror 引入 `-khtml-gradient`，或者给老版的 Opera 引入 `-o-linear-gradient`。但你的样式表中终归会用到一些厂商前缀。想象一下用 LESS 有多快多容易吧。

> LESS 并不是唯一的 CSS 预处理器。其他比较流行的选择还有 SASS 和 Stylus。

A.1.2   安装LESS编译器

浏览器不懂 LESS 语法，所以在部署样式表之前要把它编译成标准的 CSS。还好在各种操作系统上都有一些能用的编译器。

- ❏ **Mac OS X 上的 LESS.app**：如果你用的是 Mac OS X，LESS.app 是非常简单的 LESS 编译解决方案。可以从 http://incident57.com/less 下载。打开它，把任何你想观察的文件/目录拖到程序里。当你再保存 `.less` 文件时，LESS.app 会自动重新编译静态的 CSS 文件。
- ❏ **Windows 和 Linux 上的 SimpLESS**：如果你用的是 Windows 或 Linux，可以下载 SimpLESS，它在所有操作系统上都能用（包括 Mac OS X）。下载地址是 http://wearekiss.com/simpless。就跟 LESS.app 一样，你所做的只是把 LESS 文件拽到程序里；一旦发生变化，它就会自动把它们编译成静态的 CSS。

A.1.3   在服务器上编译

我们也可以让服务器在运行时编译 LESS，或者在 LESS 文件发生变化时编译。第 7 章中讲过在 Node 服务器上如何用 Express 框架自动编译 LESS 文件。不过如果你用的是 PHP，可以使用 lessphp：http://leafo.net/lessphp/，或者根据你使用的其他平台搜索一个编译器。

A.2   LESS的基础知识

装上编译器后就可以开始写 LESS 了。打开一个叫 style.less 的文件，把它加到编译器里。本节会介绍 less 中一些最基本的特性的用法：变量、操作符和嵌套。

A.2.1   变量

LESS 最简单也是最强大的特性之一就是能使用变量。变量是用@定义的，比如我们可以给填充创建一个变量。

```
@padding: 25px;

.my-element {
  width: 250px;
  padding: @padding;
}
```

这个 LESS 文件被编译成 CSS 后，变量 @padding 会被插到 .my-element 的规则里。

在 LESS 中定义变量，还可以指定作用域。前面那个例子定义了一个顶层变量，但我们也可以在 {} 中定义局部变量。比如要覆盖 @padding 变量的话，可以这样写：

```
@padding: 25px;

.my-element {
  width: 250px;
  padding: @padding;
}

.less-padding {
  @padding: 10px;

  padding: @padding;
}

.another-element {
  padding: @padding;
}
```

.less-padding 里的 @padding 会覆盖原来那个，将 .less-padding 的填充像素变成 10px。但它不会在全局覆盖那个 25px 的变量 @padding，所以后面那个 .another-element 里的填充像素还是 25px。

A.2.2　操作符

在 LESS 中还可以用基本的数学操作符，比如将 @padding 变量跟一些基本的数学运算结合起来。

```
@padding: 25px;

.more-padding {
  padding: @padding + 10;
}
```

上面 .more-padding 的填充像素是 35px，或者说是 25px + 10px。+、-、*和/这些数学运算符都能用。你可以放心大胆地把这些运算符用到数字中，它们不仅仅是用来计算变量的变化的。因为 LESS 文件会被编译成 CSS，所以当你不想自己做这些基本的数学计算时，用一下这些基本的运算符也无伤大雅。

实际上这种做法通常都会更好，因为从这样的样式表中能看出来为什么要用那样一个数值，比如要处理箱子模型的问题时。

```
.bordered-element {
  border-left: 1px solid black;
  border-right: 1px solid black;
```

```
    width: 250px - 1 - 1;
  }
```

这里没写含义模糊的 248px，而是用操作符表示这个宽度是去掉两个边界宽度后得出的。

A.2.3　嵌套

我个人还比较喜欢 LESS 的简单性。用嵌套可以在父元素下面组织选择器，让样式表写起来更快，也更有组织性。比如说，如果不用 LESS，我们可能要为网站的 header 编写多个不同的规则。

```
header {
  min-width: 800px;
}

header nav {
  width: 800px;
  margin: 0 auto;
}

header nav li {
  list-style: none;
}

header a {
  text-decoration: none;
}
```

但在 LESS 文件中可以把这些规则嵌套在它的父元素中。

```
header {
  min-width: 800px;

  nav {
    width: 800px;
    margin: 0 auto;

    li {
      list-style: none;
    }
  }

  a {
    text-decoration: none;
  }
}
```

这个 LESS 文件编译后跟前面那个例子看起来一模一样，所有的父规则都写在外面了。但用嵌套可以帮我们省去重复敲父选择器的麻烦。此外它还把这些规则组织成了更有意义的代码块，比如这个例子里的 header 部分。

新的 CSS3 规范允许在实际的 CSS 文件中使用嵌套。但跨浏览器的支持仍然还有很长的路要走，所以在编译过的样式表里用这个未免有些可笑。

1. & 标志

你已经见过用嵌套表示的父子关系了，但它的作用还不仅限于此。我们可以用&标志嵌套分组的规则，在不使用 LESS 的情况下可以这样写：

```
p {
  color: gray;
  padding: 10px;
}

p.more-padding {
  padding: 25px;
}
```

你可以用&标志进行简化：

```
p {
  color: gray;
  padding: 10px;

  &.more-padding {
    padding: 25px;
  }
}
```

也可以使用伪类，比如给链接定义悬停状态：

```
a {
  text-decoration: none;

  &:hover {
    text-decoration: underline;
  }
}
```

&标志还可以放在选择器后面反向表示父子顺序：

```
.child {
  color: blue;

  .parent & {
    color: red;
  }
}
```

这段代码会被编译成：

```
.child {
  color: blue;
}

.parent .child {
  color: red;
}
```

2. 嵌套和变量作用域

在嵌套里，变量作用域变得特别强大，因为这样可以定义一个限定在某个代码块内使用的变量。

```
.contact-form {
  @labelWidth: 100px;
  @formPadding: 5px;

  padding: 5px 0;

  label {
    display: inline-block;
    width: @labelWidth - 10px;
    padding-right: 10px;
    text-align: right;
    vertical-align: top;
  }

  input[type=text], input[type=email] {
    width: 250px;
    padding: @formPadding;
  }

  textarea {
    width: 400px;
    height: 150px;
    padding: @formPadding;
  }

  input[type=submit] {
    margin-left: @labelWidth;
    font-size: 36px;
  }
}
```

这里的两个变量@labelWidth 和@formPadding 被限定在.contact-form 这个代码块的作用域内。这样你可以为这个表单设定跟全局变量分开的@labelWidth 和@formPadding 变量。

A.3　函数和Mixin

除了变量和基本的操作符，LESS 还支持各种更高级的函数，可以用来精简你的 CSS 工作流。并且对于 LESS 中没有的函数，我们可以自己编写。

A.3.1　函数

LESS 中有几个预置的函数，可以用来处理 CSS 的属性。比如用 darken() 函数让链接的文本在悬停时变暗。

```
a {
  @linkColor: #DDD;
  color: @linkColor;

  &:hover {
    color: darken(@linkColor, 20%);
  }
}
```

这段代码会让@linkColor 变暗 20%。同样，也可以用 lighten(@linkColor, 20%)让颜色 lighten()起来。

大多数内置的 LESS 函数都是操作颜色的，不过也有一些数学函数，比如 round()、floor()和 ceil()，以及其他一些函数。这里有一个 LESS 中可用函数的完整清单：http://lesscss.org/#reference。

A.3.2　Mixin

除了标准的 LESS 函数，我们还可以创建自己的函数，即 mixin。编写自己的 mixin 真的很容易，并且还有很多第三方的 mixin 可以拿来用。

1. 编写 mixin

mixin 最常见的应用是为试验性 CSS 属性处理浏览器前缀。比如说，尽管大多数现代浏览器都支持 border-radius，我们还是可以创建一个 mixin 支持版本比较老的浏览器。

```
.border-radius(@radius) {
  -webkit-border-radius: @radius;
    -moz-border-radius: @radius;
        border-radius: @radius;
}
```

然后在 CSS 规则中调用这个 mixin。

```
.my-element {
  .border-radius(5px);
}
```

它会编译成：

```
.my-element {
  -webkit-border-radius: 5px;
    -moz-border-radius: 5px;
        border-radius: 5px;
}
```

还可以给这个 mixin 添加一个默认的参数。

```
.border-radius( @radius: 10px ) {
  -webkit-border-radius: @radius;
    -moz-border-radius: @radius;
        border-radius: @radius;
}
```

现在如果不往.border-radius mixin 里传半径值，它就会用默认的 10px。要了解更多关于 mixin 构建的技术，请访问 http://lesscss.org/#-mixins。

2. 使用第三方 Mixin

mixin 写起来相当简单，但并不意味着我们全都要自己写。LESS 面世已经有一段时间了，所以已经出现了一些可供我们使用的免费 mixin。你可以通过搜索引擎找到这些 mixin，或者在 A.6 节中查看免费 mixin 清单。即便你想自己写 mixin，这些例子也可以当作绝佳的起点。

A.4 文件结构

至此，你知道了该如何使用 LESS 的基本特性，可以把这些知识用在实战中了。但就跟其他开发工作一样，将 LESS 放到不同的文件中是个好主意。

A.4.1 使用Import

比如说，你可能想在每个项目中重用一组标准的 mixin。把它们复制粘贴到每个 LESS 文件顶部没有什么意义。我们可以把它们放到一个单独的 `mixins.less` 文件中。在主 `style.less` 文件中引入外部文件很容易，用@import 就能实现。

```
@import "mixins.less"
```

这会把 `mixins.less` 中的代码导入当前文档中。此外，仅导入尚未被导入的文件时，可以用 @import-once。

```
@import-once "mixins.less"
```

最后，在用@import 时不用担心 HTTP 请求，只要被导入的文件有.less 扩展名，它就会在 LESS 编译时被合并到父文件中。

A.4.2 文件结构示例

用@import 按逻辑把 LESS 分解是个不错的方法。比如主 `style.less` 可能像下面这样。

```
/**
 *导入基本变量
 */

@import "variables.less";

/**
 *导入 mixin
 */

@import "mixins.less";

/**
 *导入其他样式表
 */

@import "reset.less";
@import "site.less";
@import "media-queries.less";
```

这里的 LESS 文件从基本变量开始，一个包含要用在整个样式表中的所有全局变量的文件。然后导入一组标准的mixin，比如http://lesselements.com/中的那些。它还导入了几个样式表：一个像YUI reset 那样的 CSS reset，一组叫做 `site.less` 的主样式，以及一组基于媒介查询的样式变体。

还有一点需要注意，在主要的样式文件 `style.less` 中并没有真正的样式。把所有的样式都放在子文件中让我们可以直接把 `style.less` 拷到任何一个新项目中（以及 `mixins.less` 和 `reset.less`）。

A.4.3　定制结构

我们应该把文件结构定制成适合个人需要和工作流程的样子。如果要用 `@font-face` 嵌入几种不同的字体，那就把它们放到单独的 `fonts.less` 文件中。如果样式中的一部分可封装性相当好，那就把它放到独立的文件中，这样更有利于协作开发。

最后要跟已经在用的样式组织方法保持一致。比如说，如果你喜欢把样式分成类型、颜色和布局，那就按照这种方式划分文件：

- ❑ `type.less` 用来放 `font-size` 之类的印刷样式属性；
- ❑ `color.less` 用来放 `background` 之类的颜色和图片属性；
- ❑ `layout.less` 用来放 `width` 和 `padding` 之类的箱式模型属性。

A.5　小结

LESS 将脚本带到了样式表中，提高了前端开发的效率。它不仅加快了开发过程，还让样式表变得更好组织，也更易于维护。在本部分中，我们学习了预处理的工作机制，以及如何安装 LESS 编译器。然后又了解了 LESS 的基础知识，包括变量、基本操作符和嵌套。接下来是 LESS 内置的函数，以及如何编写定制的 `mixin`。最后是如何安排 LESS 的文件结构，以便跟我们已经在用的组织技术相互补充。在看过 LESS 的工作机制后，我相信你也愿意在所有项目中采用 CSS 预处理技术。

A.6　补充资源

LESS文档

http://lesscss.org/

LESS函数引用

http://lesscss.org/#reference

LESS编译器

- ❑ LESS.app（Mac OS X）：http://incident57.com/less
- ❑ SimpLESS（跨平台）：http://wearekiss.com/simpless
- ❑ Mod-less Apache Module：https://github.com/waleedq/libapache2-mod-less_beta1

免费Mixins

- ❑ LESS Elements：http://lesselements.com
- ❑ Useful CSS3 LESS Mixins：http://css-tricks.com/snippets/css/useful-css3-less-mixins
- ❑ 10 LESS CSS Examples You Should Steal for Your Projects：http://designshack.net/articles/css/10-less-css-examples-you-should-steal-for-your-projects

教程

- ❑ A Comprehensive Introduction to LESS Mixins：http://www.sitepoint.com/a-comprehensive-introduction-to-less-mixins/
- ❑ How To Squeeze the Most out of LESS：http://net.tutsplus.com/tutorials/php/how-to-squeeze-the-most-out-of-less/
- ❑ Mixins and Nesting：http://blog.lynda.com/2012/08/27/css-pre-processors-part-two-mixins-and-nesting/

——最前沿的IT类电子书发售平台

电子出版的时代已经来临。在许多出版界同行还在犹豫彷徨的时候，图灵社区已经采取实际行动拥抱这个出版业巨变。作为国内第一家发售电子图书的IT类出版商，图灵社区目前为读者提供两种DRM-free的阅读体验：在线阅读和PDF。

相比纸质书，电子书具有许多明显的优势。它不仅发布快，更新容易，而且尽可能采用了彩色图片（即使有的书纸质版是黑白印刷的）。读者还可以方便地进行搜索、剪贴、复制和打印。

图灵社区进一步把传统出版流程与电子书出版业务紧密结合，目前已实现作译者网上交稿、编辑网上审稿、按章发布的电子出版模式。这种新的出版模式，我们称之为"敏捷出版"，它可以让读者以较快的速度了解到国外最新技术图书的内容，弥补以往翻译版技术书"出版即过时"的缺憾。同时，敏捷出版使得作、译、编、读的交流更为方便，可以提前消灭书稿中的错误，最大程度地保证图书出版的质量。

优惠提示：现在购买电子书，读者将获赠书款20%的社区银子，可用于兑换纸质样书。

——最方便的开放出版平台

图灵社区向读者开放在线写作功能，协助你实现自出版和开源出版的梦想。利用"合集"功能，你就能联合二三好友共同创作一部技术参考书，以免费或收费的形式提供给读者。（收费形式须经过图灵社区立项评审。）这极大地降低了出版的门槛。只要你有写作的意愿，图灵社区就能帮助你实现这个梦想。成熟的书稿，有机会入选出版计划，同时出版纸质书。

图灵社区引进出版的外文图书，都将在立项后马上在社区公布。如果你有意翻译哪本图书，欢迎你来社区申请。只要你通过试译的考验，即可签约成为图灵的译者。当然，要想成功地完成一本书的翻译工作，是需要有坚强的毅力的。

——最直接的读者交流平台

在图灵社区，你可以十分方便地写作文章、提交勘误、发表评论，以各种方式与作译者、编辑人员和其他读者进行交流互动。提交勘误还能够获赠社区银子。

你可以积极参与社区经常开展的访谈、乐译、评选等多种活动，赢取积分和银子，积累个人声望。

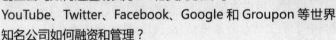

站在巨人的肩上
Standing on Shoulders of Giants

iTuring.cn

站在巨人的肩上
Standing on Shoulders of Giants

iTuring.cn